WIR ALLE SIND STERNENSTAUB:

Gespräche mit Wissenschaftlern über die Rätsel unserer Existenz

세계 최고의 과학자 13인이 들려주는 나의 삶과 존재 그리고 우주

우리는 모두
별이 남긴
먼지입니다

슈테판 클라인 지음
전대호 옮김

청어람미디어

옮긴이의 말

과학은 우리 모두의 삶이 남긴 흔적입니다

일을 하면서 감동으로 눈시울이 붉어지는 순간을 경험할 수 있다는 것은 번역을 업으로 삼은 사람의 특권으로 꼽을 만하다. 비록 드물지만, 그런 순간이 선사하는 뿌듯함은 무엇과도 바꿀 수 없다. 소설이나 시가 아니라 과학을 번역하다가도 북받치는 감동에 목울대가 뻑뻑해질 때가 있냐고 물으신다면, 솔직히 그런 경우는 드물다고 고백하겠다. 하지만 과학에도 나름의 감동이 있다. 물론 북받침과는 사뭇 다르지만, 피타고라스 정리의 증명 앞에서, 맥스웰의 전자기학 방정식 앞에서, 현미경으로 본 뉴런들의 연결망 앞에서 느끼는 서늘한 고요는 '감동'으로 칭하기에 조금도 손색이 없다. 우리에게 과학적 감동이 무척 낯설다면, 그것은 과학 자체의 문제가 아니라 우리의 문제, 과학을 외래문화로 보는 시각이 여전히 강한 우리 문화의 문제일 가능성이 높다.

　　그럼 과학 말고 과학자는 어떨까? 과학자가 감동적일 수 있을까? 거의 누구나 고개를 끄덕이리라 믿는다. 위인전의 위압적 감동 말고, 애틋한 사람과 사람 사이에서 수평으로 오가는 감동은 우리의 삶을 움직이는 가장 근본적인 힘이지 싶다. 어떻게 과학자라고 예외겠는가. 마치 외계인인 양, 무자비한 태풍의 진로를 계산하는 컴퓨터인 양, 철저히 객관적이고자 애쓰는 과학자도 거대한 삶의 물결에 휩쓸려 있기는 마찬가지다. 그래서 어느 시인이나 배우에 못지않게 아름답다.

　　책을 번역하면서 두어 번 눈시울이 뜨거워졌다. 노벨상을 받은 화학자이자 시인인 로알드 호프만이 어린 시절을 회상하며 쓴 시에서 "바람이 무엇인지 잊어버린 꼬마"가 등장할 때도 그랬고, 독한 마음으로 가족까지 속이고 독일로 건너와 성공한 뇌과학자 한나 모니어가 사라져버린 고향을 그리워하는 대목에서도 그랬다. 돌이켜보니 두 경우 모두에서 내가 느낀 감동의 원천은 과학자 개인의 기구한 삶, 더 정확히는 과학의 보편성과 과학자의 개별성이 이룬 팽팽한 긴장이었다.

　　보편과 개별 사이의 긴장은 어쩌면 무릇 아름다움의 출처인지도 모른다. 내가 개인으로서 보편적 진리에 참여한다는 것은 과학자뿐 아니라 모든 인간의 꿈이지 싶다. 저자 슈테판 클라인은 "과학자가 일을 할 때 개인으로서의 자신을 도외시할 수 있다는 허구를 믿어본 적이 없다"고 말한다. 전적으로 동의한다. 이 허구는 과학에 해롭다. 아마 과학의 권위를 위해 지어낸 허구일 텐데, 애당초 과학과 권위는 상극이므로, 과학에 권위를 부여하려는 모든 시도는 도리어 과학의 숨통을 조른다.

이 책에 실린 대화는 무난한 주례사 풍의 인터뷰와 거리가 한참 멀다. 빛과 그림자, 향기와 악취, 부드러움과 까칠함이 어우러져 생생한 현실을 빚어낸다. 그야말로 살아있는 대화다. 게다가 흥미롭게도 대화 상대들 못지않게 저자 자신이 전면에 나선다. 대개 인터뷰 진행자는 가만히 배경에 머물면서 상대를 돋보이게 하지만, 클라인은 때때로 거침없이 자기 이야기를 한다. 이 또한 대화에 현실감을 보태는 장점으로 본다면 지나친 칭찬일까?

클라인은 작가로 나서기 전에 꽤 오랫동안 과학자로 활동했다. 아마 그래서인지, 과학자인 대화 상대와 작가인 자신을 격리하거나 차별화하려는 태도가 전혀 없다. 대화하는 두 사람은 공감의 명석 위에 동등하게 마주 앉아 있다. 과학자이자 주인공이라는 찬란한 딱지를 이마에 붙인 사람과 비과학자이자 경청자라는 소극적인 딱지를 이마에 붙인 사람이 마주 앉는다면, 대화는 겉돌 수밖에 없다. 클라인과 대화 상대들은 맨 이마로 마주 앉아 사람 대 사람으로서 대화한다.

물론 클라인이 전문 과학자의 지식과 경험을 갖췄고 대화 상대인 과학자들이 인문학과 예술에도 조예가 깊은 덕분에 이례적으로 이런 수평적인 대화가 가능하다고 할 수도 있겠지만, 어쩌면 더 중요한 것은 양편의 마음가짐이지 싶다. 과학자와 대화하는 사람은 스스로 과학자로 자처하는 것이 바람직하다. 그래도 될 뿐더러, 엄밀히 말하면, 그래야 한다. 반대로 이른바 비과학자와 대화하는 과학자도 상대를 과학자로 인정해야 한다. 실은 양편의 이 같은 마음가짐이 과학의 본질이다. 조금 과장해서 말하면, 나는 이 책에 실린 대화에서 과학의 기본 자세를 본다. 충분히 감동적인 기본 자세다.

새삼 질문해본다. 과학이란 무엇이고 과학과 삶은 어떤 관계일까? '통섭'이라는 단어가 유행한 이래, 꽤 많은 과학자와 인문학자가 대화를 시도했다. 주로 과학자 진영에서 새로운 지식과 급진적인 이론을 앞세워 공세를 취하고 인문학자 진영에서는 경청이나 반발의 형태로 수세를 취하는 양상이었다. 최근에 인문학 상품들의 인기가 올라 분위기가 잠시 바뀌었지만, 꾸준한 대세는 우리 문화에서 과학이 차지하는 지위를 더 높여야 한다는 주장이다. 고등학교 교과과정에서 문과와 이과의 구분을 없애자는 제안, 대학교 교양 교육에서 자연과학을 보편적인 필수 과목으로 삼자는 제안처럼 구체적인 제도 개선책도 나왔다.

그런데 그토록 소중하다는 과학의 본질은 무엇일까? 통섭을 외치는 사람들은 흔히 과학의 눈부신 빛으로 우리 주변의 누추한 삶을 환히 밝히겠다는 식의 생각을 품은 듯하다. 그들에게 과학이란 어디 외계에서 뚝 떨어진 보물 상자쯤 되는 것 같다. 그들의 과학은 우리의 삶과 분리되어 있다. 귀 기울여보라, 과학의 성과가 삶에 반영되지 않는다는 푸념, 우리의 삶이 여전히 비과학적이라는 비판, 과학이 고립을 면하지 못하고 있다는 한탄이 넘쳐난다.

나는 통섭을 외치는 사람들이 좋은 뜻으로 그런다는 것을 믿어 의심치 않는다. 그러나 그들이 전제하는 듯한 삶과 과학의 분리에 대해서는 단호히 고개를 가로젓는다. 과학은 인간의 활동이며 삶의 일부다. 삶과 따로 떨어진 과학? 토종의 삶을 계도하는 서진열강의 과학? 그건 과학이 아니다! 기껏해야 잘 통하는 미신, 잘 팔리는 상품이다. 언젠가부터 이 땅에 만연한 주눅과 두려움의 문화를 굳게 다지는 나쁜 대못이다. 정반대로 내가 아는 진짜 과학은 바로 이런 대못들을 뽑아내는 힘, 언제 어디에서나 삶이 이미 품고 있는 힘이다.

그래서 나는 통섭을 '이루자'고 외치는 사람들에게 이미 현실인 통섭을 '발견하라'고, 항상 이미 진행되어온 삶과 과학의 협주에 귀를 기울이라고 권하고 싶다. 큰 아들은 시인인데 둘째는 물리학자라면, 그 집안은 뭔가 문제가 있을까? 아니, 전혀 없다. 셋째는 태권도 사범, 넷째는 떡볶이 장수여도 아무 문제없다. 오히려 더 재미있을 뿐더러 바람직하다. 이 책을 보라! 시인과 화학자가 한 몸 안에 공존하고, 청운의 꿈을 품고 혈혈단신 대처로 떠나는 소녀와 황혼을 맞은 유명 여성 과학자가 기억을 매개로 공존하고, 예술가와 기술자와 과학자가 레오나르도 다 빈치 안에 공존하고, 물리학자이자 작가인 슈테판 클라인과 유전학자이자 사업가인 크레이그 벤터가 대화를 매개로 공존한다. 이런 아름다운 공존을 앞에 두고 '통섭'을 외치는 것은 예수에게 기독교를 전도하는 것과 다를 바 없다.

따지고 보면 '통섭'이라는 단어의 유행 자체가 우리의 빈곤을 반영한다. 정확히 말해서, 삶을 바라보는 우리의 시각이 얼마나 빈곤한지 보여준다. 정작 우리의 삶은 빈곤하기는커녕 헤아릴 수 없이 거대하고 이루 말할 수 없이 풍요롭다. 과학부터 예술, 온갖 사연, 눈물, 대화, 감동, 책까지, 모든 것이 삶 자체이거나 삶의 흔적이다. 이 거대한 삶을 온전히 보는 사람은 '통섭'이라는 단어를 따로 들먹일 필요가 없을 것이다.

"우리는 모두 별이 남긴 먼지입니다"라는 우주론자 마틴 리스의 문장은 이 책의 제목으로 격상하기에 충분하다. 과학 특유의 서늘하고 고요한 감동을 자아내는 멋진 말이다. 길어야 백년을 살고 기껏 해야 천년이나 만년을 돌아보는 우리에게 수십억 년 전에 폭발로 생을 마친 어느 별을 기리고 그 별의 죽음 덕분에 우리가 존재함을 되새길 기회를 준다. 과연 과학은 지고의 가치를 인정받을 자격이 있다. 그러나 과학은 엄연히 인간의 활동이며 따라서 삶이라는 더 큰 맥락 안에 있다. 그래서 마지막으로 마틴 리스의 문장 옆에 이 문장을 나란히 놓고 싶다. 이 책의 저자가 전하고 싶었을 법한 메시지, 내가 이 책에서 읽었고 바라건대 많은 독자가 읽었으면 하는 메시지다.

과학은 우리 모두의 삶이 남긴 흔적입니다.

2014년 5월
전대호

앎을 찾아 평생 헤맬 용기에 대하여

과학은 지금 과거 어느 때보다 더 강하게 우리의 삶을 규정한다. 그러나 과학을 통해 세계를 변화시키는 사람들에 대해서 우리는 아는 바가 없다시피 하다. 그들이 우리에게 전할 말이 없기 때문일 리는 없을 것이다. 이 책에서 내가 대화한 과학자들 중 다수는 놀라운 삶의 여정을 되돌아본다. 그들은 특이한 관심을 가졌으며 전공 분야를 훨씬 벗어난 곳까지 생각을 펼친다. 한 마디로 인간으로서 그들은 우리가 시시콜콜한 부분까지 잘 아는 배우나 축구선수, 정치인 못지않게 흥미롭다.

　　우리 시대의 많은 사람들이 과학자 하면 천재적이지만 아쉽게도 생활에는 무능력해서 세상을 향해 혀를 쑥 내밀기나 하는 아인슈타인을 떠올린다면, 그 이유는 한편으로 과학자들 자신에게 있다. 과학자는 개인으로서의 자신을 부정하려 한다. 과학은 객관적이고자 한다. 인간은 멀찌감치 떨어져야 한다는 식이다. 과학 논문에서 '나'

라는 단어를 사용하는 것은 신성모독이다. 또한 과학자는 당연히 다른 모든 사람과 마찬가지로 인정을 갈구하므로 자신을 둘러싼 신화에 동조한다. 과학자라는 이유로 자신의 고유한 개성을 한껏 펼치는 것을 포기하더라도, 최소한 속세를 벗어난 지식인이라는 자부심과 존중을 누릴 수 있으니까 말이다.

그러나 대중이 과학자의 생각과 느낌을 잘 모르는 것에는 더 깊은 두 번째 이유가 있다. 우리 사회는 과학을 마치 대롱을 통해 보듯이 편협한 시선으로 본다. 과학을 경제적 부의 원천으로 보는 것은 정당하다. 실제로 과학은 우리에게 효과적인 의약품, 컴퓨터, 온갖 안락을 제공하지 않았는가. 보아 하니 과학자가 연구실에서 하는 일은 비록 일반인이 이해할 수 없을 때도 있지만 어쨌든 유용하다. 그러나 대다수의 사람들이 보기에 그 일은 우리를 정말로 움직이는 것, 우리 삶의 실존적 질문과는 무관하다.

그러나 이렇게 생각하는 사람은 과학이 우리 문화의 일부임을 간과하는 것이다. 책, 음악, 영화와 마찬가지로 과학은 문화의 한 부분이다. 애초부터 자연과학은 우리 존재의 수수께끼를 다뤄왔다. 그리고 최근 들어 과학은 우리가 누구이고 어디에서 왔는지, 인간으로 산다는 것이 무엇인지를 더 명확하게 알려주는 많은 통찰에 도달했다.

이 책을 쓰기 위해 나는 우리에게 그런 통찰을 선사한 사람들을 만났다. 이 책은 내가(2편의 예외를 빼면) 2007년부터 2009년까지 유럽, 미국, 인도의 과학자들과 나눈 대화를 묶은 것이다. 축약된 대화록은 이미 주간지 ≪차이트 마가진 *ZEIT Magazine*≫에 실린 바 있다. 대화 상대들은 누구나 자기 분야에서 세계적인 명성을 누릴 뿐 아니라 자신의 연구를 더 큰 맥락 안에 놓는 솜씨가 돋보이는 인물이다. 시인으로도 유명한 노벨화학상 수상자가 등장하는가 하면, 앞으로 몇십 년 동안 세계가 맞을 운명에 대해서 공개적으로 내기를 거는 우주론자, 그리고 생리학자이면서 파푸아뉴기니의 원시림에서 문명의 기원을 연구하는 인물도 등장한다. 나는 과학자들로 하여금 최대한 다양한 관심을 털어놓게 하려 애썼다. 지리학자나 인류학자와는 인문학과 사회과학에 대해서도 이야기했다. 한마디 덧붙이자면, 대화 상대는 아무 거리낌 없이 주관적으로 선정했다. 내가 보기에 그의 업적이나 성품이 특별해서 개인적으로 친해지고 싶은 사람에게 대화를 제안했다.

이 책의 등장인물 중 백인 남성의 비중이 과도하게 높다는 지적은 타당하다. 여성은 달랑 2명, 유럽이나 북아메리카 출신이 아닌 사람도 단 2명뿐이다. 그러나 이 비율은 우리 시대의 실상이다. 나는, 일생 동안 많은 업적을 이루고 보통 인생 후반에나 도달할 법한 폭넓은 통찰을 지닌 과학자들을 물색했다. 그 정도 나이의 과학자 중에 여성이나 아시아, 라틴아메리카, 아프리카 출신은 여전히 드물다. 다행히 지금 연구실에서 성장하는 젊은 과학자들은 다양하므로, 20년 뒤에 내가 만날 대화 상대의 구성비는 사뭇 다를 것이다.

거의 모든 대화 상대는 내가 처음 만난 사람이다. 대개 나는 대화 상대를 이틀에 걸쳐 2번 만났고, 장소는 항상 대화 상대가 정했다. 대개의 경우 연구실에서 대화했고, 때로는 오랫동안 산책하면서, 또는 식당, 박물관, 대화 상대의 여름 별장에서 이야기를 나눴다. 내가 과학자들에게 미리 요구한 것은 시간뿐이었다. 우리의 대화는 대체로 5시간 동안 진행되었는데, 그중 가장 흥미로운 대목을 뽑아서 이 책에 수록했다.

내가 설정한 목표는 2가지였고 간단했다. 나는 상대방이 누구인지, 무엇을 하는지 알고자 했다. 사실 내가 보기에 이 2가지는 단일한 질문을 둘로 나눠 표현한 것일 뿐이다. 나는 과학자가 일을 할 때 개인으로서의 자신을 도외시할 수 있다는 허구를 믿어본 적이 없다. 과학자의 이력과 (또한 이것이 상당히 중요한데) 문화적 뿌리가 그의 관심사를 규정한다는 점은 거의 자명하지 싶다. 그러나 나의 접근 방식은 대다수의 대화 상대에게 대단히 낯선 것이었다. 그 점을 감안할 때, 서로에 대한 신뢰를 어느 정도 형성한 다음에 많은 대화 상대가 나의 사적인 질문을 받아준 것은 놀라운 일이었다.

여성 신경과학자 한나 모니어는 "개인으로서 나는 과학에서 중요하지 않아요"라고 말했는데, 혹시 과학자 자신도 이런 분위기에 마지못해 짓눌려 있었던 것일까? 나와 대화하느라 애를 먹은 상대도 있었다. 세계적으로 유명하고 학계에서 가장 높은 자리에 있으며 끊임없이 학생들 앞에서나 전문 학회에서 강의하는 지식인이 자기 자신에 대한 질문을 받자 갑자기 말더듬이가 되었다. 물론 그러면서도 약간의 자기 이야기를 확실히 즐겼다. 다만 내가 그들을 부적절한 행동으로 이끌기라도 한 것처럼, 그들은 찜찜한 표정을 역력히 드러냈다. 깊이 숙고하지 않은 문장으로 자신의 맨얼굴을 드러내는 것에 대한 두려움이 너무 깊었다.

다름 아니라 노벨상 수상자들과의 대화가 가장 허심탄회하게 진행되었다는 사실은 틀림없이 우연이 아니다. 특히 나는 물리학자 스티븐 와인버그와의 만남을 앞두고 몹시 긴장했다. 스티븐 와인버그는 내가 과학자로 활동한 20년 동안 수많은 논문과 책으로 내곁에 있었던 전설적인 과학자이기 때문이다. 내 세대의 물리학자 중에 와인버그를 최고의 권위자로 존경하지 않는 사람은 전 세계를 뒤져도 거의 없을 것이다. 나는 텍사스 주 오스틴의 대학 캠퍼스에서 빌린 자전거를 타고 어디로 갈지 모르는 사람마냥 헤매며 와인버그의 연구소를 몇 번이나 지나친 끝에 약속 시간보다 늦게 땀을 흘리며 그와 마주 앉았다. 인사를 나누고 나서 내가 몸 둘 바를 모르는 상황이라고 고백했다. 그가 나에게 얼마나 일찍부터 큰 영향을 미쳤는지 설명했다. 그러고는 곧바로 그가 이런 말을 수천 번쯤 들었으려니 생각하며 부끄러움을 느꼈다. 그때 와인버그의 눈이 반짝였다. "그래요? 참 기쁜 일이네요." 그 순간 나를 옥죄던 사슬이 풀렸다. 나는 와인버그만큼 거들먹거리지 않는 사람을 거의 보지 못했다. 자신의 오류, 태만함, 의심을 와인버그만큼 솔직히 인정하는 사람도 거의 못 봤다.

모든 것을 성취한 사람은 누구 앞에서도 무언가를 증명할 필요가 없다. 내가 만난 과학자들은 나로 하여금 절로 정중한 태도를 취하게 했다. 그러나 나의 존경심을 자아낸 것은, 흔히 이야기하는 일류 과학자의 탁월한 지적 능력이 아니었다. 물론 대단한 지능의 소유자들이지만, 범접할 수 없는 사고 능력을 지녔다고 짐작되는 사람은 극소수였다. 화학자 로알드 호프만은 대화 중에 "노벨상 수상자도 다른 사람보다 더 똑똑하지 않습니다"라고 말했다. 그도 노벨상을 받았다. 나는 이렇게 덧붙이겠다. 그런데도 그들이 남들은 할 수 없는 고공비행을 한다면, 그것은 탁월한 뇌를 타고났기 때문이 아니라 뇌를 더 잘 훈련했기 때문이다.

그들은 지능이 애초부터 높지 않았다. 다만 지금껏 길을 걸어오면서 지능을 발전시켰다. 그들 각각은 세계라는 모자이크를 이루는 조각 몇 개를 알아낸다는 것을 삶의 목표로 정했다. 모든 대화에서 번득여 나를 경탄시키고 거듭 감동시킨 것은 바로 이 헌신의 능력이었다. 헌신은 가장 행복한 순간을 가져다 줄 수 있지만 큰 대가를 요구한다. 하지만 첨단 연구를 위해 그들이 얼마나 큰 대가를 치렀는지에 대해서는 여성 과학자 2명만 털어놓는다. 남성들은 이 주제를 외면하고 여성들만 언급했다는 사실 역시 내가 보기에 우연이 아니지 싶다.

미디어는 늘 성공한 연구 소식만 전하기 때문에, 한 번의 성공을 위해 얼마나 많은 실패와 실망을 대가로 지불해야 하는지 아는 일반인은 극히 드물다. 자연의 수수께끼는 미로와 같다. 모든 틀린 길 각각을 최소한 한 번씩 거치고 나야 비로소 해답이 보인다. 심지어 운이 좋아 자기도 모르는 사이에 옳은 길에 접어들더라도 사소한 문제에 시달리며 몇 년, 때로는 몇십 년을 보낸 다음에야 본질적인 문제를 해결할 수 있다. 과학자의 가장 중요한 특징은 지능이 아니라 끈기다. 고집에 가까운 끈기, 후퇴와 자기회의에 굴하지 않는, 특히 경쟁에 아랑곳하지 않는 끈기 말이다.

유전학자 크레이그 벤터는 자신의 동료들을 "잡아먹느냐, 아니면 잡아먹히느냐, 둘 중 하나다"라는 원리에 사로잡힌 사람들로 묘사했다. 왜냐하면 생물학자들은 다윈주의자여서 무자비한 경쟁과 특히 밀접한 관련이 있기 때문이라는 것이다. 당연한 말이지만, 최초 발견의 명예를 둘러싼 싸움은 다른 분야에서도 치열하다. 나는 일부 사람들이 악한 마법사라고 비난하는 크레이그 벤터의 솔직함을 높게 평가한다. 그는 노골적으로 자신의 명예를 추구하고 때로는 협력을 거부하는 것으로 유명하다.

과연 무엇이 사람들을 과학으로 이끌고 과학에 머물게 할까? 과학자가 천재적인 뇌를 타고나는 것이 아님과 마찬가지로 과학을 소명으로 타고나는 사람도 없다. 오히려 거의 모든 대화 상대는 어떤 '우연'이 그들을 현재의 관심분야로 이끌고 결국 성공을 가져다 주었는지 말한다. 세라 허디는 작가로서 첫 번째 장편소설을 마야인에 대해서 쓸 요량으로 자료를 수집하다가 인류학을 발견하고 인류학자가 되었다. 오늘날 전 세계에서 가장 영향력이 큰 경제학자로 손꼽히는 에른스트 페르는 원래 성직자가 될 생각이었다. 라가벤드라 가닥카가 인도에서 살았던 기숙사에 말벌이 들끓어 그의 관심을 끌지 않았다면, 그는 일류 행동과학자로 우뚝 서기 어려웠을 것이다. 또 어떤 이는 카리스마 있는 스승을 만나 삶의 방향이 완전히 바뀌었다. 이런 이력에 비춰보면, 인생을 계획할 수 있다는 것은 세상 물정 모르는 희망임이 드러난다. 훗날의 최고 과학자들을 이끈 것은 긴 안목의 생각이 아니라 반대를 무릅쓰고 자신의 길을 가겠다는 자신감이었다.

이 용기를 그들은 지금도 가지고 있다. 그러나 이 용기는 신에게 도전하겠다는 뻔뻔함이 아니라 평생 기꺼이 앎을 찾아 헤매겠다는 마음가짐이다. 내가 만난 과학자들은 고유한 개성과 함께 이 마음가짐을 드러냈다. 불확실성은 최소한 앎만큼 강하지만, 특별한 자아는 그런 불확실성을 누리는 호사를 감당할 수 있다. 자만심 너머, 획기적인 연구 결과로 자신의 이름을 불멸의 반열에 올려놓겠다는 바람 너머에서 어떤 추진력이 그들 모두를 움직이는 듯했다. 그 추진력은 길 위에 있는 기쁨, 사람은 끝내 안주하지 못함을 정확히 아는 기쁨인 듯했다.

무엇이 과학자를 움직이느냐는 질문에 대한 가장 아름다운 대답 하나는 가장 오래된 대답이기도 하다. 레오나르도 다 빈치에게서 유래한 것인데, 그는 근대 자연과학의 아버지로서 이 책에 역사적 관점을 제공한다. 레오나르도가 보기에 앎의 욕구는 자연에 대한 사랑, 따라서 삶에 대한 사랑의 한 형태다. "사랑은 앎에서 싹트며 앎이 확실해질수록 더 깊어진다." 우리가 무언가를 제대로 이해하면, 우리는 그것을 소중히 여길 줄 알게 된다. 또한 우리는 대상을 정확히 관찰함을 통해 결국 우리 자신을 변화시키므로, 레오나르도에게는 말 그대로 모든 대상이 집중적인 연구 가치가 있었다. 냇물 속 자갈을 휘감아 도는 물살도 그랬고, 천체의 운동도 그랬다.

　　　레오나르도 다 빈치는 미지의 대륙에 발을 들인 개척자였다. 그는 개별 현상 각각을 따로 탐구했다. 그 현상의 상호관계는 기껏해야 짐작할 수 있을 따름이었다. 그 후 500년 넘게 자연을 탐구해오면서 과학자들은 수많은 연관성을 보는 법을 배웠다. 예컨대 과학자들은 자갈을 휘감아 도는 물살을 지배하는 법칙이 별의 형성도 지배한다는 것을 안다. 그렇게 작은 앎 조각이 더 큰 앎의 단서가 된다. 판자벽에 난 틈새가 바깥 풍경 전체를 볼 수 있게 해주는 것처럼 말이다. 내가 만난 과학자들은 그런 경험을 "갑자기 모든 것이 맞아들어가는 경이로운 순간"으로 거의 똑같이 묘사했다. 아주 시시한 듯한 문제가 우리를 훨씬 더 큰 수수께끼로 이끄는 경우가 흔히 있다. 또 때로는 그런 문제가 그 수수께끼를 풀 열쇠를 제공하기까지 한다. 여기 모아놓은 대화는 작은 것 속에 들어 있는 큰 질문에 관한 이야기다.

차례

커다란 질문과
최후의 대답을 향한 열망에 대해
우리 시대의 권위 있는 과학자들과 나눈 대화!

과학은 지금 과거 어느 때보다 더 강하게 우리의 삶을 규정한다. 그러나 과학을 통해 세계를 변화시키는 사람들에 대해서 우리는 아는 바가 없다시피 하다. 그들이 우리에게 전할 말이 없기 때문일 리는 없을 것이다. 베스트셀러 저자 슈테판 클라인이 독일 주간지 ≪차이트 마가진ZEIT Magazine≫의 의뢰로 과학자들과 나눈 이 매혹적인 대담은 오히려 정반대의 사실을 증명한다. 많은 과학자들은 놀라운 삶의 여정을 회상하고 특이한 관심을 가졌으며, 그들의 생각은 전공 분야를 훨씬 벗어난 곳까지 미친다.

01. 분자에서 읽어내는 시

아름다움에 대하여

화학자 겸 시인 "로알드 호프만"과 나눈 대화

Roald Hoffmann

1937년 폴란드에서 태어났다. 미국 하버드대학교에서 화학을 공부했다. 현재 코넬대학교 화학과 교수다. 1965년에 '우드워드-호프만 법칙'을 발견했고, 1981년에 화학반응 메커니즘에 대한 연구로 노벨화학상을 받았다. 이후 4권의 시집도 출간했다. 국내 소개된 책으로 서울대 권장 도서기도 한 『같기도 하고 아니 같기도 하고』가 있다.

"이 화학자를 너무 딱딱한 모습으로 찍으면 안 됩니다." 사진 담당 편집자가 주의를 주었다. "걱정 마세요." 나와 함께 로알드 호프만을 만나러 갈 젊은 여성 사진기자가 대답했다. "이분 시인이잖아요." 옳은 말이었다. 미국 뉴욕 주의 숲속 외딴 곳에 위치한 호프만의 코넬대학교 연구실의 모습부터 세계적인 과학자가 일하는 곳이라는 인상(印象)을 거의 풍기지 않는다. 인디언 가면들과 피리를 부는 힌두교의 신 크리슈나 조각상이 그곳을 장식한다. 솔방울과 탈무드 책이 곳곳에 놓여 있다. 천장에는 새의 깃털로 만든 그물이 매달려 있다. "인디언 예술가의 작품이에요." 호프만이 설명한다. "꿈을 잡는 그물이죠."

호프만은 1937년에 유대인 가족의 아이로, 당시엔 폴란드 영토였지만 지금은 우크라이나에 속한 작은 도시에서 태어났다. 독일군의 점령기에 그는 지붕 밑에 숨어 목숨을 건졌다. 전쟁이 끝난 후 하버드대학교에서 화학을 공부한 그는 스물일곱 살 채 되기 전에 첫 번째로 획기적인 발견을 했다. 화학 반응을 예측할 수 있게 해주는 규칙을 동료인 로버트 우드워드와 함께 발견한 것이다. 이 발견의 공로로 호프만은 노벨상을 받았다.

과학자들은 자신의 출판물을 즐겨 소개한다. 호프만이 출판한 글은 500편에 달하며 계속 늘어나는 중이다. 그런데 목록을 보면 과학논문 사이에 아름다움, 예술, 유대 사상사에 관한 에세이와 더불어 평단으로부터 많은 찬사를 받은 시집 4권이 눈에 띈다. 마침 그는 자신의 세 번째 희곡을 쓰는 중이다.

슈테판 클라인: 호프만 교수님, 혹시 교수님이 가장 좋아하는 분자가 있습니까?

로알드 호프만: 헤모글로빈을 좋아해요. 혈액 속의 붉은 색소죠. 말하자면 바로크 예술처럼 화려한 분자랍니다. 원자 1만 개가 (주로 수소 원자와 탄소 원자인데요) 결합해서 사슬 4개를 이루고, 그 사슬이 얽혀서 헤모글로빈이 되죠. 그러니까 헤모글로빈의 모양은 촌충이 교미할 때의 모습과 비슷해요.

슈테판 클라인: 상당히 복잡하네요.

로알드 호프만: 예, 그렇기도 한데, 알고 보면 복잡하지 않아요. 사실은 무질서와 질서가 함께 있거든요. 무슨 말이냐면, 그 복잡한 모양 속의 굴곡은 대부분 분명한 의미가 있어요. 얽힌 사슬 사이에 얇은 판 조각 같은 것이 4개 끼어 있는데, 그걸 '헴(heme)'이라고 해요. 그리고 그 헴들 각각의 한가운데 외톨이 철 원자 하나가 박혀 있죠. 그 철 원자 때문에 헤모글로빈이 빨간색인 것이고요. 또 우리가 호흡하는 산소가 그 원자와 결합해요. 하지만 헴 하나에 산소 분자 하나, 원자로 따지면 산소 원자 2개만 붙을 수 있어요.

슈테판 클라인: 달랑 산소 원자 8개를 간수하자고 원자 1만 개를 동원한다면, 이건 굉장한 낭비 같은데요.

로알드 호프만: 하지만 놀랄 만큼 아름답잖아요. 안 그래요?

슈테판 클라인: 여성은 아름다울 수 있어요. 눈송이는 당연히 아름 답고요. 우리가 볼 수 있으니까. 반면에 헤모글로빈은 아직 현미경 으로도 관찰된 적이 없잖아요.

로알드 호프만: 음악을 생각해봐요. 음악도 안 보이지만 아름답잖아요.

슈테판 클라인: 음악은 들리죠. 고대 이래로 철학자들은 아름다움을 느끼기 위해서는 감각지각이 핵심적이라고 얘기해왔어요.

로알드 호프만: 감각지각보다 훨씬 더 결정적인 것은 대상에 어떤 관 심을 기울이느냐 하는 거예요. 아름답다는 느낌은 당신의 지성과 대 상 사이의 긴장에서 나와요. 하지만 당신의 지적도 일리가 있어요. 관심도 어디에선가 유래해야 할 테니까. 출발점은 늘 감각적 끌림이 겠죠.

슈테판 클라인: 매력적인 몸매의 여성을 보면 뭐 아름답다는 느낌이 절로 나죠. 하지만 화학이 아름답다고요? 교수님, 제가요, 말하자면 젖먹이 때부터 화학에 둘러싸여 살아왔거든요. 아버지가 화학자, 어 머니와 할머니도 화학자, 일찍이 증조할아버지도 빈 근처 화학연구 소의 소장이셨어요. 그런데 지금도 저한테 화학은 모든 과학을 통틀 어 제일 재미없는 학문이랍니다.

로알드 호프만: 어린 시절에 작은 화학실험실을 꾸며놓고 놀아본 적 있어요?

슈테판 클라인: 아뇨.

로알드 호프만: 바로 그거예요. 당신은 화학의 감각적 측면을 체험하지 못했어요. 화학은 재미있어요. 왜냐하면 연기가 피어오르고 요란한 폭발이 일어나고 지독한 냄새도 나거든요. 그래서 화학에 끌리는 거예요.

슈테판 클라인: 어린 시절엔 그런 식으로 화학에 끌리더라도 나중에 화학에서 얻는 즐거움은 아주 지적인 것이죠. 반면에 그림이나 조각을 즐길 때 우리는 지적인 생각을 거의 안 하잖아요. 느낌이 단박에 오니까. 말하자면 가슴이 울리니까. 물론 나중에는 작품을 지적인 태도로 대할 수도 있겠지만, 그게 꼭 필요한 건 아니에요. 자, 제 질문을 이렇게 요약할게요. 분자가 정말 예술작품과 똑같은 방식으로 아름다울 수 있나요?

로알드 호프만: 비중은 달라요. 예술에서는 감성이 큰 역할을 하지만, 과학에서는 지성이 더 큰 구실을 하죠. 가까운 예로 저기 내 책상 위에 걸린 사진을 보세요. 키클라데스(cyclades) 군도에서 나온 5000년 전의 우상을 찍은 사진이죠. 대리석으로 된 저 여성의 몸을 볼 때 나는 이집트 문화와 키클라데스 문화가 어떤 영향을 주고받았는지에 대해서 거의 생각하지 않아요. 저 석상을 보기만 해도 따뜻한 느낌이 들죠. 하지만 이번엔 그 옆에 있는 사진 속 여성의 얼굴을 보세요. 황홀감에 빠져든 얼굴이에요. 바로크 시대의 미술가 베르니니가 제작한 성녀 테레사의 조각상이죠. 이 작품을 볼 때만 해도 지성이 꽤 큰 역할

을 해요. 테레사는 나에게 겉모습으로만 다가오는 게 아니거든요. 그녀가 유대인 할아버지를 둔 기독교 수녀였기 때문에, 또 내가 여성의 환상에 관심이 많기 때문에, 나는 저 얼굴을 유심히 봐요. 어쨌거나 저것이 남성 중심의 교회에서 여성이 자신을 표현할 수 있는 유일한 방식이었죠.
테레사의 조각상은 나에게 이야기를 들려줍니다. 그걸 듣노라면 나와 예술작품 사이에 긴장이 생기고요.

슈테판 클라인: 그럼 헤모글로빈도…….

로알드 호프만: 맞아요, 헤모글로빈도 이야기를 들려줍니다. 아까 말한 사슬이 어떻게 얽혀 있냐면, 사슬 사이에 주머니가 형성되도록 얽혀 있어요. 그리고 그 주머니에는 폐 속의 산소가 완벽하게 들어갈 수 있도록 되어 있죠. 마치 승객이 자동차에 타듯이 그 주머니에 산소가 들어가면, 헤모글로빈 분자의 모양이 바뀌어서 주머니가 닫힙니다. 그러면서 색깔도 밝은 빨간색으로 바뀌고요. 산소를 실은 헤모글로빈이 뇌나 근육에 도달하면 사슬이 다시 원래 모양으로 돌아가면서 산소가 방출됩니다. 그러면 헤모글로빈의 색깔도 다시 어두운 빨간색으로 돌아가고요. 그래서 정맥의 피는 검붉은 색이죠. 나는 헤모글로빈 분자가 혈관을 따라 돌아다니면서 끊임없이 변신하는 과정이 오디세우스 이야기 못지않게 흥미진진하다고 느껴요.

슈테판 클라인: 하지만 이런 유형의 아름다움은 극소수의 사람만 느낄 수 있지 않습니까. 그림은 누구나 보면 즐길 수 있고, 음악도 들으

면 즐길 수 있는데 헤모글로빈의 아름다움은 화학을 공부한 사람만 즐길 수 있는 거죠.

로알드 호프만: 양쪽을 반드시 대립시켜야 하는 건 아니에요. 내 말은 분자의 아름다움이 예술작품의 아름다움보다 더 크거나 중요하다는 뜻이 아닙니다. 오히려 우리가 보통 기대하지 않는 곳에서도 아름다움을 발견할 수 있다는 것이 요점이에요. 예컨대 과학에서도 발견할 수 있다는 거죠. 그리고 분자에 대한 깊은 이해도 미적 감정을 불러일으킬 수 있다는 점을 우리가 명확히 알면, 자연과학은 새로운 차원을 얻습니다. 자연과학이 더 인간적으로 보이게 되요.

슈테판 클라인: 일부 과학자는 아름다움을 추구하는 것을 연구의 지침으로 삼습니다. 예를 들어 알베르트 아인슈타인은 방정식이 추하다고 느끼면 굉장히 불편해했죠. 자연의 진리는 단순하고 아름답다는 것이 그의 생각이었습니다.

로알드 호프만: 내 생각은 달라요. 세계는 복잡합니다. 도대체 왜 자연이 단순함을 선호해야 한다는 거죠? 단순함을 추구하는 것은 우리의 지성뿐이에요. 단순한 것은 지성이 더 쉽게 정복할 수 있으니까.

슈테판 클라인: 교수님은 복잡한 것을 좋아하는 모양이네요. 하지만 단순한 것도 매력적이잖아요. 파르테논 신전의 완벽한 비율에 대해서 어떻게 생각하나요?

로알드 호프만: 차라리 완벽한 정육면체 모양의 분자를 예로 드는 편이 더 좋을 성싶습니다. 나도 한때는 그런 이상을 품었더랬어요. 하지만 나이를 먹을수록 점점 더 복잡성에 매력을 느끼게 되었죠. 시대의 분위기와도 관련 있을지 몰라요. 고대 그리스처럼 단순한 형태를 선호하는 시대가 있죠. 하지만 복잡한 것이 아름답다고 여기는 시대도 있습니다. 예를 들어 바로크시대가 그렇고, 현재도 그래요. 많은 사람들은 예컨대 프랭크 게리(미국 건축가 - 옮긴이)가 설계한, 해체된 듯한 건물을 2차 세계대전 직후에 지은 사각형 건물보다 훨씬 더 아름답고 흥미롭다고 느끼거든요. 아무튼 나는 너무 단순한 것은 질리게 봤어요. 그런 것은 이야기를 들려주지 않아요.

슈테판 클라인: 근본적인 질문인데, 사람들은 왜 아름다움을 느낄까요?

로알드 호프만: 아름다움이나 추함 같은 범주는 부분적으로 유전의 영향을 받습니다. 아마 사람들은 원래 자신에게 이로운 것을 아름답다고 느꼈을 거예요. 그래서 우리 조상들은 특정한 식용 식물에 끌렸을 뿐 아니라 생동하는 자연 전체에도 끌렸을 테고요. 어떤 동물 종도 혼자서 생존할 수는 없으니까요. 이런 연유로 우리가 지금도 살아 있는 것, 불규칙적인 것에서 아름다움을 느끼는 것이 아닐까 생각해봅니다. 그래서 우리가 플라스틱보다 꽃과 목재를 더 좋아하지 않나 싶어요.

슈테판 클라인: 그런 유전적인 프로그래밍이 있을 수도 있겠죠. 하지만 이런 접근법으로는 우리가 어떤 패션을 좋아하고 어떤 음악을

좋아하는지를 거의 설명할 수 없지 않을까요. 현악사중주나 전기기타 연주에는 자연적인 구석이 전혀 없습니다.

로알드 호프만: 언어와 문화가 발전하면서 미적 감각은 당연히 훨씬 더 복잡해졌죠. 그러니 이제 그 감각을 생물학으로만 설명하는 것은 불가능합니다. 오늘날의 사람들은 살아가면서 수많은 미적 판단 기준을 학습하니까요.

슈테판 클라인: 하지만 아름다움과 추함에 대한 우리의 판단은 흔히 놀랄 만큼 잘 일치해요. 〈모나리자〉를 보면 다들 감탄하잖아요.

로알드 호프만: 물론이에요. 그런데 왜 그러냐 하면, 우리가 그 작품을 선입견 없이 볼 수 없기 때문이에요. 누구나 그 작품을 수천 번 봤고 그 작품에 대한 평가를 무수히 듣고 읽었거든요.

슈테판 클라인: 하지만 애당초 〈모나리자〉가 어째서 그런 명성을 얻었느냐는 여전히 수수께끼죠. 레오나르도가 그린 그 작품을 500년 전에 처음 보았던 사람들도 감탄하고 칭찬했어요. 그러니까 우리의 미적 판단은 자연에 대한 선호 말고도 다른 원리의 지배를 받는 것이 분명해요.

로알드 호프만: 복잡함과 단순함에 대해서 다시 이야기해봅시다. 우리의 지성은 패턴을 추구하도록 프로그래밍 되어 있어요. 간단히 말해서 단순한 것을 선호해요. 우리가 무언가를-이를테면 그림, 건물,

분자를 – 곧바로 이해하면, 우리는 편안함을 느껴요. 하지만 곧이어 지루함을 느끼죠. 우리에게는 우리의 관심을 계속 사로잡을 무언가가 필요해요.

혹시 바르셀로나에 있는 '구엘 공원(Parque Güell)'을 아나요? 거기에 가면 건축가 가우디가 만든 거대한 테라스가 있어요. 경사지에 기둥을 세워서 떠받친 테라스인데, 그 테라스의 가장자리는 긴 벤치의 형태고, 그 벤치는 물결처럼 굽이치는 곡선을 그려요. 경사지에서 벌어졌다가 다시 돌아오기를 반복하는, 철저히 규칙적인 곡선이죠. 단순해요. 그 테라스의 윤곽이 어떤 모양인지 누구나 금세 알 수 있죠.

슈테판 클라인: 바로 그러니까 감각적인 매력을 발휘하는 거예요. 첫눈에 보기에 너무 복잡하면, 보는 사람이 위축되겠죠.

로알드 호프만: 그럴 수도 있겠네요. 하지만 진짜 이야기는 지금부터입니다. 그 벤치에 알록달록한 도자기 타일이 철저히 불규칙적으로 붙어 있어요. 어떤 패턴도 보이지 않습니다. 복잡해요. 실제로 온갖 크기와 색깔의 타일이 마구잡이로 뒤섞여 있어요. 질서나 무질서 하나만 가지고는 미적 감흥을 일으킬 수 없습니다. 아름다움은 긴장에서 나와요. 질서와 무질서 사이의 긴장, 단순함과 복잡함 사이의 긴장.

슈테판 클라인: 우리는 풀어야 할 수수께끼가 아직 남아 있을 때 아름다움을 느낀다. 또 그 수수께끼를 풀 수 있다고 믿어야 한다. 이런 말씀이군요.

로알드 호프만: 칸트가 큰 실수를 저질렀어요. 그는 아름다움이 "이해관심과 무관한 흡족함"이라고 생각했죠. 다시 말하면 우리가 어떤 의도를 결부시킨 대상에 대해서 아름답다거나 그렇지 않다고 판단하는 것은 부적절하다는 거예요.

슈테판 클라인: 그럼 내가 여자를 욕망하면서 동시에 아름답다고 판단하면 안 된다는 건가요?

로알드 호프만: 당신은 아무 여자나 다 욕망하면서 동시에 아름답다고 판단하나요?

슈테판 클라인: 아이쿠, 천만에요. 당연히 제 아내 얘기예요. 어쨌거나 저는 클라우디아 쉬퍼(독일 모델-옮긴이) 같은 스타일은 특별히 아름답다거나 매력적이라고 판단할 수 없더라고요. 줄리에트 비노쉬(프랑스 배우-옮긴이)는 괜찮던데…….

로알드 호프만: 비노쉬에게 무언가 비밀이 있다고 당신이 짐작하기 때문이에요.

슈테판 클라인: 제가 교수님의 견해를 요약해볼게요. 아름답다는 느낌은 관심과 유용성에서 비롯된다. 따라서 그 느낌은 일종의 욕구, 수수께끼를 풀고자 하는 욕망이다. 어쩌면 가장 위대한 예술작품이란 이 욕망을 불러일으키면서 끝내 충족시키지 않는 작품일 것이다.

로알드 호프만: 맞아요. 하지만 좀 부족하군요. 내가 보기에 미술관 관람의 즐거움은 나의 감각 경험과 지성이 어떻게 상호작용하면서 작품에 다가가는지 느끼는 것에 있어요. 나는 나 자신의 내면세계가 통일되어 있음을 실감해요. 그뿐 아니라, 내가 나를 둘러싼 모든 것과 연결되어 있음을 느껴요. 그러면서 인간의 좋은 면을 새삼 깨닫죠.

슈테판 클라인: 섬뜩한 것이 아름다울 수 있을까요?

로알드 호프만: 전쟁의 참상을 묘사한 고야의 판화를 생각해봐요. 고야는 팔다리가 절단된 장면, 총살 장면, 고문 장면을 전례 없이 정확하게 보여줘요. 걸작입니다. 물론 아름다움의 경계에 놓인 작품이에요. 하지만 내가 보기에는 그럼에도 아름다워요.

슈테판 클라인: 교수님도 독일 점령기에 본인이 경험한 바를 여러 편의 시로 쓰셨죠.

로알드 호프만: 그래요, 지금 그 시들은 4권의 시집에 흩어져 있는데, 그것을 모아서 독자적인 '홀로코스트 시집'을 낼 생각이 있느냐는 질문을 많이 받았어요. 나는 번번이 거절했죠. 왜냐하면 그 시들에 묘사된 경험은 내가 한 다른 모든 경험과 별개로 떨어져 있지 않거든요. 그 시들은 사랑에 관한 시나 화학에 관한 시와 함께 있는 게 옳아요.

슈테판 클라인: 독일 점령하의 경험을 그린 시 중에 「1944년 6월」이

라는 작품이 있어요. 러시아군에 의해 교수님이 해방을 맞은 직후를 그린 시인데, 거기에서 교수님은 자신을 여섯 살짜리 꼬마로 묘사해요. 은신처에 숨어 사는 탓에 바람이 무엇인지 잊어버린 꼬마. 그 꼬마는 구멍에 눈을 대고 바깥에서 노는 아이들을 구경했어요. "아이들의 웃음소리가/ 깡충 뛰어 들어왔어. 하지만 바람은 들어오지 않았지/ 벽에 난 구멍이 작았으니까."

로알드 호프만: 우크라이나 시골 동네의 학교선생님 한 분이 우릴 숨겨줬어요. 어머니, 삼촌 2명, 고모, 그리고 나. 아이는 나뿐이었어요. 우는 것은 절대 금지됐죠. 고모한테는 두 살배기 자식이 있었는데, 그 아이는 어쩔 수 없이 폴란드 가정에 보내야 했어요. 그 아이가 울면 우리 모두가 들켜버릴 테니까. 그 아이는 독일인 손에 죽었어요. 은신처에서 삼촌은 총을 가지고 있었어요. 만약에 독일인이 우리를 발견했다면, 삼촌이 우리 모두를 죽이고 본인도 자살했을 거예요. 하지만 내가 이 계획을 그때 벌써 알았는지, 나중에 어머니가 얘기해줘서 알았는지는 기억이 안 나네요.

슈테판 클라인: 아버지는 어디에 계셨어요?

로알드 호프만: 강제노동수용소. 그런데 노동수용소에는 독일인 감시자가 거의 없었어요. 주로 우크라이나인 부역자들이 감시를 맡았죠. 그자들은 담배나 초콜릿 따위로 매수할 수 있었어요. 게다가 아버지는 토목기술자였기 때문에 상당히 자유롭게 돌아다닐 수 있었습니다. 독일군을 위해서 파괴된 다리를 보수하는 일을 하셨어요.

슈테판 클라인: 그 정도로 자유로웠다면 가족에게 올 수도 있었을 텐데, 왜 그러지 않았을까요?

로알드 호프만: 올 수도 있었을 거예요. 하지만 아버지는 자신의 자유를 수용소 안으로 무기를 밀반입하는 일에 썼어요. 많은 사람들과 함께 수용소를 탈출해서 러시아군이 들어올 때까지 숲속으로 도피할 계획이었죠. 일이 잘 풀렸다면, 아버지는 곧장 우리에게 달려왔을 겁니다. 그런데 봉기가 실패로 돌아갔어요. 감시원들이 아버지를 죽였죠. 아버지는 영웅이었습니다.

슈테판 클라인: 교수님은 그야말로 기적처럼 살아 남았습니다. "우리 도시에 살던 유대인 1만 2000명 중 80명이 살아 남았다." 교수님이 직접 쓴 문장이에요. 지금 독일어를 들으면 어떤 느낌이 듭니까?

로알드 호프만: 독일과 나 사이에 갈등 같은 건 전혀 없어요. 독일에 가면 가끔 나 자신에게 묻기는 합니다. 제3제국의 어른들은 자기 자식에게 숨겨가면서 무슨 짓을 했던가? 하지만 다른 한편으로 내 연구를 특히 주목한 나라가 바로 독일이에요. 그래서 많은 독일 젊은이가 내 연구소로 와서 동료가 되었고요. 어느새 몇 명은 내 가족과 다름없게 되었어요. 나와 독일 사이에 밀접한 관계가 새로 형성된 셈이죠. 한마디 덧붙이자면, 우리—특히 어머니—는 벌써 그 당시에도 우크라이나인을 훨씬 더 싫어했어요. 우크라이나인이 우리를 밀고할까봐 노심초사할 수밖에 없었으니까. 우리를 죽이는 자들은 당연히 독일인이었는데도 말입니다. 참 어이없죠. 안 그래요?

슈테판 클라인: 그 위태롭던 시절의 기억이 아직도 생생한가요?

로알드 호프만: 암, 그렇고말고요. 생생하다 뿐이겠습니까? 그 기억이 특이한 반응을 일으킵니다. 나는 식당에 가면 종업원이 무서워요. 제복을 입고 있으니까. 또 지금도 밤에는 창가에 서 있지 못합니다. 위험한 것은 늘 밖에서 들어오잖아요. 물론 60년도 더 된 기억이니 겹겹의 지층 밑에 묻힌 것은 사실이에요. 그래서 지난여름엔 나도 우크라이나에 다녀온 걸요. 내가 살던 도시와 우리의 은신처를 처음으로 다시 봤어요.

슈테판 클라인: 어떻던가요?

로알드 호프만: 다락방인데, 내 기억보다 더 크더라고요. 그곳은 아주 추웠습니다. 그래서 우리는 그 다음 겨울을 1층 방에서 보냈어요. 독일인이 나타나면, 우린 굴속으로 기어 들어갔죠. 방바닥 널판 밑에 굴을 파두었거든요. 그 속에서 웅크리고 있으면 때로는 머리 위에서 군홧발 소리가 들렸어요. 지금은 그 방을 학교 교실로 쓰더군요. 그런데 벽에 뭐가 걸려 있는지 아세요? 원소주기율표. 하필이면 그 방이 화학 교실인 거예요. 게다가 원소주기율표 아래에는 러시아 화학자 겸 시인 로모노소프의 문장이 우크라이나어로 적혀 있어요. "화학은 인류의 행복을 위해 양팔을 벌린다."

슈테판 클라인: 정말 극적이네요. 믿기 어려울 정도로.

로알드 호프만: 안내를 받아 그 방에 들어갔을 때, 난 정말이지 감전된 것 같았어요. 옛날에 그 방 안에서 무슨 일이 벌어졌는지 학생들은 당연히 아무것도 몰랐죠.

슈테판 클라인: 운명을 믿나요?

로알드 호프만: 아뇨. 하지만 때로는 운명을 안 믿기가 어려워요. 이런 점에서는 과학자도 다른 사람들과 다를 바 없죠. 잘 아시다시피 룰렛에서 빨간색이 5번 연거푸 나오더라도 그 다음에 검은색이 나올 확률이 평소보다 더 높아지는 건 아니거든요. 룰렛 구슬은 아무것도 기억하지 못하니까. 그런데 카지노에서 그런 상황이 벌어지니까 과학자도 검은색에 걸더라고요. 누가 볼까 조심하면서 몰래.

슈테판 클라인: 교수님은 왜 자연과학자가 되었어요?

로알드 호프만: 일종의 불상사라고나 할까……. 어쨌든 나는 화학이내 소명이라고 느낀 적이 딱히 없어요. 어머니와 의붓아버지가 바라니까, 나는 흥미가 없는데도 의학 공부를 준비했어요.
그러면서 방학 때 연구소 실험실에서 일을 했는데, 그게 마음에 들더라고요. 원체 어린 시절에도 화학실험을 해봤고요. 그래서 화학을 전공으로 삼았죠. 하지만 당시에 내가 정말로 탐낸 분야는 미술사였어요. 미술과 문학에 관한 세미나에 두세 번 참석했는데, 눈앞에 새로운 세계가 열리더군요. 하지만 부모님께 감히 말하지 못했어요. 그 시절에 이민자의 삶은 녹록치 않았거든요. 의붓아버지는 실업자였어

요. 결국 난 그냥 화학을 하기로 했어요.

슈테판 클라인: 그 선택을 후회하나요?

로알드 호프만: 가끔. 하지만 나는 화학이 재미있어요. 그리고 내가 화학을 위해서, 특히 학생들을 위해서 많은 기여를 할 수 있었다고 믿고요. 또 예술을 통해 나를 표현할 길도 확보했어요. 물론 마흔 살이 되어서야 처음 시를 쓰기 시작했지만.

슈테판 클라인: 과학자에서 시인으로, 다시 시인에서 과학자로 변신하며 사는 셈인데, 무슨 비법이 있나요?

로알드 호프만: 나는 장소를 바꿔야 해요. 가장 좋은 방법은 자연 속으로 들어가는 거예요. 과학을 떨쳐내려면 이틀이 필요한데, 그 기간에 흔히 두통에 시달립니다. 그러고 나면 준비가 돼요. 그러면 매일 한 편 정도를 쓰죠.

슈테판 클라인: 글쓰기와 과학 연구는 공통점이 많은 것 같아요. 주제를 선정하고, 아직 아무도 가보지 못한 곳에 가려고 애쓰잖아요.

로알드 호프만: 단어가 짜 맞춰져 하나의 전체를 이루는 순간과 자연에 있는 연관성이 드러나는 순간. 둘 다 갑자기 모든 것이 맞아 들어가는 경이로운 순간이라는 점에서 아주 유사하다고 느낍니다. 하지만 거기에 도달하는 길은 조금 달라요. 시를 쓸 때는 몇 개 안 되는

단어 사이의 긴장을 출발점으로 삼아, 그 단어를 가지고 놀기 시작합니다. 처음에는 어떤 결과가 나올지 전혀 몰라요. 반면에 연구 프로젝트가 어떻게 진행될지는 대개 처음부터 명확한 편이죠. 과학 연구는 말하자면 자연을 상대로 한 숨바꼭질이에요. 과학자는 술래고, 자연은 자기 비밀을 들키지 않으려 하지만 때로는 비밀을 털어놔요. 그리고 결국 바라던 바를 마침내 얻으면 해방감이 찾아오지요. 적어도 다음 과제가 나타날 때까지는요.

슈테판 클라인: 교수님이 꽤 많은 시간을 연구실에서 벗어나 시를 쓰면서 보낸다는 걸 알았을 때 동료들이 뭐라고 하던가요?

로알드 호프만: 처음에 몇 사람은 비웃었어요. 시라는 것은 인생에 불만이 많은 사람이나 쓰는 거라면서. 내가 설명해줬죠. 과학에서 성공하기는 얼마나 쉽고 시인으로 성공하기는 얼마나 어려운지. 그러니까 잠잠해지더군요. 화학 분야의 세계 최고 학술지에 논문을 보내면, 긴 논문은 3편에 2편, 짧은 논문은 3편에 1편 정도가 실립니다. 반면 문예지에 보낸 시가 실릴 확률은요, 문예지의 수준이 그저 그렇다 하더라도 5퍼센트가 채 안 돼요.

슈테판 클라인: 교수님은 화학에 거점을 두고 한 다리를 시에 걸친 셈인데, 작가들과 미술가들은 그런 교수님을 어떻게 대하나요?

로알드 호프만: 과학 하면 독수리 해부하기쯤을 떠올리는 저자들과 가끔 싸워요. 해부해놓으면 독수리의 내부 장기를 알 수 있지만, 이

제 독수리는 날아갈 수 없다. 남는 것은 19세기풍의 해부도뿐이다. 실제로 그 당시 과학자들은 살아있는 모든 것을 해부했죠. 하지만 예컨대 현대의 분자생물학은 해부와 거의 상관이 없어요. 게다가 이런 비판을 늘어놓는 사람들도 칠면조나 닭은 아무렇지도 않게 먹잖아요. 물론 새의 날갯짓에서 시를 읽어내기 위해 날개 속의 혈관이나 독수리의 물질대사를 꼭 알아야 하는 것은 아니에요. 하지만 그걸 알아서 해로울 것도 없습니다. 정반대로 자연을 더 많이 알면 실재라는 마법에 접근할 길이 새로 열려요. 헤모글로빈의 아름다움을 생각해보세요!

슈테판 클라인: 대개 과학자라면 감정은 없고 그저 지성만 있다고들 생각하는데, 그런 이미지에 불만이 많겠어요? 실험실에서 덜그럭 덜그럭 작동하는 기계랄까, 뭐 그런 이미지.

로얄드 호프만: 불만이 아주 많죠. 하지만 그런 통념이 생긴 건 과학자들 탓이기도 해요. 첫째, 과학자들은 연구 결과를 정말 재미없게 쓰죠. 개인적인 요소는 모조리 추방하고 마치 기계가 작업을 마치고 보고하는 것처럼. 사실 이건 독일에서 나온 전통이기도 해요. 괴테와 낭만주의자들의 자연 서술과 거리를 두려다 보니까 19세기 전반기의 독일 자연과학자들은 과학자 자신과 모든 시적인 요소를 배제하는 문체를 개발했지요. 그리고 그 말라비틀어진 문체를 전 세계가 받아들여 지금까지 사용하는 거고요. 그런데 외부인들은 이런 글쓰기가 얼마나 혐오스러운지 아직 충분히 느끼지 못하는 모양이고, 그러니 과학자들도 아직은 자기네가 엄청나게 똑똑하다고 자부할 수 있

는 거죠. 사실은 그렇지도 않으면서.

슈테판 클라인: 노벨상 수상자인 교수님께서 자신을 비롯한 과학자들이 똑똑하지 않다고 말씀하는 건가요?

로알드 호프만: 예, 맞아요.

슈테판 클라인: 교수님은 과학자의 특징이 무엇이라고 생각하나요?

로알드 호프만: 무엇보다 먼저 호기심입니다. 하지만 다른 사람들과의 교감도 중요해요. 과학자는 결국 함께 일하는 공동체의 일원이니까요. 과학자란 한 사회 시스템의 구성원입니다. 그 시스템은 호기심을 유용하게 활용하고요.

슈테판 클라인: 과학은 수십만 명이 함께 맞춰나가는 어마어마하게 복잡한 퍼즐 같아요. 각자가 작은 조각 두세 개를 맞춰 넣어 큰 그림에 기여하면 충분하고요.

로알드 호프만: 바로 그거예요. 그리고 꼭 천재가 아니더라도 그런 기여를 할 수 있어요. 과학자가 어떤 문제를 풀려고 하면, 우선 다른 사람들이 출판해놓은 논문을 훑어볼 수 있어요. 또 동료들에게 조언을 구할 수 있죠. 그리고 마침내 스스로 해결책을 찾아서 논문을 출판하면-이것이 아주 중요한데-칭찬을 받아요. 그가 해낸 것이 아주 작은 성취라 해도 상관없어요. 그는 자부심에 가슴이 부풉니다. 왜냐

하면 과학 자체가 바로 그런 자잘한 성취의 집합이거든요.

슈테판 클라인: 그런데도 그 끝에 나오는 결과는 흔히 우리의 삶을 바꿔놓지요. 교수님과 동료이신 로버트 우드워드가 정립한 규칙은 유기화학에서 전혀 새로운 가능성을 열어주었습니다. 당시까지 아무도 생각해보지 못한 물질을 갑자기 생산할 수 있게 되었죠. 혹시 그 물질 중에 이 세상에 태어나지 말았어야 할 것도 몇 개 있을까요?

로알드 호프만: 폭발물, 실패로 돌아간 의약품, 독극물 등에 대한 내 책임을 묻는 게로군요. 간단히 얘기할 수 있는 문제가 아닙니다. 우드워드와 나는 화학자들의 사고방식을 바꿔놨어요. 우리는 과거에 아무도 깨닫지 못했던 연관성을 보여주었죠. 예컨대 양자물리학에서 나온 통찰을 이용해서 화학반응을 예측하는 방법을 화학자들에게 알려주었어요. 우리는 그 연관성을 아주 단순하고 명료하게 나타내는 표기법을 개발해서 화학자들에게 제공했어요. 그리고 나는 다른 일도 많이 했죠. 하지만 지금 나는 1건의 특허권도 갖고 있지 않습니다. 나의 일은 선생의 일이었지, 발명가의 일이 아니었습니다.

슈테판 클라인: 하지만 다른 사람들은 이 지식을 발명에 이용했습니다.

로알드 호프만: 비유를 하나 들까요. 최근에 여기 동료 하나가 새로운 금연보조제에 관한 강연을 했습니다. 아시다시피 금연보조제 시장은 엄청나게 커요. 연간 10억 달러 정도. 그 동료가 소개한 신물질은 원자 25개로 이루어진 꽤 단순한 분자예요. 다만 구조가 대단히

절묘하죠. 생산 과정은 대략 10단계로 나뉘는데, 2단계에서는 우드워드-호프만-규칙이 통해요. 하지만 그 규칙을 안다고 해도 그 단계를 구체적으로 어떻게 진행시켜야 할지는 알 수 없습니다. 그래서 참석자들은 다만 확실히 안 될 방법들만 말해줬어요. 생각해볼 수 있는 방법 20개에서 50개 정도를 처음부터 배제해준 거죠. 그러니 우리가 그를 위해 아주 많은 일거리를 줄여준 셈이에요. 그 동료는 그 방향으로 연구를 계속했고, 우리는 안 했어요. 그리고 결국 그 신물질이 진짜 약으로 나왔을 때, 나는 단돈 1원도 못 벌었습니다. 이 발명에서 내 기여가 얼마나 클까요? 이걸 정확히 판정하는 것은 불가능합니다. 만약에 0.1퍼센트만 인정받았더라면, 아마 나는 벌써 큰돈을 벌었을 겁니다.

슈테판 클라인: 정말로 교수님은 본인의 기초연구로 인한 결과에 털끝만큼의 책임감도 느끼지 않습니까?

로알드 호프만: 세상에 무언가를 내놓는 사람이라면 누구나 자신의 작품에 대해 책임을 집니다. 심지어 시도 사람을 해칠 수 있어요. 이를테면 과거의 애인이 그 시를 읽는다면 말입니다. 그런데 안타깝게도 과학에서는 최종 결과물에 대한 책임을 정확히 어느 개인이 져야 하는지를 확정하기가 불가능합니다. 염화불화탄소(Chlorofluorocarbon)의 발명처럼 상황이 명확한 경우는 극히 드물어요. 이 물질을 처음 생산한 동료는 자신이 세상에 아주 좋은 일을 했다고 확신했어요. 이 기체는 독성이 없고 불에 타지도 않는 데다가 생산 과정에서 유해물질도 발생하지 않으니, 냉장고와 스프레이통에 집어넣을 물질로 그야말로

이상적이었어요. 누가 봐도 그랬습니다. 몇십 년이 지난 뒤에야 그 무해한 듯한 기체가 지구의 오존 덮개를 파괴한다는 것이 밝혀졌죠.

슈테판 클라인: 교수님은 화학자로서 탁월하게 성공했는데, 다른 동료들과 어떤 점이 달라서 이렇게 되었을까요?

로알드 호프만: 글쎄요, 어쩌면 내가 다른 사람의 마음을 더 잘 이해할 줄 알기 때문일지도 모르겠습니다. 나는 내 실험실 동료가 지금 어떤 어려움에 처해 있는지 느끼는 감각이 항상 좋았어요. 동료가 아무 말 안 해도 알아챘죠. 그리고 바로 그 문제를 내가 해결해줬고요. 이 특별한 공감의 재능은 어쩌면 내가 전쟁을 겪은 덕분에 얻은 것인지도 몰라요. 유난히 남의 호감을 얻고 싶어 하는 사람들 중에는 어린 시절에 끔찍한 일을 겪은 경우가 많아요. 아버지가 총에 맞아 죽은 아이, 그 정도까지는 아니어도 부모의 이혼을 경험한 아이는 세상의 나쁜 일이 자기 잘못이라고 느껴요. 그래서 보여주고 싶어 하죠. 자기가 좋은 아이라는 걸.

슈테판 클라인: 교수님과 같은 경험을 한 많은 사람들이 절망에서 헤어나지 못했습니다. 교수님의 낙관적인 태도는 어디에서 나올까요?

로알드 호프만: 내 손자들의 얼굴에 떠오르는 미소 하나하나가 나에게 희망을 가질 힘을 줘요. 그 아이들이 기후변화를 곧 해결하리라는 희망이 생겨요. 물론 방법은 모르지만요. 바로 이겁니다. 내가 예술에서도 발견하고 과학에서도 발견하는 것. 양쪽 다 인류의 정신이 영

원히 마르지 않는 샘처럼 생각을 풍요롭게 쏟아내리라 믿을 용기를 줘요. 그 풍요로운 생각을 최대한 자주 접하려고 나는 아름다운 것을 쫓아다니고 흥미로운 것을 쫓아다녀요. 그리고 마지막으로 삶에 대한 신뢰를 굳게 붙들기 위해 아주 구체적으로 노력해요. 이 사진 속에 둥글게 늘어선 사람들 보여요?

슈테판 클라인: 학생들이네요. 요리를 하는군요.

로알드 호프만: 근동의 온갖 지역, 시리아, 이스라엘, 팔레스타인, 사우디아라비아, 이란 출신의 풋내기 화학자들이에요. 젊은 남녀들이죠. 얼마 전에 우리가 요르단에서 학회를 열고 이 친구들을 초대했어요. 자기네 조국에서 폭탄이 폭발하는 동안, 이들은 하루에 9시간씩 화학결합을 이해하려 노력했지요. 고된 일정이었어요. 하지만 그렇게 함께 고생을 했기 때문에 저녁에는 분위기가 더 화기애애했죠. 이렇게 함께 땀도 흘리면서. 분자는요, 사람들을 결합하기 위한 구실일 뿐이에요. 이런 실험이 나에게 희망을 줍니다.

02. 우리는 모두 별이 남긴 먼지입니다

세계의 시작과 끝에 대하여

우주론자 "마틴 리스"와 나눈 대화

Martin Rees

1942년 영국에서 태어났다. 영국 케임브리지대학교에서 수학을 공부하고 천체물리학으로 박사학위를 받았다. 케임브리지대학교 천문학 석좌교수, 영국 왕립학회 회장이다. 천문학 분야의 노벨상이라 불리는 부루스 메달과 왕립천문학회 골드메달, 아인슈타인상 등을 받았다. 국내 소개된 책으로『태초 그 이전』,『우주가 지금과 다르게 생성될 수 있었을까?』,『여섯 개의 수』등이 있다.

마틴 리스는 유럽 최후의 궁정 천문학자다. 윈저 가문의 궁정에 소속된 천문학자로서, 그의 임무는 영국 여왕 엘리자베스 2세에게 '천문학 및 과학'에 관해 조언하는 것이다. 1942년 잉글랜드 요크에서 태어난 리스는 케임브리지대학교에서 수학을 공부했고 1973년부터 같은 곳에서 천문학 교수로 일해 왔다. 그러나 천문학자 경력 40년 동안 그는 여유시간에만 망원경을 들여다보았다. 그는 이론가로서 명성을 얻었는데, 그 명성은 그의 기발한 사변에 힘입은 바 크다. 왕립천문학자라는 직책만으로는 부족했는지, 3년 전부터 그는 세계에서 가장 오래된 지식인 단체인 왕립학회의 회장도 맡고 있다. 여왕이 그를 러들로의 남작 리스 경으로 격상시킨 덕분에, 이제 그는 영국 상원에서 정치도 할 수 있다. 리스는 버킹엄 궁 바로 근처에 위치한 왕립학회 저택에서 방문객을 맞이한다. 그의 업무용 탁자 위쪽 벽에는 거대한 유화가 걸려 있는데, 그림의 주인공은 한때 그와 마찬가지로 왕립학회장이었던 아이작 뉴턴 경이다. 우리 앞에 찻잔이 놓여 있다.

슈테판 클라인: 리스 교수님, 왕립천문학자는 무슨 일을 하나요?

마틴 리스: 아, 그건 그냥 명예직이에요. 1675년에 생긴 직책인데, 그때는 왕립천문학자가 그리니치 천문대장을 겸했지요. 지금은 이 직책에 딸린 의무가 사실상 없다시피 해서 죽은 사람도 맡을 수 있을 정도랍니다.

슈테판 클라인: 교수님은 퀘이사 연구를 통해 빅뱅의 결정적인 증거를 제시하였습니다. 혹시 여왕님께 퀘이사가 뭔지 설명해드린 적 있나요?

마틴 리스: 퀘이사 얘기는 해본 적 없어요. 기회가 생긴다면, 퀘이사란 은하의 중심에 있는 거대한 블랙홀과 관련이 있다고 설명해드리겠습니다. 그 블랙홀이 주위의 기체를 빨아들이는데, 그 기체가 블랙홀 내부로 빨려들 때까지 우주에 있는 그 무엇보다 더 밝은 빛을 내요. 바로 그것이 퀘이사죠. 그래서 퀘이사는 태양을 1조 개 합한 것보다 더 밝게 빛납니다.

슈테판 클라인: 그런데 퀘이사가 빅뱅과 무슨 관련이 있나요?

마틴 리스: 지구에서 가까운 곳과 먼 곳을 비교해보면, 먼 곳에 더 많은 퀘이사가 있어요. 그런데 그 이유를 아무도 설명하지 못했지요. 제 동료 데니스 시아마와 저는 그 이유를 빅뱅에서 찾을 수 있다는 것을 입증했습니다. 대다수의 퀘이사가 어린 우주에서 발생했다고

전제하면, 그 수수께끼 같은 퀘이사 분포를 설명할 수 있거든요. 우주의 팽창 때문에 그 오래된 퀘이사가 지금은 지구에서 아주 멀리 떨어져 있는 거예요. 이 설명을 1965년에 해냈어요.

슈테판 클라인: 실제로 퀘이사가 우주에 있는 가시적인 천체 중에서 가장 오래된 축에 든다는 사실이 지금은 잘 알려져 있습니다. 최근에는 최소한 130억 년 전에 발생한 퀘이사가 발견되기도 했고요. 교수님은 왜 퀘이사에 매력을 느끼나요?

마틴 리스: 거대한 블랙홀 주변에서의 물리학은 아주 흥미롭습니다. 그런 곳에서는 주목할 만한 현상이 발생하고 아인슈타인의 이론을 검증하는 것도 가능해요. 예를 들면, 방금 말한 (블랙홀로 빨려드는) 기체 소용돌이의 위쪽과 아래쪽으로 물질이 어마어마한 속도로 뿜어져 나오죠. 최근에 유명을 달리한 과학소설가 아서 클라크 씨 아시죠? 『2001 스페이스 오디세이』를 쓴 분인데, 이분이 저에게 이런 질문을 한 적이 있어요. 혹시 고도로 발전한 문명이 그 물질 분출을 일으키는 것일 수도 있지 않을까요?

슈테판 클라인: 그러니까, 말하자면 은하 횃불?

마틴 리스: 뭐, 괜찮은 표현이네요.

슈테판 클라인: 그런데 퀘이사가 우주의 탄생 직후에 발생했다 하더라도, 퀘이사 근처의 문명은 발전할 시간적 여유를 갖기 어려웠을

텐데요.

마틴 리스: 맞아요, 그게 문제입니다. 하지만 그 물질 분출은 역시 거대하지만 나이는 더 어린 다른 블랙홀에서도 발견돼요.

슈테판 클라인: 교수님은 원래부터 늘 우주를 연구하고 싶었나요?

마틴 리스: 전혀 아니에요. 전 처음에 수학자였어요. 그런데 내가 수학을 위해서 수학을 할 마음은 없다는 걸 깨달았습니다. 그래서 기왕에 배운 수학을 써먹을 수 있는 분야를 물색했죠. 하마터면 경제학자가 될 뻔했어요. 하지만 당시에 처음 발견된 퀘이사를 1년 정도 연구하고 나니까 제가 선택을 잘했다는 판단이 서더군요.

슈테판 클라인: 저도 한때 천체물리학자가 될까 고민했습니다. 하지만 당시 스물다섯 살이던 저에게 별은 너무 멀리 있는 것 같았어요. 연구해볼 만한 경이로운 대상은 코앞에도 쎄고 쎘잖아요.

마틴 리스: 그 시절에 당신은 달리 생각했을지 몰라도, 별은 우리와 아주 밀접한 관계가 있어요. 지구에서 성립하는 자연법칙은 별에서도 똑같이 성립해요. 물론 별에서는 주변조건이 극단적이라는 점이 다르긴 하죠. 그렇지만 우주는 우리의 생활공간이잖아요. 또 지구에 살았던 모든 인간이 본 별과 지금 우리가 보는 별은 똑같은 모습이에요. 게다가 마지막으로 한마디 하자면, 바로 우리 자신이 다름 아니라 별이 남긴 먼지예요.

슈테판 클라인: 지구에 있는 모든 것이 그렇듯이 우리는 오래 전에 꺼진 천체가 남긴 찌꺼기라는 말씀이군요.

마틴 리스: 바로 그겁니다. 모든 원소가 별의 내부에서 수소와 헬륨이 핵융합 반응을 일으킨 결과로 발생했지요. 이런 표현이 조금 거슬릴지 모르지만, 인간은 별이 남긴 원자쓰레기라고 할 수 있어요.

슈테판 클라인: 우주를 연구하는 모든 사람에게는 지금이 무척 흥분되는 시기인 모양이에요. 교수님의 동료 찰스 베넷은 "우주론에서 혁명이 일어나고 있다"라고 선언했더군요.

마틴 리스: 전적으로 동의합니다. 새로운 망원경과 슈퍼컴퓨터 덕분에 지금은 우주의 탄생을 최소한 120억 년 전까지 추적할 수 있어요. 그러면서, 어떻게 무질서 상태에서 최초의 별과 은하가 발생했는지, 또 그것이 현재까지 어떻게 진화해왔는지 이해할 수 있지요. 저에게 더 흥미진진한 것은, 우리가 대충 10년 전부터 우리의 태양계 바깥에 있는 행성을 발견하기 시작했다는 점이에요. 저는 머지않아 지구와 꼭 닮은 행성이 발견되기를 바라고 있습니다.

슈테판 클라인: 미국항공우주국(NASA, 나사)이 오는 2월에 케플러 위성을 발사하는데(본 인터뷰는 2009년 3월 실제 케플러 위성이 발사되기 전에 진행되었습니다-편집자), 그 목적이 바로 지구와 닮은 행성을 발견하는 것이라더군요.

마틴 리스: 케플러 위성이 발사되면 새로운 가능성이 열립니다. 현재의 장비로는 목성만한 크기의 거대행성만 찾아낼 수 있거든요. 물론 그런 거대행성에도 생명이 존재할 수는 있습니다. 하지만 생명이 발생할 때의 지구와 비슷한 모습의 행성이 발견된다면, 훨씬 더 흥미진진하겠죠.

슈테판 클라인: 그런 행성이 발견될 가능성은 어느 정도일까요?

마틴 리스: 지구를 닮은 행성이 발견될 가능성은 충분히 있습니다. 하지만 그런 행성의 생물권(biosphere)에 대한 정보를 앞으로 20년 안에 충분히 확보할 수 있을지는 저도 회의적입니다. 그래도 이건 분명히 말씀드릴게요. 우리 은하의 어딘가에 생명이 있느냐를 놓고 내기를 해야 한다면, 저는 있다는 쪽에 걸겠습니다. 다른 은하에 생명이 있느냐에 대해서는 더 말할 것도 없고요.

슈테판 클라인: 우주의 거의 모든 부분은 최고 성능의 망원경으로도 관찰할 수 없습니다. 왜냐하면 그 먼 구역은 너무 멀리 있어서, 그곳에서 출발한 빛이 우리에게 도달하는 데 걸리는 시간이 우주의 나이보다 더 길기 때문이지요.

마틴 리스: 망망대해에서 배의 돛대를 타고 기어올라 사방을 둘러보는 것과 비슷합니다. 돛대 꼭대기에 올라도 수평선까지만 볼 수 있지요. 하지만 바다는 수평선 너머 아주 먼 곳까지 펼쳐져 있으리라고 생각해야 하잖아요.

슈테판 클라인: 그런데 과학위성 '우주배경복사 관측 탐사선(COBE, 코비)'과 '윌킨슨 초단파 비등방성 탐사선(WMAP, 더블유맵)'이 최근에 보내온 데이터에 따르면, 우주 전체는 우리가 볼 수 있는 작은 구역보다 수천 배 크다고 생각해야 한다더군요. 우리가 보지 못하는 드넓은 구역에서는 무슨 일이 벌어지고 있을까요?

마틴 리스: 위성 관측 자료를 보면, 우리가 여행을 떠나 가시적인 우주의 수평선을 넘어서더라도 아주 오랫동안 가시적인 우주와 다를 바 없는 구역을 거치게 되리라고 짐작하게 됩니다. 하지만 확실한 판단은 당연히 불가능해요.

슈테판 클라인: 우주가 이토록 광활하다는 점을 생각하면, 외계 생명의 존재를 의심하기 어렵지 않을까요? 어딘가 특정한 곳에서 생명이 발생할 확률은 0에 가까울 수도 있겠죠. 하지만 우주에 태양계가 셀 수 없이 많다는 점을 생각하면, 지구 말고 다른 곳에서도 생명이 발생했다고 확신할 수밖에 없지 싶어요.

마틴 리스: 옳은 말씀입니다. 게다가 희망 섞인 전망을 하자면, 앞으로 20년 내에 우리는 어떻게 죽은 물질에서 생명이 발생하느냐를 생물학 실험을 통해서 더 많이 알게 될 것입니다. 하지만 우리 은하에서 우리가 유일한 생명일 가능성도 최소한 논리적으로 배제할 수 없습니다.

슈테판 클라인: 교수님은 우리가 우리 은하의 유일한 생명이면 좋겠

다고 말씀한 적이 있어요. 왜 그런 말씀을 했나요?

마틴 리스: 우리 말고 다른 생명이 존재한다면, 우리의 우주적인 자존심에 상처가 날 것 같아서요. 다른 면에서는, 우리 은하에 수많은 생명이 있는 편이 당연히 훨씬 더 흥미롭죠.

슈테판 클라인: 그렇지만 인류가 충분히 성숙했을까요? 우주에 우리 말고 다른 생명이 있다는 소식을 감당할 수 있을 만큼 충분히?

마틴 리스: 저는 그 소식이 꼭 심각한 충격을 일으키리라고 생각하지 않습니다. 아메리카 대륙이 발견되었을 때처럼, 문화적인 여파가 꽤 클 수는 있겠지만요.

슈테판 클라인: 과학소설 좋아하나요?

마틴 리스: 과학소설 속의 많은 발상은 저에게 중요한 영감을 줍니다. 그래서 저는 학생들에게 이류 과학책을 읽느니 차라리 일류 과학소설을 읽으라고 조언하곤 해요.

슈테판 클라인: 스타니스와프 렘의 장편소설 『솔라리스』에서 과학자들은 어느 먼 행성에서 특이한 바다를 발견하지요. 알고 보니 그 바다는 지성을 가진 유기체예요. 그러나 과학자들은 그 바다와 소통할 길을 발견하지 못합니다. 인간과 그 기이한 생물 사이의 차이가 너무나 컸던 거죠. 참 그럴 듯한 시나리오예요.

마틴 리스: 그래요, 어쩌면 우리가 아직 알아보지 못한 생물과 지성이 실제로 있을지 몰라요. 하지만 다른 문명이 우리가 이해할 수 있게 메시지를 작성해서 우리에게 보낼 가능성도 충분히 있지 않을까요? 아무튼 이런 논의는 한참 나중의 일이고, 우리가 먼저 해야 할 일은 아주 단순한 생물이나 그 잔해라도 발견하는 것이겠죠. 이 발견만 해도 매혹적인 성과일 거예요. 그래서 저는 외계 생명을 발견하기 위한 연구라면 무엇이든 지지합니다.

슈테판 클라인: 이 모든 이야기의 배경에 이런 근본적인 질문이 있는 것 같아요. 왜 우주는 생명의 발생을 허용할까요?

마틴 리스: 아주 좋은 질문입니다. 생명이 발생할 가망이 아예 없는 우주도 얼마든지 상상할 수 있어요. 그런데 우리 우주는 아주 정밀하게 조정되어 있죠. 예컨대 기본입자의 개수가 실제보다 더 적었다면, 복잡한 구조물은 발생하지 못했을 겁니다. 반대로 우리 우주에 물질이 너무 많았다면, 우주 전체가 금세 다시 쪼그라들었을 테고요. 또 중력이 실제보다 조금이라도 더 강했다면, 별은 덩치가 훨씬 더 작았을 테고 연료를 순식간에 소진했을 겁니다. 따라서 생명이 발생할 시간적 여유가 없었겠죠.

슈테판 클라인: 정말 믿기 어려울 정도로 정밀하게 조정된 균형이 모든 것을 가능하게 해준 셈인데요. 현재의 우주론으로는 그 균형을 설명할 수 없다더군요.

마틴 리스: 예, 그 정밀 조정을 설명하는 것이 21세기 과학의 가장 중요한 과제 중 하나로 꼽힙니다. 우리가 자연 상수의 값을 설명할 수 있는지, 아니면 그냥 받아들여야 하는지 판정할 필요가 있습니다.

슈테판 클라인: 아인슈타인과 하이젠베르크를 비롯한 많은 물리학자들이 이른바 '만물의 이론'을 추구했지만 실패했지요.

마틴 리스: 하지만 대다수의 물리학자는 그 꿈이 언젠가 실현되기를 여전히 바라고 있습니다.

슈테판 클라인: 교수님은 다른 해법을 옹호하는 걸로 압니다만…….

마틴 리스: 저는 아무것도 옹호하지 않습니다. 다만 모든 가능성을 열어둘 뿐이에요.

슈테판 클라인: 우리 우주가 수많은 우주 중 하나일 뿐이라는 입장도 있다고 들었습니다. 말하자면 자매 우주가 있다고나 할까요.

마틴 리스: 예, 그럴 가능성이 있습니다.

슈테판 클라인: 그런데 거의 모든 우주는 생명을 허용하지 않는다. 반면에 우리 우주를 비롯한 몇몇 우주는 공교롭게도 잘 조정된 자연 상수를 가지고 있어서 생명을 허용한다. 맞습니까?

마틴 리스: 대충 비유하자면 이런 겁니다. 당신이 멋지게 차려입고 싶다고 칩시다. 그럴 때 당신이 반드시 맞춤 양복을 해 입을 필요는 없잖아요. 그냥 대규모 기성복 매장에 가기만 하면 돼요. 그곳에 충분히 많은 선택지가 있다면, 당신은 언제나 꼭 맞는 재킷을 구할 수 있어요. 이것과 아주 유사해요. 수많은 우주가 있다면, 그중에는 생명의 발생에 적합한 우주도 있을 확률이 높습니다.

슈테판 클라인: 창조를 거대한 쇼핑센터에 비유하는데, 저로서는 처음 듣는 얘깁니다. 어쨌거나 이 질문이 여전히 떠오르네요. 누가, 혹은 무엇이 수많은 우주를 설계했을까?

마틴 리스: 신뢰할 만한 여러 이론에 따르면, 우주의 속성은 애당초 확정된 설계에 따라 주어지는 것이 아니라 빅뱅 과정에서 우연히 정해집니다.

슈테판 클라인: 다양한 버전으로 거론되는 인플레이션 이론을 말씀하는 모양이군요. 많은 버전이 있지만, 공통된 생각은 우주가 시간의 시초에 갑자기 확 팽창했다는 거죠. 처음에 우주는 원자보다 훨씬 더 작았는데, 순간적으로 급팽창했다.

마틴 리스: 정확히 그렇습니다. 그런데 원자보다 작은 세계에는 우연적 요동이 존재한다는 점을 반드시 알아야 합니다. 이른바 '양자요동(quantum fluctuation)'이라는 것이 있어요. 우주가 인플레이션(급팽창)을 겪을 때, 이 양자요동도 우주 규모로 확대되었지요.

슈테판 클라인: 그래서 우주가 나중에 갖게 된 모든 구조의 기반이 되었고요. 한 10년쯤 전에 제가 교수님의 동료들과 인플레이션 이론에 대해서 이야기를 나눈 적 있는데, 그때 제가 받은 인상은 그들이 이 생각을 흥미로운 추측으로 인정하기는 해도 그리 진지하게 받아들이지는 않는다는 것이었습니다. 그사이에 무슨 변화가 일어났나요?

마틴 리스: 아까 언급한 과학위성 2대가 우주배경복사에 관한 새로운 데이터를 보내왔습니다. 우주배경복사는 빅뱅 후 대략 38만 년에 발생해서 그때 이후 우주 전체를 채우고 있지요. 말하자면 빅뱅이 남긴 잔불인 셈인데, 그 우주배경복사 속에 우주에 관한 가장 오래된 정보가 들어 있어요. 그 우주배경복사를 측정한 데이터를 위성이 보내온 것인데, 그 새로운 데이터가 인플레이션 이론의 여러 예측이 옳음을 보여주었습니다.

슈테판 클라인: 인플레이션 이론의 몇몇 버전에 따르면 빅뱅은 한 번이 아니라 여러 번 있었다더군요. 매번 새로운 우주가 발생했고요. 또 그 모든 우주가 나란히 존재한다고 들었어요. 그렇다면 우리 우주는 수많은 우주의 집단, 곧 '다중우주(multiverse)'의 한 부분에 불과하겠군요.

마틴 리스: 예, 그렇습니다. 생명을 허용하는 자연법칙은 우리가 사는 이 작은 구역에서만 성립할 테고요.

슈테판 클라인: 이른바 '카오스 인플레이션 이론(chaotic inflation theory)'에

서 이야기하는 우주의 탄생은 정말 대단하더군요. 텅 빈 공간이 에너지로 채워져 있었다. 그런데 특정한 조건이 맞으면 그 에너지는 인플레이션을 일으킬 수 있었다. 그리고 실제로 우주 하나가, 마치 무(無)에서 세계가 발생하듯이 팽창했다. 이런 이야기가 아인슈타인의 방정식에서 도출된다더군요. 그렇다 하더라도 저는 이 이야기가 마음에 들지 않네요.

마틴 리스: "무"에서 발생했다는 말보다 "진공"에서 세계가 발생했다는 말이 더 적절합니다. 빈 공간은 무가 아니거든요. 블랙홀의 내부에서도 공간이 열리고 새로운 우주가 형성될 가능성이 있습니다.

슈테판 클라인: 그 새로운 우주는 우리 우주로부터 완전히 격리되겠죠?

마틴 리스: 예.

슈테판 클라인: 그럼, 그 우주가 존재한다는 것을 어떻게 알 수 있습니까?

마틴 리스: 우리가 다른 우주를 직접 보는 것은 영원히 불가능할 거예요. 하지만 카오스 인플레이션 이론은 다른 예측도 내놓아요. 예컨대 우리 우주에 존재하는 중력의 본성에 관한 예측을 내놓는데, 그 예측은 얼마든지 검증할 수 있어요. 그 예측이 모두 옳다면, 이론 전체가 옳다고 판정할 만하죠. 따지고 보면 블랙홀도 안 보이잖아요.

그런데도 우리는 블랙홀이 존재한다고 확신할 근거를 충분히 가지고 있습니다.

슈테판 클라인: 새로운 우주가 발생하면, 심지어 그 우주에 고유한 시간이 시작된다더군요. 이 대목에서 제 상상력은 한계에 부딪힙니다. 교수님은 이런 이론을 숙고할 때 어떤 방법을 쓰나요?

마틴 리스: 저는 종이에, 또는 단지 머릿속에라도 그림을 그려봅니다. 그릴 수 있는 한계까지요. 저는 그림을 다루는 것이 수학 공식을 다루는 것보다 더 쉽게 느껴져요. 이를테면 여기에 한 우주가 있고, 여기에 또 다른 우주가 있어요. 두 우주 각각은 상대 우주에 속한 작은 블랙홀처럼 보이고요…….

슈테판 클라인: 교수님, 아무래도 저한테는 별 도움이 안 될 것 같습니다. 혹시 인간의 뇌는 우주를 파악하기에 적합하지 않은데, 우리는 이를 무릅쓰고 우주를 연구하는 것이 아닐까요?

마틴 리스: 맞아요, 우리의 뇌로는 확실히 힘든 일이에요. 상대성이론은 4차원 공간을 상상할 것을 요구하는데, 그 요구는 우리 모두에게 벅차죠. 심지어 최신 우주 모형들, 예컨대 끈이론은 우주를 10차원이나 그 이상으로 기술해요! 우리의 뇌는 우주론 연구가 아니라 아프리카 초원에서의 생존에 적합합니다. 하지만 명심해야 할 것이 있어요. 고도로 추상적인 양자물리학에서도 우리는 똑같은 문제에 부딪힙니다. 그런데도 놀랄 만한 성취를 이뤄냈고요. 우리가 누리는 전자

공학 기술은 전부 다 물리학자들이 양자 현상을 이해하는 데 성공한 덕분에 생겨났어요.

슈테판 클라인: '이해'라는 말에 두 가지 의미가 있는 것 같네요. 어떤 의미에서 우리는 양자물리학을 이해합니다. 무슨 말이냐면, 우리는 양자물리학 법칙을 써먹을 수 있어요. 하지만 그럴 때 우리는 자동차의 내부 구조에 대해서는 전혀 모르지만 운전은 확실히 할 줄 아는 사람과 비슷합니다. 예컨대 원자 하나가 '다양한 상태들의 중첩'이라는 것이 대체 무슨 뜻인지 정말로 아는 사람은 아무도 없어요. 이런 의미에서 우리는 양자물리학을 이해하지 못합니다.

마틴 리스: 예, 동의합니다. 하지만 우리가 양자역학이나 상대성이론처럼 우리의 일상적인 직관으로부터 멀리 떨어진 분야에서 이토록 큰 성과를 거둔 것은 참으로 놀라운 일이에요. 게다가 우리의 지성으로는 절대로 넘을 수 없는 장벽이 실제로 존재할 가능성도 있어요. 그런 장벽 앞에서는 아무리 문화가 진보해도 소용이 없겠죠. 물론 뉴턴 물리학이 뉴턴의 시대에는 최고로 난해한 학문이었지만 지금은 영리한 고등학생 정도만 돼도 어느 정도 이해할 수 있는 분야가 된 것은 사실이에요. 하지만 언젠가는 상대성이론과 양자물리학을 초등학교나 중등학교에서 가르치게 될까요? 저는 매우 회의적입니다.

슈테판 클라인: 어쩌면 아인슈타인이 옳았을지도 몰라요. 우주의 설계도가 존재할지도 모른다고요. 하지만 인간의 뇌는 그 설계도를 파악하기에 부적합해요.

마틴 리스: 실제로 우주의 설계도가 있다 하더라도 저는 전혀 놀라지 않을 겁니다. 반대로 우리 우주가 수많은 우주 가운데 하나일 뿐이어서 우리 우주의 속성은 순전히 우연의 산물이라는 사실이 밝혀질 수도 있어요. 하지만 그러면 당신이 말한 대로 이런 질문이 제기되겠죠. 더 큰 전체, 곧 다중우주의 법칙은 어디에서 유래할까? 요컨대 진짜 문제는 풀리지 않은 채로 다만 유보되는 거죠.

슈테판 클라인: 바로 그런 인상을 제가 받는 겁니다. 지난 10년 동안 급격히 발전한 우주론을 보면서요. 질문 하나가 풀릴 때마다 새롭고 더 난해한 질문이 네댓 개씩 튀어나오잖아요.

마틴 리스: 과학이라는 것이 원래 그래요. 우리가 아는 영역이 넓어지면 넓어질수록, 아는 영역과 모르는 영역을 가르는 경계선도 점점 더 길어집니다. 지금 우리가 다루는 많은 질문은 10년 전만 해도 제기될 수조차 없었던 것이에요. 간단한 예로 암흑에너지만 생각해봐도 알 수 있어요.

슈테판 클라인: 암흑에너지라면, 우주를 팽창시키는 미지의 힘을 말씀하는 거죠. 지금까지 알려진 어떤 형태의 에너지와도 무관하다는 그 이상한 에너지.

마틴 리스: 암흑에너지가 처음 발견된 때가 1998년이에요. 말씀하신 대로 우리는 암흑에너지의 정체에 대해서 눈곱만큼도 모릅니다. 우리가 아는 것이라고는, 암흑에너지가 모든 것에 스며든다는 사실,

아주 강력하다는 사실이 전부예요. 우주가 무엇으로 이루어졌느냐는 질문을 받으면, 대답으로 가장 먼저 암흑에너지를 대야 합니다. 우주의 거의 4분의 3이 암흑에너지로 되어 있거든요. 게다가 나머지 4분의 1에서도 가장 큰 비중을 차지하는 것은 암흑물질입니다. 암흑물질이란 복사를 방출하지 않기 때문에 암흑에너지와 마찬가지로 눈에 띄지 않는 물질이에요. 그래도 우리는 암흑물질이 우주 속 구조물의 모양을 결정한다는 것을 알죠. 하지만 암흑물질의 정체가 뭐냐고 물으면, 이번에도 우리는 그저 막막할 따름이에요. 그럼, 우리가 아는 물질은 뭐냐고요? 그런 익숙한 물질은 우주에서 고작 4퍼센트를 차지해요.

슈테판 클라인: 그러니까 우리는 초콜릿쿠키의 표면도 거의 모르면서 초콜릿쿠키 위에 앉아 있는 꼴이로군요.

마틴 리스: 예, 그렇습니다.

슈테판 클라인: 교수님은 암흑물질이 뭐라고 생각하나요?

마틴 리스: 틀림없이 입자의 소나기일 거예요. 그 소나기가 지구를, 또 당연히 우리 몸을 늘 관통하고 있죠. 짐작하건대 암흑물질의 세계에는 이렇다 할 세부 구조가 없을 겁니다. 왜냐하면 암흑물질 입자가 서로 결합하지 않는다는 것을 시사하는 증거가 많이 있거든요. 따라서 암흑물질은 말하자면 어디에나 있는 기체라고 할 만해요. 그 기체의 밀도는 곳에 따라 높기도 하고 낮기도 할 텐데, 밀도가 높은 곳에

서는 그 기체가 발휘하는 중력 덕분에 은하가 발생하기 쉬울 테고요. 하지만 우리가 정확히 아는 것은 없습니다.

슈테판 클라인: 그렇다면 우리가 아는 세계와 함께 또 하나의 이웃 세계가 있는 것과 비슷한 형국이네요. 한쪽에는 암흑물질과 암흑에너지가 있고, 다른 쪽에는 우리가 아는 형태의 물질이 있는데, 양쪽은 중력을 통해서만 상호작용하고 나머지 상호작용은 전혀 안 한다.

마틴 리스: 예, 그런 것 같습니다. 하지만 중력을 통한 상호작용을 얕잡아보면 안 돼요. 물론 개별 입자의 수준에서는 중력이 아주 약하고 따라서 다른 힘에 비해 미미한 것이 사실이에요. 하지만 그 대신에 중력은 아주 멀리까지 미쳐요. 그래서 우주적인 규모에서는 모든 상호작용 가운데 중력 상호작용이 결정적인 구실을 합니다.

슈테판 클라인: 우주의 대부분이 우리가 아는 에너지와 물질로 이루어지지 않고 전혀 다른 것으로 이루어졌다는 것을 처음 알았을 때, 교수님은 깜짝 놀랐나요?

마틴 리스: 아뇨. 세상의 모든 것이 빛을 내고 반짝여야 할 이유는 없잖아요. 빛을 내지 않는 놈도 얼마든지 있을 수 있죠. 바로 암흑물질과 암흑에너지.

슈테판 클라인: 과학의 여러 과제 중 하나는 우리를 당연한 것, 익숙한 생각으로부터 해방시키는 것이라는 말에 동의하나요?

마틴 리스: 물론입니다.

슈테판 클라인: 듣자 하니, 교수님은 정기적으로 교회에 간다더군요.

마틴 리스: 저는 영국 교회의 일원으로 성장했고, 그저 제 가문의 관습을 따를 뿐이에요. 교회는 제 문화의 일부입니다. 저는 교회의 예식과 음악을 좋아해요. 만약에 제가 이라크에서 성장했다면, 지금 모스크에 다니겠죠.

슈테판 클라인: 교수님의 과학적 세계관과 교회가 좀 안 맞는다는 느낌은 없나요?

마틴 리스: 전혀요. 제가 보기에 종교를 공격하는 사람들은 종교를 제대로 이해하지 못한 것 같아요. 과학과 종교는 평화롭게 공존할 수 있습니다. 물론 종교와 과학이 서로에게 할 말이 별로 없다는 생각은 들어요. 나로서는 과학자들이 '신'이라는 단어를 아예 안 쓰면 가장 좋을 것 같아요.

슈테판 클라인: 하지만 과학과 종교의 근본적인 동기가 동일하다는 것은 사실이죠. 자신이 더 큰 실재 속에 편입되어 있다는 사실 앞에서 인간이 느끼는 경이감. 이것이 과학과 종교가 공유하는 근본 동기잖아요.

마틴 리스: 맞는 말이에요. 그런데 다름 아니라 기초물리학에서 알

수 있듯이, 세상에 있는 가장 간단한 대상만 해도 파악하기가 지독하게 어렵습니다. 이미 기초물리학 분야에서는, 언젠가 누군가가 더 심오한 실재를 파악했다고 선언할 날이 올지에 대해서 강한 회의론이 제기되고 있지요.

슈테판 클라인: 교수님은 교회에서 하는 설교를 믿을 수 있나요?

마틴 리스: 아니요. 하지만 저는 우리가 아직 수소 원자조차도 이해하지 못했다는 것을 압니다. 이런 상황에서 제가 어떻게 교회의 교리를 믿을 수 있겠습니까? 저는 교인으로 생활하기는 합니다만 독실한 기독교인은 아니에요.

슈테판 클라인: 교수님은 과학자다 보니 신앙심이 특별히 깊지는 않군요. 그러면서 또한 과학과 종교의 모순 때문에 큰 갈등을 겪는 것도 아니고요. 동료들 사이에서 교수님은 상반된 두 이론을 동시에 연구하는 것으로 유명하더군요. 다른 물리학자들은 자연 상수가 우연의 산물이냐 아니냐, 우주가 하나냐 여럿이냐를 놓고 참호전을 벌이는 중인데.

마틴 리스: 저는 한 이론에 감정적으로 매달리는 것은 비합리적이라고 봐요. 그래서 다양한 아이디어를 마치 말처럼 경주시키고 어느 말이 이기는지 보는 쪽을 더 좋아하죠.

슈테판 클라인: 지성적인 경마꾼인 셈이군요.

마틴 리스: 아뇨. 저는 정답을 추구하는 사람입니다. 정답을 추구하는 사람에게 감정은 거의 도움이 안 되고요.

슈테판 클라인: 교수님이 감정적으로 대하는 논제도 혹시 있을까요?

마틴 리스: 예, 정치적인 논제가 그래요. 저는 꽤나 고풍스러운 사회주의자로 성장했어요. 점점 더 심해지는 불평등에 대해서, 세계화의 혜택을 제3세계가 누리지 못하는 것에 대해서 고민이 많습니다. 당장 아프리카를 생각해보세요. 그곳의 빈곤을 해결할 수단은 이미 마련되어 있는데, 활용되지 않고 있지요.

슈테판 클라인: 교수님은 인류에 대해서 더 심한 얘기도 한 적 있습니다. 우리 문명이 21세기 말까지 생존할 확률을 50퍼센트 이하로 계산했지요. 이 확률 값을 어떻게 얻었나요?

마틴 리스: 그건 추정치예요. 제대로 계산하려 한다면, 낙뢰나 로또 당첨처럼 자주 일어나는 사건의 확률만 계산할 수 있겠죠. 저는 지난 10년 동안 불거져서 이제는 널리 알려진 위험을 주목했습니다. 참고로 냉전 시대에는 핵무기에 의한 세계 파멸의 확률이 결코 낮지 않았어요. 핵 안보 상황이 그야말로 형편없었으니까요. 우리가 살아남은 것은 엄청난 행운입니다. 지금은 시스템이 더 나아졌어요. 하지만 앞으로 50년 안에 초강대국 사이에서 새로운 분쟁이 일어날 수 있습니다. 게다가 냉전 시대에는 없던 온갖 위험, 예컨대 유전자 조작 미생물로 인한 위험까지 있어요. 저는 제 추정치가 지나치게 비관적이

라는 생각에 전혀 동의하지 않습니다.

슈테판 클라인: 교수님은 앞으로 20년 안에 100만 이상의 인구가 생물학무기 공격이나 생명공학이 초래한 불상사 때문에 목숨을 잃을 것이라고 예언하면서 1000파운드짜리 내기를 거신 적도 있습니다.

마틴 리스: 예, 맞아요. 당연한 말이지만, 저는 그 내기에서 제가 지기를 바랍니다.

슈테판 클라인: 교수님의 예언에 동료들은 어떻게 반응했나요?

마틴 리스: 거의 모든 동료가 고개를 끄덕였습니다. 그래서 저도 놀랐어요. 21세기의 위험이 첫째, 인간 자신에서 유래하고 둘째, 과거의 위험보다 더 크다는 점에 대해서는 이론의 여지가 없지 싶네요. 인구가 과거 어느 때보다 더 많다는 점, 자연 자원의 무분별한 이용과 기후변화 등으로 우리 삶의 터전이 망가지고 있다는 점만 문제가 아닙니다. 우리가 사는 세계가 점점 더 강력한 네트워크로 얽힌다는 점이 또 하나의 위험요소예요.

슈테판 클라인: 인터넷이 어떤 해를 끼칠 수 있을까요?

마틴 리스: 인터넷은 인류가 보유한 정보와 지식의 범위를 확장하지요. 하지만 그런 순기능만 하는 게 아닙니다. 인터넷은 선입견을 단단히 다져주는 구실도 해요. 극단적인 견해를 가진 소규모 집단이 인

터넷을 통해 전 세계에서 동지를 규합할 수 있고 기술적인 지식도 쉽게 구할 수 있습니다. 게다가 매스미디어가 온갖 어리석은 활동의 심리적 효과를 강화하기 때문에, 오늘날에는 소수의 사람들이 엄청난 힘을 발휘할 수 있지요. 정치는 이 도전에 대응해야 합니다. 이를테면 모두가 모두를 감시하는 완전히 투명한 사회를 만들자는 제안도 나왔어요. 정부가 아니라 당신의 동료 시민이 언제 어디서든 당신의 행동을 지켜볼 수 있어야 한다는 제안이지요.

슈테판 클라인: 생각만 해도 소름이 쫙 끼치는데요.

마틴 리스: 하지만 그런 사회에 신속하게 적응할 수 있습니다. 여기 영국 사람들은 모든 각자의 이동 경로가 비디오카메라에 찍히는 사회를 이미 감내하고 있어요. 결정적으로 중요한 것은 이런 논제가 공론화되는 것입니다. 괴멸적일 수도 있는 사건에 우리는 너무 무관심해요. 또 그런 사건을 막기 위한 투자도 너무 적고요.

슈테판 클라인: 이런 문제 앞에서 과학자는 무엇을 할 수 있을까요?

마틴 리스: 전문가로서 정치인에게 조언할 수 있습니다. 또 시민으로서는 지금보다 훨씬 더 자주 직접 나서서 정치에 뛰어드는 것이 바람직해요.

슈테판 클라인: 과학자가 다른 시민보다 더 지혜롭게 판단한다고 생각하나요?

마틴 리스: 과학자는 색다른 관점을 제공합니다. 예컨대 저는 천체 물리학자로서 아주 긴 세월을 돌아보거나 내다보는 일에 익숙하거든 요. 많은 사람들에게는 서기 2050년만 해도 상상할 수 없이 먼 미래에 요. 반면에 저는 우리가 40억 년에 걸친 진화의 산물이라는 점을 늘 의식합니다. 또 지구의 미래가 최소한 40억 년만큼 남아 있다는 점도 요. 우리 다음에 또 얼마나 많은 세대가 지구에 거주할 수 있는지를 늘 염두에 둔다면, 현재의 많은 문제들을 대할 때의 마음가짐이 달라 질 겁니다. 현재의 결정이 얼마나 중요한지 알 테니, 굉장히 신중해 질 거예요.

슈테판 클라인: 우리의 미래가 망가지지 않는다고 가정하고 묻겠습 니다. 교수님은 앞으로 40억 년을 상상할 수 있나요?

마틴 리스: 현재의 인류는 확실히 창조의 최고 작품은 아니라고 봐 요. 미래에는 우리보다 지능이 더 높은 종이 지구에 거주하겠죠. 심 지어 그런 종이 머지않아 출현할지도 몰라요. 왜냐하면 현재의 진 화는 다윈이 기술한 느린 자연적 메커니즘을 통해서가 아니라 인간 의 문화를 통해서 추진되거든요. 그러니까 어쩌면 우리 자신이 탈인 간적 지능(posthuman intelligence)에 도달하게 될지도 모르죠. 아무튼 저는 우리보다 우리 후손들이 세계를 더 잘 이해하게 되기를 바랍니다.

03. 기억하나요?

기억에 대하여
신경생물학자 "한나 모니어"와 나눈 대화

Hannah Monyer
1957년 루마니아에서 태어났다. 독일 하이델베르크대학교에서 의학을 공부
하고, 소설에 나오는 질투에 대한 연구로 박사학위를 받았다. 현재 하이델베
르크대학교 임상신경생물학 교수다. 2004년에 독일 최고의 과학자에게 주는
라이프니츠 상을 받았다.

우리의 뇌는 타임머신이다. 과거를 생각하기만 해도, 우리는 벌써 과거 속으로 잠수한다. 그러나 기억은 파편으로 이루어졌다. 그런데 과거의 장면, 냄새, 느낌이 어찌어찌 재조립되어 다시 전체를 이룬다. 신경생물학자 한나 모니어는 이 재조립 과정을 연구한다. 하이델베르크에 위치한 그녀의 실험실은 세계적으로 유명하고, 그녀는 독일에서 과학자에게 주는 최고의 명예인 라이프니츠 상(Leibniz-Preis)을 받았다.

때때로 기억은 우리를 아주 친숙하면서도 기이하게 몽환적인 세계로 이끈다. 그 세계에서 우리는 우리 자신의 역사가 아니라 꿈을 다시 체험하는 듯한 느낌을 받는다. 모니어의 목소리를 처음 들었을 때 내가 그랬다. 그녀는 독특한 억양으로 노래하듯 말했고 ‘R’을 많이 굴렸다. 그것은 오래 전에 돌아가신 우리 조부모의 말투였다. 그들과 마찬가지로 모니어도 루마니아-독일계 소수민족인 ‘지벤뷔르거 작센〔Siebenbürger Sachsen, 영어 명칭은 트란실바니안 색슨(Transylvanian Saxon)이다-옮긴이〕 족이다. 그들은 1200년경 그들의 조상이 트란실바니아(루마니아 서북부-옮긴이)에 정착했을 때와 마찬가지로 지금도, 중고지독일어(Mittelhochdeutsch)에 속하는 특유의 사투리를 쓴다. 모니어는 1957년에 트란실바니아에서 태어났다. 1976년에 하이델베르크로 와서 의학을 공부했고, 1994년에 임상신경생물학 교수가 되었다.

그녀는 나를 썰렁한 세미나실로 데려가더니 탁자 위에 과자 깡통 하나를 내려놓았다. 그 안에는 속에 살구 잼을 넣은 물렁물렁한 과자가 들어 있었다. 언젠가 내가 할머니네 부엌에서 훔쳐 먹었던 그 과자.

슈테판 클라인: 모니어 교수님, 만약에 당신이 모든 기억을 잃어버리고 단 하나만 간직해야 한다면, 어떤 기억을 선택하겠어요?

한나 모니어: 딱 하나만요? 음, 좋아요. 언젠가 저는 할아버지네 마당, 커다란 사과나무 아래 누워 있었어요. 풀이 무성했죠. 할아버지가 키우는 벌이 윙윙거리는 소리가 났어요. 그때 저는 루마니아에서 제일 좋은 고등학교 2곳 중 1곳에 합격한 직후였어요. 곧 우리 가족이 사는 마을을 영원히 떠날 예정이었죠. 제 나이는 열네 살. 무언가 특별한 것이 나를 기다린다고, 이제 진짜 인생이 시작된다고 어렴풋이 느꼈어요. 또 내가 강하다고 느꼈고요. 출발을 앞두고 느낀 그 평온함, 그 느낌을 영원히 간직하겠어요.

슈테판 클라인: 그때 어떤 인생을 기대했나요?

한나 모니어: 솔직히 저는 제가 뇌를 이해하고 싶어 한다는 것을 벌써부터 알고 있었어요. 언젠가 한 번은 초등학교에서 집으로 돌아와 이렇게 외쳤죠. "엄마, 내 뇌가 그러는데, 내가 통증을 느낀대!" 그 직전에 학교에서 척수의 신경 경로에 대해서 배웠거든요. 그때 저는 저의 모든 감각이 뇌의 신호일 뿐이라는 사실을 알았고요. 그때 제가 열 살이었는데, 그 사실이 엄청나게 매혹적이었어요. 그래서 '뇌를 더 많이 알기 위해서 의학을 공부해야겠구나' 하고 다짐했죠.

슈테판 클라인: 많은 뇌과학자들은 자기 자신을 더 잘 이해하고 싶다는 바람에서 힘을 얻는다는데, 교수님도 그런가요?

한나 모니어: 예, 어느 정도는 그래요. 하지만 그 욕구는 제가 아직 정신의학에 종사하던 시절에 더 중요했어요. 비정상성이 왜 매력적인지 아세요? 왜냐하면 우리가 비정상성에서 결국 우리 자신을 보기 때문이에요. 저는 행복한 의사였어요. 연구자의 길로 방향을 튼 것은 순전히 우연이었죠. 연구비 지원을 받게 되어서 1년 동안 미국의 어느 신경생물학 연구소에 머물렀는데, 그때 깨달았어요. '그래, 바로 이거야.' 그리스 신화의 카이로스를 표현한 멋진 그림이 있어요.

슈테판 클라인: 알아요, 기회의 신 카이로스. 이마 쪽에만 풍성한 곱슬머리가 있고, 나머지 부분은 완전히 대머리죠. 그래서 기회를 잡으려면, 기회가 다가올 때 그 앞쪽 곱슬머리를 잡아야지, 안 그러면 놓쳐버린다고 하고요.

한나 모니어: 우리는 인생을 손에 쥐고 있다고 믿어요. 하지만 사실 우리는 가끔 기회를 잡을 수 있을 뿐이에요.

슈테판 클라인: 요새 중간뉴런을 연구하는 걸로 압니다. 중간뉴런이 뭔가요?

한나 모니어: 뇌 속의 메트로놈이라고 할 수 있어요. 당신이 무언가를 경험할 때마다, 때로는 수천 개, 때로는 수백만 개의 뉴런이 그 경험에 참여해요. 그 뉴런의 활동은 조화를 이뤄야 하고요. 이 조화 혹은 협응의 문제를 특별한 뇌세포가 해결하는데, 그것이 바로 중간뉴런입니다. 모든 중간뉴런 각각이 약 1만 5000개의 시냅스를 통해

다른 세포들과 연결되어 필요한 일이 제때에 일어나도록 해주지요.

슈테판 클라인: 그렇게 뇌세포들이 잘 협동해야만 우리가 과거 장면을 회상할 수 있을 테고요.

한나 모니어: 맞아요. 우리 팀이 생쥐를 가지고 실험해보았는데, 중간뉴런을 마비시키니까 기억도 마비되었어요. 저장된 수많은 개별 정보를 다시 전체적인 그림으로 조립하려면 중간뉴런이 필수적인 것으로 보여요.

슈테판 클라인: 중간뉴런은 기억 오케스트라의 지휘자인 셈이네요.

한나 모니어: 그렇다고 할 수 있어요.

슈테판 클라인: 그런데 어떤 것이 우리로 하여금 과거를 회상하게 할까요?

한나 모니어: 많은 사람들로 하여금 과거 장면을 떠올리게 하는 가장 강력한 요인은 냄새예요. 저는 갓 깎은 풀밭을 지날 때면 어김없이 어릴 적에 살던 마을이 생각나요. 하긴, 더 강력한 요인으로 왁스 냄새도 있네요. 우리 집은 토요일마다 마룻바닥에 왁스칠을 했거든요.

슈테판 클라인: 왜 하필이면 냄새가 회상을 유발하는 걸까요?

한나 모니어: 왜냐하면 후각이 뇌 속의 감정 시스템과 가장 밀접하게 연결되어 있기 때문이에요. 코와 편도체가 말하자면 직통 신경 경로로 연결되어 있지요. 편도체는 뇌 속에 있는 구조물인데, 감정을 일으키는 구실을 하고요. 왜 이런 직통 경로가 있는지 잘 설명할 수 있어요. 우리는 무언가를 먹을까 말까 결정할 때 주로 후각에 의지하죠. 또 대다수의 동물은 짝짓기 상대를 고를 때에도 후각에 의지해요. 물론 우리 인간의 경우에는 타인의 냄새를 얼마나 잘 맡을 수 있느냐가 비교적 덜 중요하지만, 우리 역시 이 진화의 유산을 가지고 있습니다. 뇌는 여러 구역으로 나뉘는데, 그중에서 우리의 평생 내내 뇌세포가 만들어지는 구역은 아주 드물어요. 그런데 후각신경구(olfactory bulb, 후각 수용기에서 온 신호를 직접 받는 뇌 구조물―옮긴이)가 그런 구역이죠. 또 얼마 전에 우리 팀에서 밝혀냈는데, 후각신경구에서 새로 만들어진 중간뉴런은 뇌의 다른 구역으로 이동해요. 마치 줄지어 이동하는 개미들처럼.

슈테판 클라인: 그럼 후각신경구는 젊은 뇌세포가 솟아나는 샘?

한나 모니어: 그런 것 같아요. 또 이렇게 뇌세포가 생성되고 이동하는 과정은 예컨대 기억 능력과 틀림없이 관련이 있을 거예요. 하지만 더 자세한 것은 아직 몰라요.

슈테판 클라인: 교수님은 생쥐를 연구한다고 들었습니다. 생쥐의 뇌에서 특정한 구조물만 선택적으로 변화시키기 위해 유전자 조작을 한다고요.

한나 모니어: 그건 1단계예요. 2단계에서는 생쥐의 뇌파와 행동을 탐구합니다. 그렇게 해서 뇌 속의 특정 시스템이 무슨 역할을 하는지에 대한 정보를 얻죠.

슈테판 클라인: 아무튼 교수님은 생쥐의 기억과 우리의 기억이 유사하다고 전제하는 셈인데, 그 근거는 뭘까요? 우리는 뇌에 저장된 정보를 조립해서 과거를 마치 영화처럼 재생하지만, 생쥐가 과거를 회상하는 방식은 전혀 다를 수 있잖아요.

한나 모니어: 그건 아무도 알 수 없죠. "생쥐야, 넌 어떻게 과거를 회상하니?" 하고 생쥐에게 물을 수 없는 노릇이니까.

슈테판 클라인: 따지고 보면, 생쥐가 감정을 느끼는지조차 불분명해요.

한나 모니어: 맞아요. 하지만 생쥐에서나 인간에서나 기초적인 과정은 똑같이 일어나요. 똑같은 분자, 똑같은 뇌 연결망(networks)이 거기에 관여하고요. 단, 우리에게는 하나가 더 있어요. 바로 주관적 경험이죠. 혹시 생쥐에게도 주관적 경험이 있는지, 있다면 어떠한지 우리는 전혀 모르고요.

슈테판 클라인: 언젠가는 주관적 경험도 분자와 뇌 구조물의 작용으로 설명할 수 있게 되리라 생각합니까?

한나 모니어: 예. 물론 제 생전에 그런 날이 오지는 않을 거예요. 하

지만 우리 정신을 이해하기 위한 또 다른 길로 예술, 특히 문학이 있어요. 이 길도 과학 못지않게 소중하고요.

슈테판 클라인: 교수님의 이력을 보면, 박사학위를 이를테면 분자생물학으로 받은 게 아니라 마르셀 프루스트의 『잃어버린 시간을 찾아서』에 나오는 질투에 대한 연구로 받았어요. 기억이라는 현상을 다룬 문학 작품 가운데 아마 가장 중요한 것이 이 작품일 거예요.

한나 모니어: 그 당시에 저는 예술가들이 갖가지 병을 어떤 시각으로 보는가 하는 것에 관심이 있었어요. 지금도 저는 미술관에 가면 어김없이 그림 속 인물을 진단하곤 하죠.

슈테판 클라인: 『잃어버린 시간을 찾아서』의 1장에는 화자가 보리수차를 마시는 유명한 대목이 나옵니다. 화자는 어렸을 때도 그런 식으로 보리수차를 마셨죠. 화자가 차의 향기를 맡는 순간, 회상이 꼬리에 꼬리를 물고 이어지고, 어린 시절 전체가 되살아나요. 그리고 프루스트는 화자가 그 순간에 "믿기 어려운 행복감"을 느낀다고 묘사하지요. 저는 이 표현이 늘 이상했어요. 왜냐하면 화자 앞에 되살아난 그의 어린 시절은 전혀 행복하지 않았거든요.

한나 모니어: 저는 프루스트가 회상이 일으키는 행복감을 염두에 두고 그런 표현을 썼다고 생각하지 않아요. 오히려 그는 어떤 원리를 깨달은 것에서 비롯된 행복감을 이야기한다고 봐요. 화자는 우연히 보리수차를 다시 접한 것을 계기로 기억 자체가 어떻게 작동하는지

깨달았어요. 그래서 엄청난 행복감을 느꼈고요. 그는 이 경험을 일본의 정교한 종이접기 작품에 비유하지요. 그 작품은 그냥 종이뭉치처럼 보이지만 물속에 넣으면 저절로 펼쳐져서 온갖 풍경을 드러낸다는군요. 한 세계가 열리는 거죠. 실험실에서 중요한 발견을 했을 때의 기분이 꼭 그래요. 또 소설에서와 마찬가지로 그런 발견은 대개 우연히 이루어지고요. 그럴 때, 이루 말할 수 없는 행복감이 몰려들어요. 정말 애타게 바라던 사랑이 이루어지기라도 한 것처럼. 그런 경험은 평생 두세 번 정도만 허락되죠.

슈테판 클라인: 발견의 환희는 소설가나 과학자나 비슷하게 체험할 수 있겠지만, 거기에 이르는 길은 사뭇 다릅니다. 교수님이 하는 실험은 누구나 재현할 수 있어야만 해요. 교수님 개인은 그 실험으로부터 멀찌감치 떨어져 있어야 하죠. 반면에 프루스트는 철저히 개인적인 자신의 관점에서 내면의 세계를 서술하잖아요.

한나 모니어: 맞아요. 하지만 프루스트의 서술에 주관성이 스며들어 있다 하더라도, 그가 하는 말은 우리 모두에게 타당한 진실이에요. 우리가 프루스트를 읽는 것은 그가 우리 안에 있는 무언가를 울리기 때문이지요. 어떤 작가가 있는데, 우리가 보기에 그의 글이, 누구나 따라 할 수 있는 과학 실험과 달리, 도무지 와 닿지 않는다면, 그러니까 따라 체험할 수 없다면, 아무도 그 작가에게 관심을 두지 않을 거예요.

슈테판 클라인: 프루스트는 아주 작은 계기만으로도 잊어버린 줄 알

았던 과거가 되살아날 수 있다는 걸 발견했습니다. 그러고는 후각과 미각을 가장 중요한 계기로 지목했어요. 그런데 제 경우에는 음악이 가장 중요한 계기일 때가 많아요.

한나 모니어: 당연하죠. 음악도 우리 내면의 가장 깊은 곳을 건드리니까요. 제가 루마니아에서 독일로 온 직후에 우연히 에네스쿠의 교향곡을 들었어요.

슈테판 클라인: 예, 저도 압니다, 에네스쿠. 독일에서는 연주되는 일이 드문 루마니아 작곡가죠.

한나 모니어: 그 교향곡을 듣는데, 곧바로 울음이 터지더라고요. 어릴 적에는 에네스쿠를 들으면서 눈물 흘린 적이 거의 없는데. 그때 제가 느낀 슬픔은 전적으로 기억에서 비롯되었던 거죠.

슈테판 클라인: 교수님이 떠나온 고향을 생각했기 때문에?

한나 모니어: 예. 사람은 나이를 먹을수록 점점 더 많이 기억을 곱씹기 마련이에요. 젊을 때는 기억이 있건 없건 상관없다시피 하죠. 저도 쉰 살이 되고 보니 과거를 돌아보게 되네요.

슈테판 클라인: 교수님은 열일곱 살 때 루마니아를 떠났습니다. 차우셰스쿠 정권 아래에서 교수님도 고생했나요?

한나 모니어: 아뇨. 전 운이 좋았어요. 좋은 학교에 다녔고, 선생님들도 정말 훌륭했죠. 그렇지만 미래가 암울했어요. 그냥 그대로 있었으면, 전문의도 못 되었을 거예요. 국외 학회 참석은 꿈도 꿀 수 없었을 테고요.

슈테판 클라인: 그 시절에도 교수님은 성취욕이 대단했나 봐요.

한나 모니어: 저는 항상 저의 재능을 믿었어요. 그리고 하이델베르크로 가야 한다는 목표의식이 뚜렷했죠. 하이델베르크가 독일의 옥스퍼드라고 상상했어요. 지성의 중심지라고. 그래서 휴가여행으로 독일에 다녀오겠다고 허가를 신청했습니다. 700년 전에 제 조상이 살던 나라를 한번 보고 싶다고 핑계를 댔죠. 내가 독일에 눌러 앉을 작정이라는 걸 부모님한테도 털어놓지 않았어요. 유일하게 오빠만 제 계획을 알았어요.

슈테판 클라인: 그런 행동이 가족에게, 또 교수님 자신에게 냉혹하다고 느끼지 않았나요?

한나 모니어: 철저히 이성적인 결정이었습니다. 부모님은 저를 이해하시리라 생각했어요. 또 2, 3년만 지나면 독일 여권을 가지고 부모님을 만날 수 있을 터였고요.

슈테판 클라인: 고향이 그리운 적은 없었어요?

한나 모니어: 웬걸요, 항상 그리웠죠. 하지만 정말로 힘든 감정은 13년 전 고등학교 졸업반 동창회에 갔을 때 느꼈어요. 그때 깨달았죠. 내가 알던 나라는 이제 없다는 걸.

슈테판 클라인: 차우셰스쿠 정권을 견뎌낸 지벤뷔르거 작센 족 사람들은 철의 장막이 걷힌 뒤에 물밀듯이 독일로 넘어왔습니다. 지금 루마니아에는 얼마 안 되는 노인들만 남아 있죠.

한나 모니어: 독일로 떠나기에 앞서서 저는 우리 민족이 세운 큰 교회를 차례로 방문했어요. 지금 저는 교인이 아닙니다만, 예전에는 교회에서 노래하는 걸 미치도록 좋아했거든요. 그 교회는 800년 동안 우리 문화의 중심이었고요. 지금은 그곳이 텅 비었어요. 물론 몰락한 문화가 어디 한둘이겠습니까. 더 큰 문화도 많이 몰락했죠. 하지만 그토록 긴 세월을 버텨낸 이 소수민족은 뭔가 특별한 구석이 있었어요. 예컨대 유럽에서 어느 누구도 의무교육 같은 것을 생각하지 못하던 시절에 지벤뷔르거 작센 족은 모든 사람에게 7년 동안 의무교육을 실시했습니다.

슈테판 클라인: 우리 아버지도 지벤뷔르거 작센 족이에요. 몇 년 전에 제가 셰스부르크(Schäßburg, 루마니아 트란실바니아 지방의 도시 - 옮긴이)를 방문한 적 있어요. 지금은 '시기쇼아라(Sighisoara)'라는 이름으로 불리는 작은 도시죠. 그곳에서 제 조상이 지식을 얼마나 중시했는지 새삼 깨달았어요. 도시 위로 높이 솟은 구릉 위에 마치 성전처럼 자리 잡은 건물이 있는데, 그게 인문계 고등학교예요. 그곳으로 가는 길이

질퍽거리지 않게 하려고, 지붕까지 덮인 계단이 설치되어 있고요.

한나 모니어: 어린 시절에도 저는 용돈을 다 털어서 책을 사곤 했어요. 하지만 저는 행운아였습니다. 제가 거기에 살던 때는 독일어를 쓰는 우리 소수민족이 과거와 달리 루마니아인과 교류했으니까요. 지벤뷔르거 작센 족의 엄격함은 정말이지 사람을 미치게 만들 정도였어요. 가벼움, 외향성, 이런 건 제가 전부 다 루마니아인에게서 배웠다니까요. 가장 좋은 시절이었어요. 그런데 지금은 그런 문화적 공생도 다 사라져버렸네요. 잠깐만요.

슈테판 클라인: 교수님은 지금 왜 눈물이 나는 걸까요?

한나 모니어: 거기로 이주한 우리 모두가 결국 실패한 거예요. 지금 다시 선택의 기로에 선다면, 또 상황이 바뀔 가망이 있음을 안다면, 지벤뷔르거 작센 족의 많은 사람들은 틀림없이 다른 선택을 할 겁니다.

슈테판 클라인: 교수님이 아는 지벤뷔르거 작센 족은 이제 기억 속에만 존재하는군요.

한나 모니어: 예.

슈테판 클라인: 저한테는 트란실바니아가 과거에도 늘 기억일 뿐이었어요. 그것도 직접 기억이 아니라 간접 기억. 우리 가족은 늘 '고

향'을 이야기했죠. 친척들은 그곳을 미화했어요. 그런데 제가 그곳을 제 눈으로 직접 보기로 마음먹었을 때, 아버지는 함께 가자는 우리에게 싫다고 하셨어요. 당신의 기억을 부수고 싶지 않다면서.

한나 모니어: 아버님의 심정을 저는 잘 이해해요. 우리 어머니도 지금 독일에 사는데, 트란실바니아에 발길을 끊으신 지 벌써 여러 해예요.

슈테판 클라인: 기억이 부서질 수도 있나요?

한나 모니어: 아뇨. 하지만 기억과 전혀 다른 현실을 대면하는 일은 몹시 고통스러울 수 있어요.

슈테판 클라인: 그래서 저는 조상들이 살던 그곳을 30대 중반에 처음 가봤어요. 그런데 어땠는지 아세요? 귀에 못이 박히도록 듣고 또 들었던 그 전설의 고향을 정말 한눈에 알아보겠더라고요. 우리는 광활한 너도밤나무 숲을 산책했어요. 꽃핀 사과나무 사이로, 중세의 도시와 마을 사이로 돌아다녔지요. 길 위에는 거위들이 어슬렁거리더군요. 기억이라는 놈은, 심지어 어쩌면 자기 자신의 기억이 전혀 아니더라도, 세상을 보는 눈을 바꿔놓는 것 같아요.

한나 모니어: 그래요, 정말 아름다운 마을이죠. 하지만 당신의 말이 옳아요. 현실을 볼 때 우리는 기억의 색조가 드리운 현실을 볼 수밖에 없어요. 무슨 말이냐면, 뇌에 새로 들어온 모든 신호는 곧바로 이미 저장되어 있는 정보와 비교되거든요. 우리는 늙을수록 무언가에

감동하기가 더 어려워지는데, 그 이유 중에 얕잡아 볼 수 없는 하나가 이 비교 과정이에요. 영화를 보면서 가슴이 미어지도록 감동할 때가 있잖아요. 당신이 그런 경험을 마지막으로 한 때가 언제인가요? 영화의 질을 비교하면, 옛날 영화보다 요새 영화가 오히려 더 나아요. 다만, 우리 모두가 이미 너무 많은 영화를 보았기 때문에 감동이 드물어진 거예요.

슈테판 클라인: 기억은, 심지어 좋은 기억이라도, 어떤 의미에서는 짐이에요.

한나 모니어: 그럼요, 두말 하면 잔소리죠.

슈테판 클라인: 생리학의 관점에서 보면 기억과 경험은 거의 똑같습니다. 왜냐하면 뇌 속에는 기억을 전담하는 별도의 기관이 전혀 없거든요. 현재의 감각 인상을 처리하는 뉴런 연결망이 과거의 인상을 저장하는 기능도 하죠.

한나 모니어: 맞습니다. 하지만 우리가 거론한 기억과 같은 장기 기억이 어떻게 형성되는지는 아직 정확히 밝혀지지 않았어요. 장기 기억의 메커니즘은 당신이 어떤 전화번호를 몇 분 동안 단기 기억에 담아둘 때의 메커니즘과 달라요. 단기 기억이 형성될 때는 주로 특정 뉴런 사이의 연결이 강화되지요. 반면에 우리가 무언가를 평생 기억할 때는, 새로 태어나는 뉴런도 중요한 역할을 할 가능성이 있어요.

슈테판 클라인: 아무튼 모든 기억 하나하나가 우리 뇌의 구조를 변화시킨다는 점은 의심의 여지가 없는 것으로 압니다. 이 통찰에 입각해서 미국 인지심리학자 다니엘 스캑터는 "우리는 기억이다" 라는 주장까지 내놓았고요. 교수님은 이 주장에 동의하나요?

한나 모니어: 어쨌거나 저는 여행길에 나서는 과학자를 막지 않는 편이 최선이라고 봐요. 많은 사람들은 뇌과학 앞에서 심층적인 불안을 느끼죠. 왜 그럴까요? 어쩌면 우리의 인생사 전체가 결국 뇌에 기록되어 있다는 사실에서 그 불안이 유래하는 것도 같아요.

슈테판 클라인: 사람들이 자신의 비밀이 노출될까 봐 걱정하기 때문에?

한나 모니어: 자신의 삶 전체를 타인이 통제할까 봐 걱정하기 때문에요. 하지만 저는 그런 일이 일어나리라고 믿지 않아요. 설령 우리가 뇌의 모든 세부를 낱낱이 이해하더라도, 뇌 전체를 이해한 것은 아니에요. 게다가 모든 사람 각각은 자기만의 인생사를 가졌으니까, 뇌 속의 연결망도 사람마다 달라요. 그러니 인간은 여전히 수수께끼로 남을 겁니다.

슈테판 클라인: 공상과학영화 〈토탈 리콜*Total Recall*〉에서 아놀드 슈워제네거는 어떤 경험에 대한 기억을 인위적으로 주입 받은 남자를 연기합니다. 사실 그는 그 경험을 한 적이 없는데도 실제로 했다고 믿지요. 교수님은 그런 일이 언젠가 가능하게 되리라고 상상할 수 있나요?

한나 모니어: 암, 그렇고말고요. 물론 그런 일이 바람직한가는 또 다른 문제지만요. 하지만 그런 일은 아주 먼 미래의 가능성이기 때문에, 솔직히 말해서 저는 거기에 신경을 쓰지 않아요. 저는 뇌를 지금 있는 그대로 이해하는 것만으로도 충분하니까요.

슈테판 클라인: 더 현실적인 뇌 조작의 예를 들어볼게요. 유명한 과학 학술지 ≪네이처*Nature*≫에서 설문을 실시했는데, 설문에 응한 자연과학자의 25퍼센트가 오로지 정신 능력의 향상을 위해 약을 먹는다는 조사 결과가 나왔습니다. 교수님도 그런 식으로 약을 써서 교수님의 뇌를 강화하고 싶나요?

한나 모니어: 아뇨. 왜냐하면 저는 그 효과가 어떨지 알기 때문이에요. 심지어 아주 광범위한 조작을 가하더라도 기억력을 비롯한 뇌의 능력이 정말로 향상되는 경우는 거의 없습니다. 우리 팀은 생쥐의 유전자를 우리가 원하는 대로 조작할 수 있어요. 하지만 조작을 통해 생산된 생쥐는 항상 자연적인 생쥐보다 열등하죠. 수백만 년 동안 진행된 자연선택을 따라잡는 것은 결코 쉬운 일이 아니에요. 당신이라면 그런 약을 쓰겠어요?

슈테판 클라인: 제가 미국 화학자 알렉산더 슐긴과 오후 한나절을 함께 보낸 적이 있어요. 슐긴은 마약인 엑스터시를 최초로 합성했고 지금도 생산하는 사람이죠. 나중에 돌이켜보니, 제가 슐긴에게 엑스터시 한두 알만 달라고 부탁하지 않은 게 후회되더라고요. 말만 했으면 틀림없이 최상품으로 받았을 텐데.

한나 모니어: 어쩌면 저도 사실은 통제력을 잃고 약에 의존하게 될까 봐 경계하는 것일 수도 있어요. 어쨌거나 저는 명상에 훨씬 더 관심이 많아요. 제가 좀 어수선한 편이거든요. 아침에 숲속을 산책할 때면, 이제부터 5분 동안 일은 생각하지 말고 나무만 보자고 다짐하는데, 그게 잘 안 돼요.

슈테판 클라인: 교수님의 실험실이 지긋지긋하게 싫을 때도 있나요?

한나 모니어: 이 정도로 열심히 일하는 사람이라면 누구나 많은 것을 포기해야 해요. 다른 사람들은 저보다 더 풍부한 사회생활을 하고 가족도 있죠. 저는 아이를 낳지 않았어요. 왜냐하면 제 삶에는 아이가 차지할 만한 여백이 없었거든요. 그것이 저에게는 가장 큰 포기였어요. 돌이켜보면 '아이를 낳았어도 괜찮았을 텐데……' 하는 생각이 들어요. 그래서 저는 젊은 여성 동료들에게 눈 딱 감고 아이를 낳으라고 격려하죠. 지금은 더 수월해요. 지난 20년 동안 상황이 많이 개선됐거든요.

슈테판 클라인: 교수님처럼 일에 몰두하는 사람들은 대개 명성을 바라지요.

한나 모니어: 명성은 환상이에요. 현실의 과학에서 개인은 아무 역할도 못합니다. 실험에는 어떤 개인의 서명도 적혀 있지 않아요. 그리고 제가 이러이러한 실험을 할 수 있는데 하지 않으면, 한두 달 뒤에 다른 사람이 그 실험을 해요. 작년에 미국 신경과학회 연례 모임에

참석한 동료들이 자그마치 4만 명입니다! 이런 형편이니 개인은 눈에 띄지도 않죠. 오히려 제가 의사였을 때 느낀 개인적인 존재감이 지금 과학자로서 느끼는 존재감보다 더 큽니다.

슈테판 클라인: 그렇다면 교수님이 연구를 통해 얻는 것은 뭘까요?

한나 모니어: 연구를 통해 얻는 것? 인생에서 가장 아름다운 순간이죠. 제가 몇 달 전부터, 때로는 몇 년 전부터 기다려온 결과를 함께 연구하는 동료가 알려줄 때, 그리고 갑자기 퍼즐 맞추기에서처럼 연관성이 드러날 때, 저는 저 자신을 완전히 잊어버립니다. 잠깐 동안 시간이 멈추죠. 지금 이 일만 생각하고 다음 순간조차도 생각하지 않게 돼요. 저 자신과 세계가 하나로 결합되어 있다는 심오한 느낌이 밀려오고요. 그럴 때는 기억도 아무 구실을 못해요. 거의 신비 체험에 가까워요. 잠깐 동안, 오롯이 현재에 있는 경험.

04. 사랑은 앎에서 싹튼다

근대 자연과학의 시작에 대하여
예술가 "레오나르도 다 빈치"와 나눈 대화

Leonardo da Vinci
1452년 이탈리아에서 태어나 1519년 사망했다. 당시 유명 화가였던 안드레아 델 베로키오의 공방에 들어가 미술을 시작했다. 이후 귀족의 후원을 받으며 이탈리아 르네상스를 대표하는 화가, 조각가, 발명가, 건축가, 공학자, 해부학자, 식물학자, 도시계획가 등으로 활약했다. 대표 작품으로 〈지네브라 데 벤치의 초상화〉, 〈모나리자〉, 〈암굴의 성모〉, 〈최후의 만찬〉 등이 있다.

1514년, 레오나르도 다 빈치는 로마에 산다. 신임 교황 레오 10세의 형제이며 메디치 가문의 권력자인 니무르의 공작 줄리아노의 부름을 받아 그곳으로 이주했다. 어느새 예순두 살이 된 명장은 자기 공방의 식구들과 함께 바티칸의 벨베데레 궁에 거주한다. 그 건물의 소유자는 교황이다. 미래에서 날아온 인터뷰어는 벨베데레 궁의 오른쪽 날개에 위치한 작업실로 안내된다. 작업실에는 미완성 유화 작품이 여러 층으로 쌓여 있다. 한 작품 속에는 예사롭지 않은 미소를 띤 젊은 여성이 있다. 그녀의 검은 눈은 관람자를 계속 응시하는 듯하다. 그 그림에서 몇 걸음 떨어진 곳에 레오나르도가 무릎까지 내려오는 가운을 걸치고 서 있다. 그의 머리카락은 백발이고 숱이 적지만 수염은 여전히 풍성하게 물결치며 가슴까지 드리웠다. 레오나르도는 왼손을 약간 떤다. 어쩌면 뇌졸중의 후유증인지도 모른다. 그는 피라미드 모양의 틀을 만드는 중이다. 그 틀의 내부에는 작은 거울 수백 개가 매달려 있다.

슈테판 클라인: 안녕하세요, 레오나르도 선생님.

레오나르도 다 빈치: 예, 안녕하세요.

슈테판 클라인: 이게 뭔가요?

레오나르도 다 빈치: '불 거울'이에요. 혹시 당신이 거울은 차가운데 어떻게 따뜻한 광선을 내뿜느냐고 묻는다면, 그 광선이 실은 태양에서 나온 것이라고 대답하겠어요. 다시 말해 그 광선은 이동 중에 거울을 거치기는 하지만 원래 원인인 태양과 같아야 하고, 그래서 따뜻하다고요.

슈테판 클라인: 아하, 태양에너지를 이용하려고 하는군요.

레오나르도 다 빈치: '에너지'요? 내가 모르는 단어로군요. 이 거울을 이용하면 아주 많은 힘을 한 곳에 모을 수 있어요. 그러면 염색 공장에서 쓰는 것과 같은 물통 속의 물이나 수영장의 물을 데울 수 있지요.

슈테판 클라인: 이런 오목거울을 이용하면 멀리 있는 대상을 자세히 볼 수 있다는 것도 혹시 아나요?

레오나르도 다 빈치: 당연히 알죠. 여기 가리개가 있어요. 이 가리개를 이런 식으로 열면, 단 하나의 행성에서 온 빛만 통과하게 돼요. 그

러면 거울에 비친 상을 보고 그 행성의 특징을 알 수 있지요.

슈테판 클라인: 정말 대단합니다. 선생님은 '망원경'이라는 개념을 아마 들어본 적이 없을 텐데……

레오나르도 다 빈치: 예, 처음 듣는 개념이네요.

슈테판 클라인: 제가 감히 한 말씀 드릴까 합니다. 선생님은 그림 그리기에 시간을 투자하는 편이 어쩌면 더 낫지 않을까요? 이를테면 저기 저 젊은 여성의 초상화는 벌써 여러 해째 미완성으로 남아 있어서 아쉽습니다.

레오나르도 다 빈치: 예, 예, 조콘도의 아내 리사(Lisa del Giocondo)를 그린 그림이에요. 남편은 그녀를 '모나리자(Mona Lisa)'라고 불렀죠. 조콘도는 1506년에 나에게 아내의 초상화를 의뢰했어요. 그때 피렌체에서……

슈테판 클라인: 선생님은 8년 전에 피렌체를 떠났는데, 저 그림은 여태 미완성이에요. 반면에 선생님의 경쟁자인 미켈란젤로와 라파엘은 의뢰 받은 작품들을 하나씩 하나씩 성실히 완성해왔습니다. 선생님의 새로운 고용주인 교황은 심지어 과학에 대한 선생님의 관심을 공공연히 비웃기까지 해요. "그 레오나르도라는 작자는 그림은 안 그리고 마치 연금술사처럼 기름과 식물의 즙을 섞어놓고 첨벙거리기를 더 좋아해"라면서요.

레오나르도 다 빈치: 오로지 실제 경험과 눈썰미만 있고 지성은 없는 그런 화가들이 있지요. 그들은 모든 사물을 반영하지만 알지는 못하는 거울과 같아요. 그렇게 과학 없이 실행에 나서는 사람은 나침반 없이 항해하는 선원과 마찬가지로 자신이 어디로 나아가는지를 결코 확실히 알 수 없어요. 회화에서는 과학이 없으면 쓸 만한 작품을 절대로 만들 수 없습니다.

슈테판 클라인: 하지만 많은 비판자들은 선생님을 제대로 된 과학자로 인정하지 않습니다. 잘 알다시피 선생님은 기초 교육만 받았을 뿐, 그 이상의 교육은 전혀 받지 못했잖아요.

레오나르도 다 빈치: 물론 잘 알지요. 실력 없이 거들먹거리기나 하는 몇몇 인사들이 나를 무식쟁이라고 손가락질한다면 그러라고 놔두세요. 멍청한 놈들! 자기 자신의 성취가 아니라 남의 성취로 치장한 주제에 허영심에 한껏 부풀어서 우쭐거리며 돌아다니는 자들이지요. 그들은 나의 성취를 인정하려 하지 않아요. 내 지식은 남의 말에서가 아니라 주로 경험에서 유래한 것이라는 점을 당신도 알지 않소? 무릇 앎은 감각지각에서 비롯되기 마련이라오.

슈테판 클라인: 선생님은 선생님을 비판하는 사람들을 책 먼지에 파묻힌 지식인, 소처럼 책 속의 글귀만 되새김질하는 지식인으로 보는군요. 반면에 선생님은 자기 자신의 눈과 실험으로 세계를 이해하려 애쓰는 분이고요.

레오나르도 다 빈치: 바로 그겁니다. 영혼이 무엇이고 신체가 무엇인지 정의하려고 애쓴 고대 철학자들을 우리가 대체 얼마나 신뢰해야 할까요? 마음만 먹었다면 언제라도 알아내고 감각지각을 통해 증명할 수 있었을 만한 사안들이 수백 년 동안 수수께끼로 남아 있었거나 잘못 이해되었습니다. 아, 잠깐만요.

젊고 잘 생긴 남자가 들어와 자신은 레오나르도의 조수 프란체스코 멜치라고 밝힌다. 그가 스승을 구석으로 데려가 뭐라고 귀엣말을 건넨다. 레오나르도가 깜짝 놀란다.

슈테판 클라인: 무슨 일입니까?

레오나르도 다 빈치: 그자가 교황 앞에서 나를 헐뜯었소. 병원에서도 그랬고요. 그자가 나의 해부학 연구를 방해하고 있소.

슈테판 클라인: 누구 말씀입니까?

레오나르도 다 빈치: 요하네스. 나를 위해 거울을 제작한 독일인이오. 꽤 오래 전부터 내 작업실을 염탐했지요. 그러면서 온갖 이야기를 떠벌리고 다니고. 그자 때문에 나는 아무것도 은밀히 진행할 수가 없어요.

슈테판 클라인: 선생님은 선생님이 시체를 가지고 하는 연구가 여기 저기 알려지는 것을 막으려고 굉장히 애를 써왔지요. 시체 해부도 밤에만 했고요.

레오나르도 다 빈치: 그렇소. 하지만 혈관을 완전하고 확실하게 알기 위해서만 해도 시체 10구를 해부해야 했다오. 혈관을 뺀 나머지 부분은 모두 도려내고, 혈관을 감싼 살점도 모조리 발라냈지요. 게다가 시체 한 구를 필요한 만큼 오랫동안 보존할 수 없기 때문에, 여러 구를 차례로 해부하면서 완전한 지식에 도달해야 했소.

슈테판 클라인: 그런 일을 할 때 메스껍지 않았나요?

레오나르도 다 빈치: 어떻게 안 그렇겠소, 당연히 구역질이 났지요! 당신은 못할 겁니다. 설령 당신이 해부학을 충분히 사랑하더라도, 아마 당신의 위장이 연구를 가로막을 겁니다. 또 위장이 평정을 유지하더라도, 한밤중에 껍질이 벗겨지고 네 토막 난 흉측한 시체와 함께 있으면, 공포가 엄습해서 도저히 연구가 불가능할 거예요.

슈테판 클라인: 선생님은 왜 그런 끔찍한 연구를 했나요? 혈관 연결망을 더 잘 이해해도 그림 그리기에는 전혀 도움이 안 되잖아요.

레오나르도 다 빈치: 자연은 영리한 존재여서 온갖 특이한 형태를 창조하죠. 나는 어마어마하게 풍부한 그 형태를 들여다보고 싶은 욕구를 억누를 수 없는 사람이고요. 연구할 때 나의 감정은 미지의 동굴

을 처음 탐험하는 사람의 감정과 같아요. 말하자면 나는 땅속으로 통하는 입구 앞에 서서 그 안에 뭐가 있는지 보려고 두리번거리지요. 하지만 동굴 속은 캄캄해서 아무것도 보이지 않아요. 잠시 후에 문득 내 안에서 두 가지 감정이 일어나요. 하나는 공포고, 또 하나는 욕구죠. 어두컴컴하고 위협적인 동굴 앞에서 느끼는 공포와 그 속에 무언가 경이로운 것이 있는지 알고 싶다는 욕구.

슈테판 클라인: 거의 항상 선생님의 호기심이 이겼죠. 선생님 자신의 공포뿐 아니라 사회의 금기도 선생님의 호기심을 가로막지 못했어요. 선생님은 심지어 무덤을 파헤치지 말라는 기독교의 명령조차도 무시했어요. 선생님이 오로지 시체를 능욕한 덕에 해부학 지식을 얻었다고 비난하는 사람들이 있는데, 선생님은 어떻게 대꾸하겠습니까?

레오나르도 다 빈치: 고귀한 사람들은 본성적으로 앎을 추구하지요. 기계와 같은 이 몸을 바라보면서, 이 몸에 대한 당신의 지식이 다른 사람의 죽음 덕분에 얻어졌다는 사실을 생각하며 깜짝 놀라 움츠러들 필요는 없습니다. 오히려 그런 탁월한 이해력을 우리의 지성에 선사하신 창조주를 찬양하는 편이 더 바람직해요.

슈테판 클라인: 선생님은 인간의 몸을 기계로 간주하는군요?

레오나르도 다 빈치: 물론이오. 팔과 다리, 심지어 치아 각각의 무는 힘도 지레의 법칙을 따르지요. 부풀어 오르는 근육은 쐐기와 같은 구실을 하고요. 또 힘줄은 마치 밧줄이 배의 돛대를 고정하듯이 넓적다

리뼈를 관절에 고정합니다.

슈테판 클라인: 선생님은 생전에 알던 사람을 해부한 일도 몇 번 있습니다.

레오나르도 다 빈치: 옛날에 피렌체에 있는 산타 마리아 누오바 병원에서 그랬죠. 그곳에서 어느 노인이 죽음을 몇 시간 앞두고 나에게 말하더군요. 자기는 100년을 살았는데 기력이 쇠한 것 말고는 몸에서 느끼는 이상이 없다고요. 그러고는 병상 위에 앉은 채로 아무 동요도 없이 숨을 거뒀어요. 그래서 나는 그런 평온한 죽음의 원인을 알아내기 위해 해부를 시작했지요.

슈테판 클라인: 그래서 무엇을 발견했나요?

레오나르도 다 빈치: 사망 원인은 심장과 기타 신체 부위에 영양을 공급하는 동맥에 피가 고갈된 것이었어요. 그 동맥이 바싹 마르고 쪼그라들고 쭈글쭈글하더군요. 정정한 노인은 영양부족으로 삶을 마감합니다. 혈관 속의 통로가 점점 더 좁아지다가 결국 모세혈관이 완전히 막히기 때문이지요.

슈테판 클라인: 지금 말씀한 현상을 저희는 동맥경화증이라고 부릅니다. 제가 미래에서 왔는데요, 미래에는 모든 사람이 선생님처럼 오래 살게 됩니다. 페스트는 사라지고, 전쟁은 아주 드물게만 일어나고, 거의 모든 산모는 건강하게 회복되고…… 대다수의 인구가 고령

에 동맥경화증의 합병증으로 사망하게 되지요. 한마디 덧붙이자면, 선생님이 발견한 현상은 18세기 알사스 지방의 외과의사 장 롭슈타인에 의해 비로소 명명되었습니다.

레오나르도 다 빈치: 동맥경화증이라…… 마음에 드는 명칭이군요. 실제로 그렇거든요. 사람의 혈관 벽은 오렌지 껍질과 비슷해요. 오렌지도 늙으면 껍질이 두껍고 단단해지거든요. 내가 두 살짜리 아기를 연구한 적이 있는데, 그때 아기는 노인과 전혀 다르다는 점을 확실히 알았어요.

슈테판 클라인: 거기에서 멈췄더라면…… 선생님이 거기에서 멈췄더라면 지금 비난을 덜 받을 텐데, 선생님은 태어나지 않은 생명까지 연구하지 않고는 못 배겼죠. 얼마 전에 선생님은 자궁 속 태아가 성장하는 과정을 묘사한 일련의 소묘 작품을 완성하였습니다. 그림 옆에는 영혼에 대한 언급이 있고요. 선생님은 어떤 말씀을 하고 싶었나요?

레오나르도 다 빈치: 태아는 어머니의 생명을 통해 생명을 얻고 어머니에게서 영양분을 얻지요. 또한 동일한 영혼이 어머니의 몸과 태아의 몸을 모두 지배합니다. 왜냐하면 태아는 욕구와 고난과 아픔을 어머니와 공유하니까요.

슈테판 클라인: 영혼과 몸은 뗄 수 없게 결합되어 있기 때문에, 몸이 연결되어 있는 두 존재는 영혼도 공유해야 한다는 말씀인가요?

레오나르도 다 빈치: 예, 그렇습니다. 무릇 부분은 항상 자신을 포함한 전체와 하나가 되기를 바라지요. 그러면 자신의 부족함에서 벗어날 수 있으니까요. 영혼이 바라는 것은 몸 안에서 사는 거예요. 왜냐하면 몸의 도구들이 없으면, 영혼은 생각할 수도 없고 느낄 수도 없으니까요.

슈테판 클라인: 선생님, 지금 말씀은 기독교의 가르침에 어긋납니다. 기독교의 입장에 따르면, 사람은 임신되는 순간에 영혼을 부여 받습니다. 그리고 영혼이 몸과 결합되어 있는 것은 맞지만 몸에 의존하는 것은 아니에요. 왜냐하면 영혼은 죽지 않으니까요. 선생님이 모시는 현직 교황 레오 10세가 이 문제에 대해 손수 대칙서를 작성하기까지 하였습니다. 교황은 교회의 영혼론을 감히 의심하는 '무도한 이단자'를 단호하게 저주했어요. 그런데도 선생님은 겁이 나지 않나요?

레오나르도 다 빈치: 나는 나의 한계를 압니다. 내가 영혼에 대해서 교회보다 더 정확하게 안다고 주장한 적이 있나요? 영혼의 정체가 무엇이든 간에, 영혼은 신적인 존재입니다. 저는 영혼을 정의하는 일은 백성의 아버지이며 영감을 통해 모든 비밀을 꿰뚫는 사제들의 지성에 맡기겠어요. 성경을 인정해야지요. 성경은 최고의 진리니까요.

슈테판 클라인: 선생님이 늘 이런 온건한 말씀을 했던 것은 아닙니다. 한번은 심지어 성경의 창조 이야기를 반박하기까지 했죠.

레오나르도 다 빈치: 내가 아직 밀라노 궁정에서 일하던 때였는데,

파르마와 피아첸차 근처 산골에 사는 농부들이 내 공방에 찾아왔어요. 깨진 조개껍데기와 산호초 화석을 커다란 주머니에 담아서 가져왔더군요. 자기네 밭에서 주웠다면서요. 아주 많은 파편들이 원래 모양을 그대로 유지하고 있었어요.

슈테판 클라인: 그걸 선생님께 팔려고 했던 모양이군요. 선생님은 그 파편에서 무엇을 알아냈나요?

레오나르도 다 빈치: 그 조개껍데기 화석은 해발고도가 1000큐빗(1큐빗은 약45센티미터-옮긴이)을 넘는 곳에서 출토되었어요. 하지만 그 지역의 최고봉은 그보다 훨씬 더 높지요. 성경에 나오는 대홍수가 났을 때, 물이 그 봉우리보다 7큐빗 위까지 찼다면…….

슈테판 클라인: 성경에는 15큐빗 위까지라고 나오죠.

레오나르도 다 빈치: 원래 바닷가 근처에 있었을 그 조개껍데기들은 그 봉우리 위에서 출토되어야 맞아요. 그런데 그것들은 봉우리 밑자락에서, 그것도 고도가 같은 곳에 두루 퍼진 채로 층층이 쌓여 있었어요. 나는 그런 조개껍데기 화석을 내가 태어난 빈치 근처 아르노 계곡, 롬바르디아 지방, 베로나에서도 발견했습니다.

슈테판 클라인: 화석을 찾아 이탈리아 전역을 돌아다녔나 봐요?

레오나르도 다 빈치: 곳곳에서 화석을 수집했소. 어디에 가든 비슷한

화석 층이 있더군요. 그 조개껍데기 층 때문에 나는 이탈리아 전체가 한때 거대한 바다 밑에 있다가 차츰 솟아올랐다고 믿게 되었지요. 바다 밑바닥이 산등성이로 바뀐 거예요. 그러니까 대홍수는 터무니없는 이야기일 가능성이 있어요. 이를 인정하지 않으려 드는 순진한 무리는 단지 자신의 어리석음과 단순함을 드러낼 뿐이오.

슈테판 클라인: 레오나르도 선생님, 지금은 1514년이에요. 모든 사람이 성경을 글자 그대로 받아들인다고요. 선생님은 동시대인들에게 몹시 야박하게 구는 겁니다.

레오나르도 다 빈치: 일부 사람들은 그저 음식물 통로, 쓰레기 숭배자, 폐수 배출자로 보아야 마땅하오. 왜냐하면 그들은 어떤 좋은 일도 하지 않을 뿐더러 악취 나는 폐수 웅덩이만 만들어놓으니까.

슈테판 클라인: 왜 이렇게 화를 내고 그래요?

레오나르도 다 빈치: 거짓은 추악합니다. 설령 거짓이 신의 작품을 찬양하더라도, 결국 거짓은 신의 품위를 손상시키지요. 반면에 진실은 훌륭해요. 진실이 언급하는 사물은 가장 하찮은 사물이라도 고귀해지지요. 그런데도 완전한 앎을 얻으려고 애쓰지 않는 사람은 앎과 사랑에 죄를 범하는 것입니다. 왜냐하면 사랑은 앎에서 싹트고 앎이 확실해질수록 더 깊어지기 때문이오.

슈테판 클라인: 밀라노의 루도비코 스포르차 공작은 진실을 사랑하

는 선생님을 15년 동안이나 후원했습니다. 그는 선생님이 거대한 기마상을 제작하기를 원했지요.

레오나르도 다 빈치: 스포르차 공작이 원한 것은 무엇보다도 무기였소.

슈테판 클라인: 그래서 선생님은 무기도 만들어야 했고요.

레오나르도 다 빈치: 내가 공작의 후원을 받으려고 신청서를 쓰면서 놀라운 성능을 갖춘 투석기를 그림으로 보여주었다오. 화포도 만들겠다고 약속했소. 그 화포를 쏘면 적진에 돌이 우박처럼 떨어질 것이고, 화포의 연기는 적을 벌벌 떨게 할 것이라고 했지요. 적이 피해를 입고 혼란에 빠지는 것은 말할 필요도 없고. 또 적이 공격해도 끄떡없는 장갑 전차도 만들겠다고 했소. 그 전차에 화포를 장착하고 돌진해서 적의 전열을 무너뜨리면 아무리 많은 무장 병력도 오합지졸로 만들 수 있다고.

슈테판 클라인: 저희는 그런 전차를 탱크라고 부릅니다. 그런데 선생님은 훨씬 더 끔찍한 전쟁 수단도 연구했어요. 전투에 독극물을 이용할 계획을 세웠죠.

레오나르도 다 빈치: 그래요. 석회, 비소, 녹청(구리에 생기는 푸른 녹─옮긴이)을 섞은 가루를 소형 투석기로 내던져서 적군의 배에 뿌리려고 했지요. 그 가루를 흡입하면 누구나 죽기 마련이었소. 그래서 나는 아군 쪽으로 바람이 불지 않을 때만 그 공격을 하라고 엄중하게 주의

를 주었지요. 혹은 최소한 아군의 코와 입을 물에 적신 천으로 가린 다음에 공격하라고 했어요. 그러면 아군이 그 가루를 흡입하는 것을 막을 수 있으니까.

슈테판 클라인: 선생님은 어떤 피조물에게도 해를 끼치기 싫어서 육식을 거부했다고 하던데, 정말 맞는 이야기인가요?

레오나르도 다 빈치: 자연이 생산하는 간단한 먹을거리만으로도 충분하지 않나요?

슈테판 클라인: 또 선생님은 전쟁을 "야만적인 어리석음"으로 칭한 적도 있죠?

레오나르도 다 빈치: 예, 전쟁은 확실히 야만적이고 어리석은 짓입니다. 당신이 자연의 경이로운 작품을 보았다면, 또 그 작품을 파괴하는 것이 몹쓸 행동이라고 판단한다면, 사람의 생명을 빼앗는다는 것이 얼마나 추악한 짓인지 한번 생각해보세요.

슈테판 클라인: 아니, 이렇게 말씀하는 분이 어떻게 대량살상무기를 구상할 수 있습니까?

레오나르도 다 빈치: 나는 자연이 준 가장 큰 선물인 자유를 지키기 위해 공격 수단과 방어 수단을 발명했습니다. 야망을 품은 독재자가 우리를 궁지로 몰 때를 대비해서요.

슈테판 클라인: 설마 진담으로 하는 말씀은 아니겠죠. 선생님이 밀라노에서 모신 군주 루도비코 스포르차는 당대에 가장 활발하게 정복에 나선 독재자 중 하나로 꼽힙니다. 게다가 그가 몰락한 뒤에 선생님은 교황 알렉산더 6세의 아들 체자레 보르자에게 고용되었습니다. 체자레 보르자는 군대를 이끌고 이탈리아의 절반을 짓밟은 인물이고요. 선생님은 그자의 수석 기술자가 되었습니다. 그 후 거의 1년 동안 선생님은 워낙 잔인해서 모든 사람이 두려워하는 그 인물과 곳곳을 누볐지요.

레오나르도 다 빈치: 발렌티노…….

슈테판 클라인: 그래요, 선생님은 그자를 발렌티노라고 불렀지요.

레오나르도 다 빈치: 지금 그는 대체 어디에 있습니까?

슈테판 클라인: 교황인 아버지가 죽자 그는 어쩔 수 없이 이탈리아를 떠나야 했어요. 하지만 스페인에서 매복한 적의 기습을 당해, 맞아 죽었습니다.

레오나르도 다 빈치: 파도바 대주교의 도서관에서 아르키메데스의 원고 한편을 구해서 나에게 가져다주겠다고 약속했는데…… 내 월급도 아직 덜 줬고.

슈테판 클라인: 선생님은 보르자와 함께 원정을 다닌 후에 아버지

의 고향인 피렌체로 돌아와 말 그대로 바닥부터 다시 시작해야 했습니다. 쉰 살도 넘어서 말이죠. 사람들은 대체로 선생님을 예술가로서 칭송했지만, 그 도시공화국의 작품 주문자들과 선생님 사이의 관계는 껄끄러웠어요. 틀림없이 힘든 시절이었겠죠. 선생님은 저축한 돈으로 생계를 꾸렸어요.

레오나르도 다 빈치: 잘라낸 나무를 다시 패대기치는 형국이었지요. 그래도 난 희망을 잃지 않았소.

슈테판 클라인: 선생님은 명망 있는 고객들이 찾아와도 면전에서 문을 쾅 닫아버리곤 했어요. 심지어 예술에 조예가 깊은 페라라의 공작부인 이사벨라 데스테도 그냥 돌려보냈죠. 그녀는 선생님의 그림 한 점을 얻고 싶다면서 거의 빌다시피 했지만, 선생님은 수학과 과학을 연구하느라 너무 바빠서 그림을 그릴 틈이 없다는 말만 했어요. 실제로 선생님은 원과 면적이 같은 정사각형을 작도하는 과제와 비행기계에 몰두하고 있었죠.

레오나르도 다 빈치: 비행기계를 연구하려면 우선 새가 어떻게 날아가는지 이해해야 했소. 따지고 보면 새가 바로 비행기계니까요.

슈테판 클라인: 선생님은 하루 종일 피렌체의 구릉들을 배회하며 맹금류를 관찰했습니다.

레오나르도 다 빈치: 거기에 사는 솔개가 내 운명이지 싶더이다. 원

래 내가 기억하는 가장 어린 시절의 일이 솔개와 관련이 있어요. 내가 아직 요람에 누워 있을 때 같은데, 붉은 솔개 한 마리가 날아오더니 꼬리로 내 입을 벌렸지요.

슈테판 클라인: 그 이야기는 저희도 압니다. 지그문트 프로이트라고, 저희 시대의 많은 사람들이 높게 평가하는 정신과 의사가 있습니다. 선생님은 그 사람을 당연히 모르지만요. 그 프로이트가 1910년에 선생님에 관한 책을 썼어요. 그런데 유감스럽게도 그는 선생님의 노트에 나오는 새를 솔개가 아니라 '독수리'로 잘못 번역했지요. 그러고는 선생님의 기억을 동성애 성향의 암시로 해석했어요.

레오나르도 다 빈치: 허, 참 터무니없는 해석이군요. 나는 단지 날고 싶었을 뿐이오. 이미 20년 전 밀라노에서 나는 최초의 비행기계를 설계했소. 심지어 내 작품을 공작의 요새인 코르테 베키아에서 조용히 실험해볼 방법을 적어 놓기까지 했어요. 내 계획은 위층의 홀을 판자로 봉쇄하고 지붕 위로 올라가는 것이었습니다. 이때 주의할 점은 탑 근처를 벗어나지 않는 것이었어요. 그래야 근처의 미완성 돔 꼭대기에서 일하는 인부들이 나를 볼 수 없을 테니까요.

슈테판 클라인: 그래서 실험은 어떻게 잘 되었나요?

레오나르도 다 빈치: 미안하지만, 대답하지 않겠습니다.

슈테판 클라인: 선생님이 보르자와 모험을 하고 나서 피렌체로 돌아

왔을 때, 선생님은 체체리 산 위에서 비행기계를 타고 이륙하려 했던 듯합니다. 그 산을 독일어로는 '슈바넨베르크(Schwanenberg, '백조 산'을 뜻함 – 옮긴이)'라고 부르죠.

레오나르도 다 빈치: 그 커다란 기계 새가 거대한 백조의 등 너머로 첫 비행을 하기 바랐습니다. 그 새가 온 세상을 놀라게 하고, 모든 글에 그 새의 명성이 기록되고, 그 새의 고향은 영원한 영광을 누릴 터였죠.

슈테판 클라인: 체체리 산은 피렌체 시내보다 400미터 높게 솟아 있습니다. 그렇게 높은 곳에서 이륙하는 것이 위험하다는 생각은 안 들었나요?

레오나르도 다 빈치: 조수가 비행사의 몸에 포도주 부대를 둘러 주었습니다. 중간 중간 매듭을 짓고 공기를 불어넣어서 묵주 모양으로 부풀린 보호 장비였어요. 그것을 두르면 6큐빗 높이에서 추락해도, 땅바닥에 떨어지든 물에 떨어지든 상관없이 아프지 않게 떨어질 수 있지요. 하지만 그 장비를 엉덩이에 이중으로 두르고 떨어질 때는, 가장 먼저 그 장비가 땅에 닿도록 주의해야 합니다.

슈테판 클라인: 선생님이 직접 만드신 그 보호 장비가 틀림없이 요긴했겠군요. 몇 년 뒤에 의사이자 자연철학자인 제롤라모 카르다노가 선생님의 실험에 대해서 이런 글을 남겼습니다. "레오나르도가 비행을 시도했으나 실패했다."

레오나르도 다 빈치: 그래요, 실패했어요.

슈테판 클라인: 하지만 선생님, 좋은 소식이 있어요. 선생님이 만든 날개 중에서 몇 가지가 얼마나 실용적이었는지 아세요? 제가 선생님을 만나러 출발하기 직전에 21세기 사람들이 선생님의 작품을 약간 변형한 날개로 비행에 성공했습니다.

레오나르도 다 빈치: 정말요?

슈테판 클라인: 제가 그 날개를 직접 보았는걸요. 영국 항공기술자들이 선생님이 남긴 설계도에 따라서 그 날개를 제작했어요.

레오나르도 다 빈치: 그 사람들이 얼마나 멀리 날았습니까?

슈테판 클라인: 200미터 넘게요. 200미터면 피렌체 큐빗으로 600큐빗이죠. 게다가 더 놀라운 일도 있어요. 선생님이 남긴 소묘 작품의 상당수를 저희는 21세기 초에야 비로소 제대로 이해하기 시작했습니다. 물론 저희가 그렇게 오랫동안 헤맨 것은 선생님의 작품을 주로 미술사학자들이 연구했기 때문이기도 해요. 미술사학자들은 유체역학 실험에 대해서 거의 아는 것이 없거든요. 선생님이 연구한 공기역학 법칙이나 해부학도 거의 모르고요.

레오나르도 다 빈치: 수리과학을 모르면서 내 글을 읽으려 들면 안 됩니다.

슈테판 클라인: 제가 선생님을 만나러 출발할 때쯤에야 비로소 선생님이 연구한 과학 분야의 전문가들이 선생님의 글을 체계적으로 연구하기 시작했습니다. 그들은 놀라운 사실을 발견했어요. 예컨대 선생님은 인공 심장판막을 발명했고 인간의 심장 속에서 피가 어떻게 흐르는지를 정확하게 묘사했어요.

레오나르도 다 빈치: 그래요, 유리로 심장 모형을 만들기도 했어요. 그 속에 물과 함께 곡식 알갱이들을 집어넣고, 물의 흐름을 관찰했지요.

슈테판 클라인: 제가 사는 시대의 과학자들은 1998년에야 그 흐름을 연구할 수 있는 수준에 도달했어요. 그들은 컴퓨터 단층촬영 기술을 이용했지요. 심지어 어떤 전문가는 선생님이 로봇과 최초의 디지털 컴퓨터도 구상했다고 주장합니다. 제가 선생님은 모르는 먼 미래의 단어들을 어쩔 수 없이 사용하는 것을 양해해 주십시오. 저희가 선생님의 아이디어 몇 가지를 선생님이 돌아가신 지 500년 뒤에야 비로소 이해했다는 사실이 놀랍지 않나요?

레오나르도 다 빈치: 그다지 놀랍지 않아요. 내 일생의 좌우명 중 하나가 이겁니다. "노동의 결과가 노동한 사람과 함께 죽는 그런 노동은 하지 말라." 우리에게 주어진 날들이 넉넉하지 않다는 것은 누구나 알지요. 그러니 그 날들을 허비하지 않는 것에서 기쁨을 느껴야 합니다. 우리의 인생이 사람들의 정신 속에 기억으로 남도록, 하루하루를 소중히 여겨야 해요.

슈테판 클라인: 선생님의 노트와 소묘 작품들을 보면, 선생님이 추천하는 교육 방법들이 가득 적혀 있습니다. 아마 선생님은 그 방법을 직접 활용하기도 했겠죠. 그런데 과연 모든 사람이 자기 지성의 능력을 향상시킬 수 있을까요?

레오나르도 다 빈치: 재미있는 이야기 하나 들어보겠어요? 이발소에서 일하는 면도날이 있었습니다. 어느 날 면도날은 햇빛이 자신의 표면에서 찬란하게 반사되는 것을 보았어요. 한껏 자부심을 느낀 그 면도날은 이제 더는 이발소로 출근하지 않기로 결심했지요. 그리고 조용히 숨어 있을 곳을 구했어요. 두세 달이 지나 면도날이 다시 세상으로 나왔는데, 과거에 그의 표면에서 빛나던 광채가 사라져버린 거예요. 왜냐하면 표면이 녹으로 덮였기 때문이죠. 인간의 정신도 마찬가지입니다. 사람은 정신을 끊임없이 사용해야 해요. 우리가 편안함에 빠져들면, 정신은 마치 그 면도날처럼 금세 날카로움을 잃고 추한 무지의 녹에 덮여 볼품없게 되지요. 자, 이제 마칠 시간인 듯하오. 안녕히 가시오, 행운을 빌겠소.

* 레오나르도의 발언은 저자가 그의 원고와 일기에서 추린 문구로 구성했다.

05. 헌신의 법칙

이타심에 대하여

행동과학자 "라가벤드라 가닥카"와 나눈 대화

Raghavendra Gadagkar

1953년 인도에서 태어났다. 인도 방갈로르에 있는 인도 과학원에서 생물학을 공부했다. 정신과학과 자연과학 사이의 간극을 극복하기 위해 방갈로르에 연구소를 설립하기도 했다. 현재 인도 과학원 생태학 교수다. 국내 소개된 책으로 『동물 사회의 생존 전략』이 있다.

말벌이 세상을 구원할 수 있다고? 하필이면 말벌이? 나는 곤충 연구자 라가벤드라 가닥카를 스위스 알프스 지역에서 열린 어느 회의에서 우연히 만났다. 노벨상 수상자 몇 명뿐 아니라 고위 정치인들과 전직 유엔난민고등판무관도 참석한 그 회의의 목적은 분쟁을 해소하고 인류의 공동체 정신을 강화하기 위한 새로운 길을 모색하는 것이었다. 가닥카는 인도 남부에 사는 '로팔리디아 마르기나타(Ropalidia marginata)'라는 원시 말벌 종에 관해서 열띤 강연을 했다. 그 말벌 종은 일반인의 눈에는 늦여름 독일의 야외에서 간식을 먹을 때 나타나 공포를 안겨주는 말벌과 다를 바 없어 보이지만, 훨씬 더 흥미로운 사회생활을 한다.

가닥카는 분쟁과 협동의 본성에 대한 연구로 세계에서 가장 앞서 나가는 행동과학자 중 한 명이 되었다. 그는, 훌륭한 연구는 당연히 하버드대학교나 옥스퍼드대학교, 적어도 뮌헨대학교 같은 곳에서만 이루어진다는 미신을 깨는 반례기도 하다. 1953년에 인도에서 태어난 가닥카는 방갈로르 소재 인도 과학원에서 생물학을 공부했고 지금까지 줄곧 같은 곳에서 생태학 교수로 일해 왔다. 또한 그는 정신과학과 자연과학 사이의 간극을 극복하기 위한 목적으로 방갈로르에 연구소를 설립했다. 이 대화를 위해 우리는 베를린 고등연구소에서 만났다. 가닥카는 그곳의 상임 외국인 연구원이기도 하다. 때는 독일 겨울의 전형적인 아침, 조만간 햇살이 다시 비추기를 비는 기도가 절로 나오는 어둡고 축축한 아침이었다. 그러나 뜨거운 방갈로르에서 방금 도착한 가닥카는 차가운 보슬비가 '신선하다'고 느꼈다.

슈테판 클라인: 가닥카 교수님, 교수님은 본인의 연구대상들과 함께 산다고 들었습니다. 교수님의 집 전체에 말벌이 우글거린다더군요. 가족들은 불만이 없나요?

라가벤드라 가닥카: 우리 가족은 내가 키우는 말벌의 이름을 따서 집 이름을 '로팔리디아'로 짓기까지 한걸요. 그 녀석들은 한마디로 내 삶의 일부입니다. 내가 집을 비우면, 아내가 말벌을 돌봐요. 우리 아들은 어려서부터 말벌에 쏘이면서 자랐는데, 자기가 말벌에 쏘인 것을 처음 의식했을 때 그야말로 감격했답니다. 어른이 되었다는 느낌이 들었다더군요.

슈테판 클라인: 교수님 본인은 얼마나 자주 말벌에 쏘이나요?

라가벤드라 가닥카: 아주 자주요. 하지만 요새는 예전보다 덜 쏘여요. 왜냐하면 말벌을 다루는 일은 제가 가르치는 학생들이 주로 맡거든요. 그렇지만 정신만 똑바로 차리면, 아무 탈 없어요. 말벌은 학생이 한눈을 팔 때만 쏩니다. 예컨대 부주의한 동작을 하는 학생이 말벌에 쏘여요.

슈테판 클라인: 교수님이 키우는 말벌 각각에는 갖가지 색깔의 점이 찍혀 있다고 들었습니다. 그런 점을 어떻게 찍죠? 말벌을 마취시키나요?

라가벤드라 가닥카: 에이, 뭘 그렇게 까지나. 그냥 벌집 옆에서 끈기 있게 기다리기만 하면 돼요. 그러다보면 말벌이 무언가에 몰두해서

딴 데를 바라볼 때가 있거든요. 그럴 때 이쑤시개로 말벌의 가슴에 점을 찍으면 되지요.

슈테판 클라인: 교수님은 어떤 인연으로 말벌을 연구하게 되었습니까?

라가벤드라 가닥카: 처음엔 취미생활이었어요. 내가 대학에 다닐 때, 우리 기숙사 전체에 말벌이 우글거렸습니다. 정말 말벌집이 없는 곳이 없었어요. 그래서 나는 말벌을 관찰하기 시작했지요. 말벌에 관한 책도 많이 읽고, 결국엔 연구 논문을 두어 편 발표하기까지 했어요. 하지만 박사논문은 분자생물학을 주제로 썼습니다. 그런데 분자생물학을 계속 연구하려면 인도를 떠나 미국으로 가야 했어요. 나는 그게 싫었습니다. 우리 문화와 이별하는 것이 너무 아쉬웠어요. 그래서 취미를 직업으로 삼아 행동과학자의 길을 가기로 결심했죠. 이 결심을 후회한 적은 한 번도 없습니다.

슈테판 클라인: 교수님이 보기에 말벌의 어떤 면이 그렇게 흥미로운가요?

라가벤드라 가닥카: 나는 인류학자가 낯선 문화를 관찰하는 것처럼 말벌을 관찰해요. 우리는 뇌리에 우리 자신의 공동생활이 박혀 있어서 다른 사회는 전혀 다를 수 있다는 사실을 이해하지 못합니다. 또한 그 사회가 우리 사회와 놀랄 만큼 유사할 때도 있지요. 말벌은 우리 자신을 비춰주는 거울과도 같습니다.

슈테판 클라인: 제가 느끼기에 말벌과 인간은 사뭇 다른 것 같습니다만…….

라가벤드라 가닥카: 아마 모르시겠지만, 말벌을 충분히 오래 관찰하면, 말벌에게도 개성이 있다는 것을 알게 됩니다. 말벌들은 제각각 다르게 반응하고 저마다 강점과 약점이 있어요. 게다가 이 사실을 말벌 각각이 잘 아는 듯해요. 아무튼 각각의 개체가 사회 안에서 자신의 능력에 적합한 위치를 찾아냅니다. 말벌 사회를 관찰하는 일은 정말 매혹적이에요. 인간 사회에서와 마찬가지로 경쟁도 있고 협동도 있지요.

슈테판 클라인: 영국 총리를 지낸 마거릿 대처가 이런 말을 남겼어요. "'사회'라는 것은 존재하지 않는다." 오직 개체들만 있다는 거죠. 모든 각자가 자기 자신을 돌봐야 하고요.

라가벤드라 가닥카: 아주 심한 착각이에요. 그 철의 여인이 말벌 사회를 한번 봐야 했는데.

슈테판 클라인: 대처는 찰스 다윈을 내세울 수 있었을 거예요. 다윈은 모든 생물 각각이 자원과 최선의 번식 기회를 놓고 모든 생물 각각과 싸운다고 주장했잖아요.

라가벤드라 가닥카: 예, 맞아요. 하지만 다윈은 자신의 이론에 커다란 역설이 있다는 점을 의식했어요. 다윈의 진화론에 따르면 꿀벌이

침을 쏘는 행동 같은 것은 있을 수가 없습니다. 꿀벌은 침을 쏘면 죽는데도 아랑곳없이 침을 쏜다는 사실 앞에서 다윈은 몹시 곤혹스러워했어요.

슈테판 클라인: 꿀벌의 침 쏘기는 친족을 위한 자살 공격인 셈이죠. 개체는 죽더라도, 개체가 친족과 공유한 유전자는 살아남으니까요.

라가벤드라 가닥카: 그게 바로 오늘날 우리가 내놓는 설명입니다. 진화론은 옳아요. 하지만 진화론을 유전적 친족 집단으로 확장해야 하죠. 내가 키우는 말벌에서도 그런 희생을 관찰할 수 있어요. 말벌 중에도 암컷 일벌이 있는데요, 서로 친척인 그 일벌은 스스로 새끼를 낳는 것을 포기합니다. 대신에 녀석들 모두가 단 한 마리의 암컷, 즉 여왕벌을 돌봐요. 오로지 여왕벌만 번식을 하고요.

슈테판 클라인: 누가 여왕벌이 될지는 어떻게 결정되나요?

라가벤드라 가닥카: 꿀벌이나 유럽 말벌의 사회에서 여왕은 태어날 때부터 정해져 있어요. 반면에 내가 키우는 말벌의 사회는 훨씬 더 흥미로워요. 이 사회에서는 원리적으로 어느 암컷이든지 자신의 왕국을 세울 수 있거든요. 그런데도 특별히 번식력이 뛰어난 암컷만 자기 왕국을 세웁니다. 다른 모든 개체는 기꺼이 여왕에게 복종하면서 여왕의 새끼들을 양육하고요. 대개의 경우 여왕은 말벌 집에 사는 다른 모든 개체들과 친척이니까, 일벌은 그런 방식으로 자신의 유전자를 다음 세대로 전달하는 셈이죠. 이것은 일벌 각각이 새끼를 낳는

것보다 더 안전한 방식이에요. 그리고 이 사실을 말벌이 아는 것 같아요. 대체 어떻게 알까요? 이것이 내가 여러 해 전부터 골몰해온 질문입니다.

슈테판 클라인: 완벽한 사회주의 사회네요. 심지어 번식까지 집단화된 사회. 68세대(1968년 5월 프랑스 학생운동을 주도한 대학생들과 이에 동조한 유럽과 미국의 젊은이들-옮긴이)가 교수님의 말벌을 보면 정말 기뻐하겠어요.

라가벤드라 가닥카: 그리 기뻐하지 않을 거예요. 왜냐하면 한 개체가 여왕의 지위에 오르면, 그 개체는 곧바로 벌집 안에 여러 화학물질을 살포하거든요. '페로몬'이라고 하는 그 화학물질은 다른 모든 개체의 성욕을 억누르지요.

슈테판 클라인: 여왕이 통치를 위해 마약을 써서 신민(臣民)들을 안정시키는 셈이군요.

라가벤드라 가닥카: 그렇다고 할 수 있습니다. 그렇지만 여왕의 번식력이 약해지면, 여왕은 곧바로 다른 여왕에게 자리를 내주고 물러나지요. 요컨대 말벌은 자신에게 이익이 될 때만 여왕에게 복종하고 서로 협동합니다.

슈테판 클라인: 그러고 보니 말벌 사회의 수컷들은 아직 한 번도 언급하지 않았네요.

라가벤드라 가닥카: 수컷은 암컷에 의해 양육되어 한동안 유목민처럼 떠돌다가 섹스를 하고 죽습니다. 공동체를 위한 노동은 전혀 안 하죠. '왜 그럴까' 하는 의문을 우리 팀이 파고들었어요. 여러 실험에서 드러났는데, 말벌 수컷도 벌집에 있을 때만큼은 애벌레 양육에 충분히 기여할 수 있습니다. 그렇지만 기여하지 않아요. 왜냐하면 암컷이 그 일을 훨씬 더 잘 하거든요. 기본적으로 수컷은 잉여예요.

슈테판 클라인: 말벌 사회뿐 아니라 실은 자연 전체에서 그렇지 않나요?

라가벤드라 가닥카: 예, 맞아요. 말벌뿐 아니라 꿀벌과 개미를 봐도 수컷은 잉여라는 사실을 더없이 분명하게 알 수 있어요. 이 녀석들의 사회에서는 심지어 번식을 위해서도 수컷이 반드시 필요한 것은 아니에요. 여왕의 아들은 수정되지 않은 알에서 태어나거든요. 여왕과 수컷들의 섹스는 오직 딸을 낳기 위해서만 필요해요. 여왕은 한 번 섹스를 하면서 수컷의 정액을 받아들여 몸속의 작은 주머니에 보관하지요. 그 주머니 속의 정액은 신선한 상태를 유지하다가 필요할 때 사용되고요. 요컨대 여왕이 아들을 낳느냐 딸을 낳느냐는 전적으로 여왕 자신이 결정합니다.

슈테판 클라인: 그 정도라면 여왕이 수정되지 않은 알에서 딸도 생산할 수 있을 법하네요. 그러면 암컷들이 수컷을 양육할 필요가 아예 없어질 테고요. 그럼 대체 왜 암컷과 수컷이 있고 짝짓기가 있는 걸까요?

라가벤드라 가닥카: 바로 그것이 진화론의 수수께끼 중 하나입니다. 암컷만으로 이루어진 종이 있다면, 그 종은 절반의 비용으로 번식할 수 있을 겁니다. 이건 어마어마한 장점이지요. 하지만 그런 종은 병원체에 더 취약할 거예요. 숙주들의 몸에 병원체가 기생하더라도, 양성생식을 통해 숙주들의 유전자가 계속 새롭게 섞이면, 병원체의 활동이 억제되거든요.

슈테판 클라인: 그런 양성생식이 교수님이 키우는 말벌에서는 부분적으로만 일어납니다. 한 집단에 속한 모든 수컷은 어미인 여왕벌이 가진 것과 똑같은 유전자를 가지고 있고요. 따라서 수컷과 여왕벌의 교미로 태어난 자식은 다른 동물의 자식보다 유전적으로 훨씬 더 가까운 사이예요. 이 사실에 기대서 벌 사회의 극단적인 협동을 설명할 수 있을 법한데, 어떻게 생각하나요? 모든 이타적인 행동이 가족 내에서 일어난다고 보면, 납득이 될 듯도 한데…….

라가벤드라 가닥카: 오래 전부터 그런 식으로 설명해왔지요. 그러나 우리 팀이 보여주었듯이, 실제 사정은 그렇게 단순하지 않습니다. 예컨대 우리는 말벌 집단 2개를 통합하는 실험을 해봤어요. 그랬더니 예상대로 정착 집단의 일벌이 외래 여왕벌을 갈기갈기 찢어 죽였어요. 그런데 그 여왕벌을 따르던 젊은 일벌은 아무 문제없이 정착 집단에 받아들여졌어요. 심지어 그 일벌이 차기 여왕을 옹립하기까지 했습니다. 이제 한 집에 사는 개체들이 모두 친척 사이는 아닌 상황이 된 것이죠. 그런데도 말벌은 협동했습니다.

슈테판 클라인: 그렇게 하는 편이 모든 개체에게 더 나았겠죠.

라가벤드라 가닥카: 바로 그것이 핵심이에요. 친척관계보다 훨씬 더 중요한 것은 모든 각각의 개체에게 협동의 이익이 비용보다 더 크냐 하는 문제입니다. 친척관계의 중요성이 오랫동안 과대평가된 것은 한 가지 오해와 관련이 있어요. 1964년에 영국 진화생물학자 윌리엄 해밀턴이 제시한 유명한 공식이 있는데, 그걸 보면 모든 것이 명약관화해요. 그 공식에서 협동할 용의는 친척관계의 긴밀도에도 좌우되지만 무엇보다도 협동의 비용과 이익에 좌우되거든요. 다만 실험에서 비용과 이익을 측정하는 일이 끔찍할 정도로 고되다는 점이 문제예요.

반면에 친척관계는 유전자 검사를 통해 간단히 확인할 수 있죠. 그래서 대다수의 연구자들이 마치 친척관계가 관건인 양, 거기에 매달려 온 거예요. 하지만 더 정확하게 관찰하면, 심지어 말벌 사회에서도 행동을 결정하는 요인으로 유전자 못지않게 중요한 것이 환경이라는 점을 알 수 있습니다. 예컨대 넉넉한 환경에서는 꽤 많은 말벌이 독립해서 자기 왕국을 세워요. 반면에 먹을거리가 부족하고 천적이 집단을 위협하면, 훨씬 더 많은 개체들이 기꺼이 공동체를 위해 헌신하지요.

슈테판 클라인: 독일 공군이 런던을 폭격할 당시에 런던 시민들이 대단한 협동심을 발휘했다고 들었습니다. 그들이 그때만큼 기꺼이 타인을 도왔던 적이 없다고요. 9·11 테러 직후 뉴욕에서도 비슷한 일이 벌어졌다고 해요. 사회생물학자들은 인간도 교수님이 키우는 말

벌과 마찬가지로 행동한다고 주장합니다.

라가벤드라 가닥카: 이타주의의 비용과 이익을 따져보는 것은 어느 종이나 마찬가지입니다. 우리 인간도 예외가 아니에요. 물론 예컨대 말벌 사회에서 볼 수 있는 희생은 극단적이죠. 대다수의 암컷이 다른 개체들을 위해서 번식을 완전히 포기할 정도니까요. 우리 생물학자들은 이런 행동을 '진사회성 행동'이라고 부르면서, 오랫동안 오직 개체들 간의 친척관계가 이례적으로 긴밀한 말벌, 꿀벌, 개미 같은 곤충만 진사회성 행동을 할 수 있다고 생각했어요. 하지만 그건 착각이었죠. 그런 극단적인 협동도 우리의 통념보다 훨씬 더 널리 퍼져 있습니다. 그런 협동은 자연의 역사에서 최소한 10여 번 각각 독립적으로 출현한 것이 분명해요. 우리 인간과 똑같은 방식으로 번식하는 동물 중에도 그런 협동을 하는 놈들이 있어요. 몇 종의 거미, 딱정벌레, 새우가 진사회성 동물이고요, 심지어 포유동물 중에도 진사회성 종이 하나 있는데, 아프리카에 사는 벌거숭이두더지쥐가 바로 그 종이에요. 실제로 이 설치동물들이 지하의 굴 속에서 함께 살아가는 방식은 말벌과 아주 유사합니다.

슈테판 클라인: 그렇지만 우리 인간은 다르잖아요. 인간 여성들은 자기 자식을 낳고 싶어 하니까요.

라가벤드라 가닥카: 중요한 것은 비용과 이익의 비율이 협동의 강도를 결정한다는 원리입니다. 동물이나 인간이 어떤 목적으로 협동하느냐는 전혀 중요하지 않아요. 다만 호모사피엔스의 경우에는 비용

과 이익을 따지는 계산이 아주 복잡합니다. 곤충, 새우, 벌거숭이두더지쥐와 달리 우리 인간은 자연뿐 아니라 문화적 가치관에 의해서도 강하게 좌우되거든요.

슈테판 클라인: 우리 서양문화에서 인간은 본성상 순전히 이기적이라는 통념이 널리 퍼져 있습니다. 교육이 비로소 인간을 타인과 나눌 용의가 있는 도덕적인 존재로 만든다는 생각도 그렇고요.

라가벤드라 가닥카: 훈계조의 도덕보다 우리가 처한 조건이 훨씬 더 중요합니다. 동물이나 인간이나 비용이 적을수록, 이익이 많을수록, 또 친척관계가 긴밀할수록, 더 큰 이타심을 내기 마련이에요. 예컨대 형제의 나이차가 많으면, 형이 동생을 위해 행동할 때 힘은 조금 들고 효과는 크지요. 반면에 나이차가 적으면, 상황이 그렇게 만만하지 않아요. 그래서 나이차가 적은 형제 사이에서는 이타적인 행동이 덜 나타나지요. 우리 인도의 대가족에서는 이 현상을 늘 관찰할 수 있습니다.

슈테판 클라인: 하지만 사회는 대가족이 아닙니다. 우리는 이타심을 훨씬 덜 내고요. 왜냐하면 사회에는 서로 친척이 아닌 구성원들이 많이 있기 때문이겠죠.

라가벤드라 가닥카: 정확히 말할게요. 우리 팀이 보여준 것은 심지어 말벌 사회에서도 친척관계는 협동을 유발하는 여러 요인들 중 하나에 불과하다는 사실뿐입니다. 따라서 사람들이 서로 협동하기를 바

란다면, 적당한 환경을 조성해야 해요. 이타적인 행동의 비용이 너무 크면 안 돼요. 또 이타적인 행동을 했을 때, 무언가 얻는 것이 있어야 하고요.

슈테판 클라인: 행동과학이 우리에게 어떻게 살아야 하는지 말해줄 수 있을까요?

라가벤드라 가닥카: 아니요. 하지만 행동과학은 우리가 특정한 생활양식을 원할 때 그것을 가능케 하는 데 도움이 될 수 있습니다. 곤충사회는 꽤 쉽게 실험대상으로 삼을 수 있다는 장점이 있긴 하죠. 그렇지만 몇 년 전부터는 인간들이 공정하게 협동하도록 만드는 최선의 전략을 찾는 연구도 이루어지고 있어요. 생물학자, 심리학자, 수학자, 경제학자가 모여서 협동의 과학이라고 할 만한 것을 개발하는 중이죠. 그 일이 나의 용기를 북돋습니다.

슈테판 클라인: 그 작업에서 어떤 성과가 있었나요?

라가벤드라 가닥카: 예를 들면 다양한 문화권의 사람들이 타인을 이용해먹는 동시대인을 얼마나 혐오하는지 보여주는 데이터를 얻을 수 있어요. 대부분의 사람들은 그런 무임승차자를 기꺼이 처벌하지요. 심지어 자신은 그 속임수에 당하지 않았을 뿐더러 처벌하려면 자신의 손해를 감수해야 하는 경우에도, 기꺼이 처벌합니다.

슈테판 클라인: 생각해보니 그런 정의감은 진화의 산물인 것 같네요.

정의감이 모든 개체 각각에게 설령 단기적으로는 해롭더라도 장기적으로는 유익하니까 말이에요.

라가벤드라 가닥카: 어쨌든 정의감을 느끼고 따르는 것은 대단히 효과적인 행동전략인 듯합니다. 제아무리 확고한 이기주의자도 공동체에 의지하기 마련이거든요. 다만, 이기주의자는 자기가 공동체에 주는 만큼보다 더 많이 받아가려고 하죠. 심지어 일부 행동과학자들은 우리 인간이 특별히 협동의 욕구를 느껴서 협동하는 것이 아니라 약삭빠른 떠돌이로 남기 싫어서 협동한다고 믿어요.

슈테판 클라인: 교수님이 속한 문화에서는 개인주의적인 서양문화에서보다 집단이 훨씬 더 큰 역할을 합니다. 공동체의 작동을 이해하는 데 인도인의 관점이 도움이 되나요?

라가벤드라 가닥카: 인도 사회는 이루 말할 수 없을 정도로 복잡합니다. 어쩌면 내가 사회성 곤충에 관심을 갖게 된 것도 이런 배경 때문일 수 있어요. 말벌집 하나에서 여러 세대의 개체들이 분업하면서 함께 사는데, 이 공동생활의 규칙들이 엄청나게 미묘하고 섬세해요. 우리 인도 사회와 꼭 닮았죠. 게다가 말벌 집단 내에서 친척관계는 어떤 인도 부족에서보다 더 복잡하게 얽혀 있고요.

슈테판 클라인: 교수님의 동료인 미국 진화생물학자 리처드 르원틴은 "어느 과학자의 연구 결과에나 뿌리 깊은 선입견이 스며들어 있다"고 했습니다. 교수님의 선입견은 어떤 것일까요?

라가벤드라 가닥카: 과학자가 선입견을 가지면 안 되나요? 강력한 개인적인 믿음은 특정한 방향으로 단호히 나아갈 에너지의 원천입니다.

슈테판 클라인: 하지만 예컨대 우주에서 지구로 생명의 씨앗이 떨어졌기 때문에 지구에서 생명이 발생했다는 믿음 같은 것은 좀 곤란하지 않을까요?

라가벤드라 가닥카: 천만에요! 그런 믿음도 허용해야죠. 만일 그 믿음이 옳다고 판명되면, 우리 모두의 지식이 향상되는 겁니다. 또 그 믿음이 오류로 밝혀져도 마찬가지예요. 말이 나온 김에 한마디 보태자면, 하버드나 옥스퍼드나 베를린이 아니라 주변부 어딘가에서 연구하는 과학자라면 자신의 독자적인 길을 가는 편이 더 쉽습니다.

슈테판 클라인: '주변부 어딘가'라면, 혹시 방갈로르?

라가벤드라 가닥카: 예, 정답입니다. 방갈로르에서 연구하면, 주목을 덜 받는 대신에 더 큰 자유를 누릴 수 있어요. 우리 입장에서는 대세에 거스르는 사람들이 훨씬 더 많아질 필요가 있습니다. 내가 박사학위를 받았을 때 다들 미국으로 가라고 조언했어요. 안 그러면 제대로 된 일자리를 영영 얻지 못할 거라면서요. 그래서 나는 실업자가 될 위험을 감수하겠다고 대꾸했죠. 지금 내가 바라는 것은 정반대의 환경, 대세에 순응하지 않는 사람들이 상을 받는 그런 환경입니다.

슈테판 클라인: 교수님은 본인이 연구하는 말벌이 지능을 가졌고 심지어 일종의 의식도 가졌다고 인정해야 한다고 확신하나요?

라가벤드라 가닥카: 물론 지능과 의식의 정의를 기준으로 삼는다면, 곤충은 자동으로 배제되겠죠. 하지만 나는 그런 언어 규칙 따위에는 관심이 없어요. 왜냐하면 말벌이 그냥 로봇은 아니라는 점은 명백하거든요. 말벌은 학습을 합니다. 또 말벌의 행동은 간단히 예측할 수 없고요.

슈테판 클라인: 말벌이 무엇을 학습하나요?

라가벤드라 가닥카: 자신의 장점이 무엇이고 단점이 무엇인지 학습합니다. 예컨대 자신이 먹이 수집을 얼마나 잘 하는지 학습하지요. 말벌 각각이 자신의 개성을 안다고 해도 과언이 아니에요.

슈테판 클라인: 하지만 그런 학습 능력과 앎을 지능으로, 심지어 의식으로 간주할 수 있을까요?

라가벤드라 가닥카: 간단히 대답할 수 없는 질문이지만, 일단 그렇다고 대답하겠습니다. 지성을 가진 생물과 순전히 본능에 따르는 생물을 가르는 경계선을 명확하게 그을 수는 없습니다. 한쪽에서 다른 쪽으로의 이행이 연속적으로 일어나거든요.

슈테판 클라인: 교수님은 본인의 말벌집에서 일어난 사건을 많이

보고하였는데요, 특히 한 사건이 제 관심을 사로잡습니다. 왜, 그 반란 사건 있지 않습니까. 한 무리의 일벌들이 여왕(틀림없이 그 무리의 지도자겠죠)과 함께 일해서 이틀 만에 새 집을 만들었습니다. 마치 서로 약속이라도 한 것처럼요.

라가벤드라 가닥카: 맞아요, 그런 사건이 있었죠. 하지만 그런 결정이 어떻게 내려지는지 아직 밝혀지지 않았어요. 아마도 말벌은 우리가 전혀 모르는 소통 수단을 가지고 있는 것 같습니다. 실제로 말벌은 어떤 식으로든 서로 대화하는 듯해요. 한 가지 추측은, 말벌이 타액을 통해 정보를 주고받는다는 것입니다. 실제로 일벌은 끊임없이 서로를 쓰다듬고 돌보고 먹여주거든요.

슈테판 클라인: 타액의 성분 조성이 말벌의 언어일 수 있다는 것만 해도 저에게는 충분히 놀라운 이야기입니다. 그런데 교수님이 보고한 분리 독립 사건은 더 놀라워요. 왜냐하면 말벌이 며칠 앞서서 그 사건을 계획했다고 볼 수밖에 없기 때문이에요. 이건 저로서는 정말 믿을 수 없는 일입니다.

라가벤드라 가닥카: 맞아요. 사전 계획이 있었다는 결론을 내릴 수밖에 없어요. 동물은 지금 우리가 아는 것보다 훨씬 더 많은 능력을 가졌습니다. 우리가 동물을 끊임없이 깎아내리는 것은 우리가 우리 자신을 동물로부터 격리시킨 것과 동전의 양면 관계예요. 현대 사회에서 동물은 우리에게 아주 낯선 존재가 되었어요. 얼마나 많은 종들이 다양한 개별 분야에서 인간보다 우월한지를 우리는 잊어버렸습니다.

자연에 대한 존경심을 잃은 거죠.

슈테판 클라인: 교수님은 동물원에 즐겨 가나요?

라가벤드라 가닥카: 아뇨. 우리 속의 동물을 보면 기분이 별로 좋지 않아요. 철창 너머의 사자나 유인원을 보는 것보다 말벌을 관찰하는 편이 훨씬 더 좋습니다. 심지어 사회성이 없는 말벌도 마찬가지예요. 그런 시시한 듯한 생물에서도 정말 많은 것을 볼 수 있거든요. 외톨이 말벌이 어떻게 진흙을 모으는지, 어떻게 진흙과 자신의 타액을 섞어서 집을 짓는지, 그런 다음에 어떻게 다른 곤충의 애벌레를 물어 와서 진흙 속에 묻고 침을 쏘아 마비시키는지, 어떻게 집 속에 알을 잔뜩 낳아놓고 떠나는지…… 평생 동안 관찰해도 늘 새로운 것을 발견하게 될 겁니다.

슈테판 클라인: 현대 생물학은 오로지 한 사람의 헌신적이고 정확한 관찰 덕분에 탄생했습니다. 그 사람, 찰스 다윈은 경이로울 만큼 정확한 관찰자였던 것이 분명해요. 그는 갈라파고스 군도의 새와 거북이를 관찰한 결과, 따개비를 관찰한 결과, 직접 기른 비둘기를 관찰한 결과를 토대로 삼아 진화론을 창조했습니다. 다윈이 가진 도구라고는 그 자신의 눈과 지성이 전부였어요. 반면에 오늘날의 과학은 비용이 많이 드는 실험을 토대로 삼지요.

라가벤드라 가닥카: 비싼 장비에 의지하는 과학자들이 너무 많아요. 나는 학생들에게 기술적인 문제를 고민하는 시간보다 훨씬 더

많은 시간을 근본적인 숙고에 투자하라고 조언합니다. 어차피 부자 나라의 과학자들과 물량전을 벌여서는 우리가 질 수밖에 없거든요. 이 불리함을 우리는 더 많은 숙고로 극복해야 합니다. 어쩌면 이것이 도리어 유리한 점일 수도 있어요. 깊이 숙고하면 깊이 이해하게 되니까요.

슈테판 클라인: 올해가 진화론 탄생 150주년입니다. 하지만 여전히 많은 사람들이 진화론을 마뜩지 않게 여기고 심지어 적대시하지요. 그들은 다윈의 이론을 신성모독으로 간주하면서 그 이론이 신의 계획을 언급하지 않는다는 점을 지적합니다.

라가벤드라 가닥카: 서양에서는 그렇죠. 여기 인도에서는 아무도 진화론을 못마땅하게 여기지 않아요. 세계가 끊임없이 진화한다는 것, 파괴와 새로운 창조가 동전의 양면이라는 것, 자연의 역사에 목적은 없다는 것, 이 모든 것이 예로부터 힌두교 철학이 가르쳐온 내용이거든요.

슈테판 클라인: 인도에서는 지금도 절반에 가까운 인구가 최저생계비 이하의 소득으로 살아갑니다. 이런 상황에서 교수님이 말벌을 연구하기 위해 자금을 신청하면, 신청이 잘 받아들여지나요?

라가벤드라 가닥카: 암, 그렇고말고요. 인도는 유서 깊은 지식 전통을 가진 나라입니다. 또한 우리가 오로지 지식 획득을 통해서만 진보할 수 있다는 생각에 모두가 동의합니다. 심지어 가장 가난한 사람들

도 연구비 지원을 납득해요. 하지만 우리가 그들을 설득하는 일도 중요하죠. 나는 과학자가 공인(公人)이기를 바랍니다. 그래서 내 연구에서 무엇이 그리 매혹적인지를 외부 사람들에게 설명할 기회를 되도록 자주 가지려고 노력하지요. 여담이지만, 그런 기회는 나 자신에게도 큰 도움이 됩니다. 나는 대중의 질문에서 새로운 아이디어를 얻은 적이 많아요.

슈테판 클라인: 교수님이 자연을 연구해서 얻는 것은 무엇일까요?

라가벤드라 가닥카: 애벌레에게 먹이를 주는 말벌을 들여다보고 있으면, 마음이 아주 고요해져요. 그 곤충은 내가 공동체의 한 부분이라는 사실을 항상 다시 일깨워주죠. 다른 과학자들, 예컨대 오로지 분자만 다루는 과학자는 이 사실을 쉽게 망각해요. 또 동물을 보살피다 보면 결국 자기 자신을 덜 중시하는 법을 배우게 됩니다.

슈테판 클라인: 타인을 보살피는 사람도 똑같은 것을 배우죠.

라가벤드라 가닥카: 맞아요. 하지만 보살핌을 받은 사람은 거의 예외 없이 보답을 합니다. 반면에 말벌은 아무 보답도 하지 않아요. 그래서 말벌을 보살피면, 참된 헌신을 배우게 돼요. 이런 이유 때문에 우리는 아이들이 자연과 친해지도록 하기 위한 노력을 아끼지 말아야 합니다.

06. 정의를 향한 갈망

도덕에 대하여

경제학자 "에른스트 페르"와 나눈 대화

Ernst Fehr

1956년 오스트리아에서 태어났다. 오스트리아 빈대학교에서 경제학으로 박사 학위를 받았다. 뇌가 경제적 결정에 어떻게 반응하는지를 연구하는 신경경제학의 대가다. 현재 스위스 취리히대학교 경제학과 교수이자 에른스트페르연구소 소장이기도 하다.

'경제학자'라는 단어를 들으면 사람들은 대차대조표, 취업률, 경기 전망 등을 떠올린다. 그러나 경제학자 에른스트 페르가 관심을 기울이는 필생의 주제는 정의를 향한 갈망이다. 그의 논문들은 현대 경제학에서 가장 많이 인용된 논문 축에 든다. 페르는 최고 권위의 상을 여럿 받았고, 이름을 대면 알 만한 대학 중에서 그에게 임용 제안을 하지 않은 곳이 없다시피 하다. 하지만 1956년 오스트리아 포어아를베르크에서 태어난 페르는 1994년 이래 줄곧 취리히대학교에서 일해 왔다. 경제학자 사이에서 이례적인 것은 그의 연구 주제만이 아니다. 연구 방법도 특이하다. 일반적으로 경제학자는 수학적인 모형을 구성해놓고 그 안에서 수요와 공급의 균형과 가격을 따지지만, 페르의 관심사는 실제로 시장에서 활동하는 사람들이다. 그는 뇌과학자들과의 공동연구를 통해 우리를 의사결정으로 이끄는 요인을 밝혀내려 한다. 그의 책상 위에는 19세기에 제작된, 흰색 도자기로 만든 머리 모형이 놓여 있다. 그 모형에 적힌 단어는 당시 사람들이 머리의 어느 부위를 어떤 감정의 자리로 여겼는지 알려준다.

슈테판 클라인: 페르 교수님, 부정의(不正義) 앞에서 분노한 적이 꽤 있을 텐데, 최근에는 언제 그런 분노를 느꼈나요?

에른스트 페르: 오늘 아침에 신문을 읽다가 분노했습니다. 경영자 상여금을 둘러싼 논쟁에서 나의 입장은 거의 모든 사람의 입장과 마찬가지예요. 지난 몇 년 동안 자기 회사를 망쳐놓은 사장들이 상여금으로 수백만 유로를 받아내는 상황에서 대중이 흥분하는 것은 정당합니다.

슈테판 클라인: 교수님은 경제학의 관점에서 감정을 연구하는 전문가입니다. 특이한 경우죠. 일반적으로 경제학은 세상을 차갑게 바라보는 학문으로 여겨지니까요.

에른스트 페르: 그건 옳지 않은 통념입니다. 물론 고전경제학에서 사람을 완전히 합리적이고 이기적인 존재로 상정하는 것은 사실이죠. 그렇지만 고전경제학에서도 몇 가지 감정은 늘 중요한 역할을 했어요.

슈테판 클라인: 생각해보니, 탐욕이 그런 감정이겠군요.

에른스트 페르: 불안도 그렇습니다. 다만, 경제학자들은 '감정'이라는 단어 대신에 '선호(preference)'라는 단어를 써요. 예컨대 당신이 절인 양배추와 초콜릿 중에서 초콜릿을 사기로 결정할 때도, 당신은 위험(risk)을 피하거나 추구하는 선호에 따라 결정하기 마련이죠. 감정이 관여하지 않는 의사결정은 없습니다.

슈테판 클라인: 만일 정의를 향한 선호가 존재한다면, 경제학은 그 선호에 대해서 오랫동안 침묵해온 셈이로군요.

에른스트 페르: 경제학은 정의를 향한 선호를 체계적으로 은폐해왔습니다. 물론 이기심은 아주 강력한 동기지요. 하지만 이기심 외에 정의감과 이타심 같은 동기를 배제하는 것은 중요한 오류입니다. 우리 팀은 우선 이것이 오류라는 점을 증명해야 했는데 그 과정에서 오랫동안 비웃음을 당했습니다.

슈테판 클라인: 대세 이데올로기는 오직 이익 추구만 옹호하면 경제가 가장 잘 돌아간다는 것이었습니다. 이런 생각이 참담한 실패를 초래했을 때, 교수님은 일종의 만족감을 느꼈을 듯합니다.

에른스트 페르: 그렇습니다. 하지만 그 실패의 대가를 누가 치르느냐가 중요해요. 안타깝게도 그런 재앙과 관련해서 아무것도 할 수 없는 사람들이 어쩔 수 없이 그 대가를 치릅니다.

슈테판 클라인: 교수님은 일찍부터 정의를 향한 욕구를 강하게 느낀 모양입니다. 본인이 개발도상국의 처지를 개선하는 데 기여할 수 있으리라는 희망 때문에 경제학을 공부하기 시작했다고 말씀한 적도 있지요. 정말 그런 믿음을 품고 공부를 시작했나요?

에른스트 페르: 예. 나는 1970년대 후반에 학생운동에 참여하면서 정치적인 의식을 갖게 되었어요. 당시의 중요한 의제 하나는 개발 정책

이었지요.

슈테판 클라인: 교수님은 이른바 '붉은 주식시장붕괴(roter börsenkrach, 가장 오래되었으며 지금도 존재하는 빈대학교의 학생 조직 - 옮긴이)'라는 조직의 일원이었습니다.

에른스트 페르: 예, 맞아요. 우리를 가르친 교수님 중 한 분이 내게 깨우쳐준 것이 있습니다. 다름 아니라 무언가를 비판하려면 그것을 잘 알아야 한다는 것이죠. 그래서 나는 신고전주의 경제학을 공부했는데, 그 공부가 지금까지도 도움이 됩니다. 다른 한편으로 나는 내 전공이 너무 협소하다는 느낌을 늘 가졌어요. 그래서 중요한 오스트리아 경제학자 슘페터보다 지그문트 프로이트를 더 즐겨 읽었습니다.

슈테판 클라인: 교수님은 신학도 곁눈질하였는데, 성직자가 될 생각이었나요?

에른스트 페르: 그럴 수도 있다고 생각했어요. 나는 가톨릭 지역 출신인데다가 라틴아메리카의 해방신학도 읽었거든요. 사실 나는 좌파 기독교 덕분에 처음으로 정치에 관심을 갖게 되었어요.

슈테판 클라인: 그렇다면 왜 성직자의 길을 포기했나요? 혹시 여자 문제 때문에?

에른스트 페르: 아뇨, 천만에요. 나에게 중요한 것은 어딘가 다른 곳

의 정의로운 낙원이 아니라 여기 지상의 정의로운 세상이 중요하다는 점을 자각했기 때문이에요.

슈테판 클라인: 세상을 개선하겠다는 열망을 품은 사람은 흔히 '도덕군자'라는 비아냥을 듣습니다. 이 호칭을 들으면 화가 나나요?

에른스트 페르: 좋은 의도를 가진 사람이라는 뜻에서 그렇게 부른다면 아무렇지 않습니다. 하지만 대개 그 호칭은 세상 물정 모르는 순박한 사람이라는 뜻으로 쓰이지요. 이런 뜻이라면, 나는 그 호칭을 거부합니다. 왜냐하면 나는 사회를 개선할 방도를 아주 많이 숙고해왔지만 순박한 해결책을 내놓은 적이 없거든요.

슈테판 클라인: 사회 개선이라는 목표를 염두에 두고 연구 대상을 선택해왔나요?

에른스트 페르: 아마 그럴 거예요. 하지만 지금 나에게는 무엇이 좋은 사회냐 하는 문제는 덜 중요해요. 오히려 우리 팀의 연구 주제는 사람들이 정의와 부정의에 대한 판단에 어떻게 도달하느냐 하는 것이지요. 이것은 조금 다른 문제입니다. 우리 팀이 하는 일을 '경험적 정의 연구'라고 불러요.

슈테판 클라인: 정의라는 것이 대체 무엇일까요?

에른스트 페르: 추상적인 개념 설명을 원하나요?

슈테판 클라인: 구체적인 설명이라면 더 좋겠습니다.

에른스트 페르: 가장 명쾌한 예로 공적 기금을 생각해봅시다. 이를 테면 고용보험기금이 있지요. 모든 사람이 이 기금의 혜택을 받아요. 그런데 그 기금에 기여하는 바는 거의 없으면서 혜택은 받는 무임승 차자가 늘 있지요. 거의 모든 사람은 그런 무임승차자의 존재를 부정 의로 느낍니다.

슈테판 클라인: 명쾌한 설명이군요. 하지만 다른 한편으로 논의가 너무 단순해지지 않았나 싶네요. 무임승차자를 '플로리다 롤프(Florida Rolf, 독일 일간지 ≪빌트*Bild*≫는 2003년에 롤프라는 인물이 독일에서 받은 복지 급여로 미국 마이애미 해변 근처의 아파트 월세를 낸다고 보도했다. 기자는 그를 '플로리다 롤프'로 불렀는데, 이후 이 명칭은 무임승차자의 대명사가 되었다-옮 긴이)'로 낙인찍고 그가 공적 기금의 혜택으로 일광욕을 즐긴다고 지 적하는 것은 어려운 일이 아니겠죠. 또 그런 문제를 부각하면서 정치 인으로 나설 수도 있겠고요.

에른스트 페르: 그런 문제를 과학적으로 연구할 수도 있습니다. 무 슨 말이냐면, 사람들이 어느 정도의 기생은 감내할 수 있다고 느끼 고 또 어느 정도의 기생은 터무니없다고 느끼는지 측정할 수 있거든 요. 우리 팀은 게임을 통해서 그 측정을 합니다. 이때 '게임'이란 실 험을 약간 얕잡아 부르는 명칭이지요. 무엇보다도 중요한 것은 전략 적인 결정이에요. 경제학자들이 좋아하는 게임의 한 예로 '신뢰 게임 (trust game)'이라는 것이 있습니다. 내가 10유로를 가지고 있고 당신도

10유로를 가지고 있다고 해봅시다. 내가 내 돈을 당신에게 주면, 심판이 그 금액을 3배로 늘려줘요. 따라서 당신은 40유로를 갖게 되죠. 이제 내가 던지는 질문은 이것이에요. 당신은 그 40유로 중에서 얼마를 나에게 돌려주려 할까? 물론 당신은 자유롭게 결정할 수 있고요.

슈테판 클라인: 그러니까 제가 은행의 노릇을 하는 셈이군요.

에른스트 페르: 바로 그렇습니다. 그런데 명심해야 할 것은 내가 당신에게 돈을 돌려달라고 강요할 수 없다는 점이에요. 그런데도 대부분의 사람들은 돈을 돌려줍니다. 왜 그럴까요? 정의를 선호하기 때문입니다.

슈테판 클라인: 돈을 돌려주지 않으면 상대방이 다시는 자신과 거래하지 않을 테니까, 그게 두려워서 돌려주는 것일 수도 있죠.

에른스트 페르: 게임 참가자들이 서로를 다시 볼 일이 영영 없다는 것을 아는 경우에도 신뢰 게임은 잘 돌아갑니다. 바로 이 점을 전통적인 경제학으로는 설명할 수 없고요.

슈테판 클라인: "어떤 상대든지 또 만나기 마련이다"라는 속담을 염두에 두면, 그런 게임은 정말 작위적이라는 느낌이 듭니다. 훨씬 더 복잡한 일상생활에 대한 통찰을 그런 게임에서 많이 얻을 수 있을까요?

에른스트 페르: 우리 팀은 게임에만 매달리지 않아요. 오히려 게임에서 얻은 통찰을 실제 상황에 대한 체계적인 연구를 통해 보완하지요. 신뢰 게임과 관련이 있는 일상의 상황들이 많이 있습니다. 당신은 꼭 그래야만 하는 것은 아닌데도 거의 늘 정직하게 행동합니다. 택시에서 내릴 때 당신은 마음만 먹으면 쉽게 달아날 수도 있을 텐데 운전사에게 요금을 지불합니다. 심지어 다시는 올 일이 없는 낯선 지역의 술집에서도 당신은 종업원에게 팁을 주지요.

슈테판 클라인: 이런 식으로 정의를 이해한다면, 정의란 우선 거래 상대를 배신하지 않는 것이겠군요. 하지만 이것만으로는 세상이 더 나아지지 않을 것 같습니다.

에른스트 페르: 맞아요, 심지어 더 나빠지는 경우도 많아요. 만약에 뇌물을 받은 사람이 준 사람에게 보답하려는 욕구를 느끼지 않는다면, 뇌물을 주고받는 관행은 금세 깨끗이 사라질 겁니다. 그런데 헬무트 콜(서독과 통일 독일에서 여러 번 총리를 지낸 정치인-옮긴이)을 생각해보세요. 기독교민주당 후원금 사태가 불거졌을 때 콜은 아마 자신의 이익에 반하는 행동이었을 텐데도 수사관들에게 협조하기를 거부했지요. 왜냐하면 자신의 명예를 건 약속 때문이었어요. 누가 돈을 주었는지 누설하지 않겠다고 이미 맹세했기 때문에.

슈테판 클라인: 콜이 순수한 이기주의자였다면 민주주의에 더 도움이 되었을까요?

에른스트 페르: 아마 그랬을 겁니다.

슈테판 클라인: 전통적인 생각에 입각하면, 우리 모두가 어린 시절에 정의에 관한 규범을 철저히 학습한다고 주장할 수 있을 성싶어요. "약속은 약속이다. 깨면 안 된다"라는 규범을 내면화했기 때문에 배신을 꺼린다고요.

에른스트 페르: 그럴 수도 있습니다. 하지만 흥미로운 것은 어느 사회든 예외 없이 사회적 규범을 갖고 있고 그것들을 지키려 애쓴다는 점이에요.

슈테판 클라인: 그러지 않으면 사회가 돌아가지 않기 때문이겠죠.

에른스트 페르: 아뇨, 그러지 않아도 사회는 돌아갑니다. 다만 훨씬 더 나쁘게 돌아가지요. 생각해보세요. 인류 역사에서 아주 오랜 세월 동안에는 구속력 있는 계약이 전혀 존재하지 않았어요. 그런 상황에서 어떻게 사람들 사이의 신뢰나 그 비슷한 것이 발생할 수 있을까요? 우리 팀은 이른바 '집단선택'이 작용했다고 추측합니다. 규범을 더 중시하는 사회도 있었고 규범을 덜 중시하는 사회도 있었을 겁니다. 그리고 예컨대 약속을 지키는 사람들의 사회가 각자 자신의 단기적인 이득만 생각하는 사람들의 사회보다 더 잘 돌아갔을 거예요. 또 규범 중에서도 더 유익한 것이 있고 덜 유익한 것이 있었을 겁니다. 더 나은 규범이 널리 지켜지는 사회는 존속했겠죠. 그렇지 않은 사회는 몰락했을 테고요. 이런 식으로 특정한 행동 규범이 점

차 확정되었을 거예요.

슈테판 클라인: 예컨대 정의를 실현해야 한다는 규범이 우리 안에 깊이 뿌리내려 있다면, 그 규범은 어느 정도로 선천적이고 또 어느 정도로 교육의 산물일까요?

에른스트 페르: 이타심 유전자는 아직 발견되지 않았지만, 그 비슷한 유전자가 실제로 존재할 가능성을 시사하는 단서는 확보되어 있습니다. 예컨대 무언가를 타인과 나눠 갖는 놀이를 시켜보면, 일란성 쌍둥이들은 놀랄 만큼 유사하게 행동합니다. 이런 이유 때문에 현재 우리 팀은 이타심의 유전적 토대를 밝히는 실험을 하고 있습니다.

슈테판 클라인: 유독 인간만 공정함을 바라는 것은 아닌 듯합니다. 저는 최근에 개를 대상으로 행한 실험에 관한 보도를 흥미롭게 봤어요. 개 두 마리를 나란히 앉혀놓고 앞발을 들어 실험자의 손 위에 얹으라고 명령해요. 개들이 그 명령에 따르면, 한 녀석에게는 보상으로 간식을 주고 다른 녀석에게는 안 줘요. 그런 다음에 다시 명령을 하자, 방금 간식을 못 받은 녀석은 명령에 따르지 않더군요.

에른스트 페르: 우리 팀은 비단마모셋(Common Marmoset, 신세계 원숭이의 일종-옮긴이)을 연구했는데요. 이 자그마한 영장류 동물은 심지어 자신의 이익과 무관한 행동도 할 수 있습니다. 녀석들은 같은 종의 다른 녀석이 보상을 받게 하기 위해서 기꺼이 일을 했어요. 일하는 녀석 자신에게는 아무 이익도 돌아오지 않는데도요.

슈테판 클라인: 아이들도 아주 일찍부터 부정의에 반응하지요. 제가 딸을 둘 두었는데요. 여행을 다녀와서 다섯 살배기 첫째에게는 선물을 주고 아직 돌도 안 된 둘째에게는 안 주면, 아주 난리가 납니다.

에른스트 페르: 하지만 그건 아직 완전히 성숙한 정의감이 아닙니다. 어린아이들은 무엇보다도 자기 자신이 홀대받는지에 관심을 기울이거든요.

슈테판 클라인: 맞아요, 그런 점에서 개와 다를 바 없죠.

에른스트 페르: 하지만 대략 다섯 살 때부터 인간은 정의의 개념을 확장하기 시작해요. 이건 우리 팀이 아이들에게 젤리와 초콜릿을 주는 실험을 통해 알아낸 사실입니다. 실험에 참가한 아이들은 젤리와 초콜릿을 다른 아이들과 나눌 줄 알았어요. 그 다른 아이들은 그 자리에 있지 않았어요. 또 젤리와 초콜릿을 나눠주더라도 나중에 보답을 받을 가능성은 전혀 없었지요. 똑같은 상황에서 세 살배기들은 자신의 젤리와 초콜릿을 기꺼이 내놓는 경우가 거의 없더군요. 반면에 여섯 살배기 중에는 4분의 1이 자기 소유물의 일부를 내놨지요. 여덟 살배기 중에서는 45퍼센트가 자기 몫을 나눠주었고요. 성인을 상대로 실험해보니, 이 마지막 비율과 유사한 결과가 나오더군요.

슈테판 클라인: 자기 몫을 나눠주는 사람과 이기적으로 구는 사람은 무엇 때문에 그렇게 다를까요?

에른스트 페르: 우리 팀도 그것을 알고 싶어요. 좀 이상하긴 합니다만, 덩치가 어떤 역할을 하는 듯해요. 우리 팀의 실험에서는 덩치가 큰 아이일수록 이기심이 더 강하다는 결과가 나왔어요. 또 결정권을 행사하는 경향이 강한 아이일수록 덜 나눠주고요. 반면에 일부 연구자들의 예상과 달리 외동아이는 이례적으로 많이 나눠줘요.

슈테판 클라인: 우리가 자기 몫을 타인에게 나눠주면, 우리의 뇌에 있는 '보상 시스템'이 활성화됩니다. 그 결과로 쾌감이 일어나고요. 이것은 최근의 실험에서 입증된 사실입니다. 그렇다면 이기주의자보다 이타주의자가 더 행복할까요?

에른스트 페르: 충분히 그럴 수 있습니다. 일부 사람들의 경우에는 타인이 무언가를 받는 모습을 곁에서 지켜보기만 해도 보상 시스템이 이례적으로 강하게 반응합니다.

슈테판 클라인: 마치 타인을 대신해서 기뻐하는 것처럼요.

에른스트 페르: 맞아요. 그런 사람들은 자기 몫을 나눠줄 때도 특히 많이 나눠줍니다.

슈테판 클라인: 그렇다면 이타심이 행복을 가져온다는 추측을 충분히 할 수 있겠네요. 하지만 거꾸로 사람이 행복하면 저절로 이타심이 일어난다는 생각도 할 수 있겠군요.

에른스트 페르: 맞아요, 문제의 핵심을 찔렀어요. 무엇이 원인이고 무엇이 결과인지 우리 팀은 아직 모릅니다.

슈테판 클라인: 이 연구소에서 일하는 교수님의 동료들은 티베트의 지식인들과 공동연구를 합니다. 그 지식인들은 불교의 관점에서 이타주의 문제에 접근하고요. 다름 아니라 달라이 라마는 타인을 돌보는 것은 특히 지혜로운 형태의 이기주의일 따름이라고 가르칩니다. 타인에게 좋은 일을 해주었을 때 느끼는 행복감이 자신의 돈으로 자신을 위해 무언가를 살 때 느끼는 행복감보다 더 오래 간다는 것이지요.

에른스트 페르: 실례가 되더라도 내 의견을 말하자면, 이 대목에서 달라이 라마는 증명되지 않은 인과관계를 주장하는 셈이에요. 게다가 설령 그가 거느린 티베트 수도승이 다른 사람보다 더 행복하더라도, 수행(修行)이 그 원인이라고 단정할 수 없습니다. 어쩌면 애당초 다른 사람보다 더 만족하며 살던 사람이 수도승이 된 것일 수도 있고, 유난히 평온한 사람이 티베트 불교에 매력을 느끼는 것일 수도 있어요. 그래서 지금 나의 동료 타냐 징거는 달라이 라마가 추천하는 방법의 효과를 연구하는 중이에요. 그녀는 공감을 강화한다는 불교식 명상을 일반인들에게 가르치면서 시간이 흐름에 따라 그들의 뇌와 감정과 행동이 어떻게 변화하는지 측정하고자 하지요. 어쩌면 이 연구가 우리 팀에 도움이 될지도 모릅니다.

슈테판 클라인: 반대 방향의 인과관계, 즉 행복이 원인이고 이타심이

결과라는 점을 시사하는 실험도 있습니다. 대충 이런 식이죠. 피실험자가 우연히 동전을 주워요. 그러면 그는 기분이 꽤 고양되죠. 실제로 실험을 해보니, 그런 행운을 겪은 사람은 대개 더 후해지고 더 이타적으로 행동해요.

에른스트 페르: 좋은 일을 겪은 사람은 타인에게 좋은 일을 해주려고 합니다. 하지만 대개 그렇듯이 이 경우에도 우리는 이런 사람의 내면에서 정확히 무슨 일이 일어나는지를 제대로 알지 못해요. 아주 일반적으로 말해서 나는 사회과학의 최대 미해결 문제들 중 하나가 이것이라고 봅니다. 사회는 어떻게 개인에게 영향을 미칠까? 이 문제에 대해서 우리가 아는 바는 한심할 정도로 적지요.

슈테판 클라인: 문제를 정말 많이 일반화했네요.

에른스트 페르: 우리가 도처에서 이 문제와 맞닥뜨리기 때문이에요. 예컨대 우리 팀이 아이들을 대상으로 행한 실험을 생각해봅시다. 아이가 나눠주기를 얼마나 기꺼워하느냐는 한편으로 교육과 관련이 있고 다른 한편으로 유전자와 관련이 있다는 추측은 당연히 당장 할 수 있겠죠.

슈테판 클라인: 요새는 쌍둥이들을 대상으로 잘 통제된 연구를 하면, 유전자의 기여가 얼마고 환경의 기여가 얼마인지 알아낼 수 있지 않나요?

에른스트 페르: 예, 알아낼 수 있어요. 하지만 그건 중요한 성과가 아닙니다. 예컨대 특정한 교육을 한동안 시키면 아이들이 덜 이기적으로 행동한다는 사실이 밝혀졌다고 해봅시다. 이 경우에도 우리는 그 교육이 어떻게 그리고 왜 효과를 내는지 여전히 모릅니다. 우리가 발견하는 것은 거의 항상 상관성뿐이에요. 참된 원인을 발견하는 경우는 훨씬 더 드물지요.

슈테판 클라인: 만약에 우리가 이타심의 원인을 안다면, 교육을 통해 아이들을 더 이타적인 사람으로 키울 수 있겠군요.

에른스트 페르: 이타심의 메커니즘을 이해하는 것이 필수적인 첫걸음일 텐데요, 유감스럽게도 그런 교육이 성공한다는 보장은 없습니다. 비근한 예로 부모가 자식에게 자기통제(self-control)를 가르치기 위해 얼마나 공을 들이는지 생각해보세요. 그렇게 공을 들여서 성공하는 경우도 있지만, 평생 동안 충동적으로 사는 사람도 많지요. 게다가 나는 모든 사람에게 강한 정의감을 심어주는 것이 과연 바람직한가에 대해서 아직 확신이 서지 않습니다.

슈테판 클라인: 왜요?

에른스트 페르: 왜냐하면 특정한 행위를 정의감의 굴레에서 해방시킨 것이 시장경제의 성공비결이기 때문입니다. 그래서 우리가 소유에 이토록 큰 가치를 부여하는 것이고요. 예컨대 당신과 내가 물물교환을 한다고 해봅시다. 교환을 하면, 당신은 20퍼센트를 갖게 되고

나는 80퍼센트를 갖게 되요. 이럴 경우 당신의 정의감은 당연히 반발하겠죠. 그렇지만 이런 물물교환이 새로운 가치를 창출할 수도 있습니다.

슈테판 클라인: 이를테면 내가 나에게는 별로 도움이 안 되지만 교수님에게는 아주 유용한 도구를 넘겨준다면 그렇겠네요.

에른스트 페르: 바로 그겁니다. 새 가치가 창출돼요. 그런데도 당신이나 내가 정의감을 너무 강하게 고수하면, 파이 전체가 커지는 것을 막는 꼴이 됩니다. 뿐만 아니라 두 번째 논증도 있어요. 우리 팀은 뉴기니 섬의 부족들을 연구했어요. 그 여러 부족의 사람들은 자신에게 무언가가 생기면 곧바로 나눠줘야 합니다. 사정이 이렇다 보니 그들에게는 애써 일할 이유가 전혀 없어요. 평등의 원리는 경제 발전을 방해할 수 있습니다. 이 점에서는 보수주의적인 경제학자들이 옳아요. 하지만 나는 그들과 달리 이런 질문을 던지는 거죠. "한 사회 안에 너무 큰 불평등이 존재하면 언젠가는 불평등도 발전을 방해하는 멍에가 되지 않을까?"

슈테판 클라인: 교수님은 전 세계 10여 개의 부족사회에서 나눔의 관습이 어떠한지 연구하였습니다. 그런데 저는 뉴기니 섬의 원시림에서 먹을거리를 채집하며 사는 사람들의 문화와 예컨대 몽고 유목민의 문화를 비교하는 것이 과연 가능할까 하는 의문이 들어요.

에른스트 페르: 바로 그것이 이제껏 인류학자들이 부딪혀온 문제였

습니다. 인류학자들은 모든 문화에 적용할 수 있는 측정 장치를 갖고 있지 않았어요. 그런데도 어디에서나 똑같은 방식으로 연구를 진행했죠. 심지어 어느 민족을 연구하든 상관없이 토씨까지 똑같은 지침을 따랐어요. 하지만 행동실험에서 우리는 피실험자가 자신이 받은 선물에서 얼마만큼을 타인에게 기꺼이 나눠주는지, 어떤 분배 비율을 정당하게 느끼는지 알아낼 수 있었지요. 민족마다 차이가 어마어마하게 컸습니다. 극단적인 예로 페루 열대우림에 사는 마치겡가(Machiguenga)족의 행동은 전통적인 경제학이 모든 인간에 대해서 예측하는 바와 실제로 일치해요. 물론 그들의 경제 시스템은 아주 원시적인데도 말이죠.

슈테판 클라인: 고귀한 야만인은 그저 신화일 뿐이군요.

에른스트 페르: 예, 맞습니다. 우리 팀이 발견했듯이, 정반대로 거래와 교환에 익숙한 사람일수록 더 기꺼이 남들과 나눠가집니다. 그런 사람은 자신이 모두의 이익을 위해 때로는 무언가를 주어야 하고 또 때로는 받아야 한다는 것을 압니다. 또 시장에서 배웠기 때문에 다양한 재화의 가치를 비교할 줄도 알죠.

슈테판 클라인: 요컨대 이런 결론을 내릴 수 있겠군요. 설령 우리가 일종의 정의감을 타고난다 하더라도, 우리는 그 정의감을 사용하는 법을 훈련해야 한다.

에른스트 페르: 예, 그렇습니다. 또 환경이 어떠하냐에 따라 사람들

의 이타적 소질은 강화될 수 있어요. 반대로 억눌릴 수도 있고요. 내 동료 하나가 자전거 택배 회사 2곳을 비교했어요. 한 곳은 직원에게 노동 시간을 기준으로 급여를 주는 회사였고, 다른 곳은 택배 건수를 기준으로 급여를 주는 회사였죠. 두 회사의 직원들을 대상으로 신뢰 게임과 유사한 실험을 해본 결과, 시간제 급여 회사의 직원들이 실적 제 급여 회사의 직원들보다 훨씬 더 이타적으로 행동했습니다. 실적 제 급여를 받는 직원들은 각자가 자기 자신을 최우선으로 챙겨야 한 다는 것에 익숙해진 듯했습니다.

슈테판 클라인: 자기 자신을 최우선으로 챙겨야 한다는 것은 우리 모두에게 익숙하지 않을까요? 실적에 따른 급여로 최선의 노력을 하 도록 자극하는 것이 정의라는 이야기를 어디에서나 듣잖아요. 적어 도 지난 10년 동안에는 이 이야기가 마법의 주문이었죠.

에른스트 페르: 그런 식으로 돈을 전면에 내세우는 것은 확실히 틀 린 방향입니다. 급여는 중요한 자극 요인이지만 유일한 요인은 아니 거든요. 개인적으로 나는 인정받고 싶은 마음이 우리를 훨씬 더 많이 움직인다고 믿습니다. 대다수의 사람들은 못난이로 낙인 찍혀 업신 여김을 받는 상황을 가장 싫어하지요. 우리에게는 이런 상황을 피하 는 것이 급여를 조금 더 받는 것보다 훨씬 중요합니다. 물론 어느 정 도의 급여는 보장되어 있다는 전제 하에서 하는 얘기지만요. 내가 최 고 수준의 은행가 한 분을 아는데, 그 사람은 주당 70시간 일합니다. 그 대가로 받는 연봉이 50만 유로든, 1000만 유로든 상관없이 말이죠.

슈테판 클라인: 생각해보니 우리도 내내 돈 얘기만 하네요. 그렇지만 다른 맥락에서도 정의를 이야기할 수 있습니다. 예컨대 기회의 균등, 또는 법 앞에서의 평등도 정의예요. 이런 정의는 교수님의 연구에서 거의 다뤄지지 않습니다.

에른스트 페르: 안타깝게도 그런 유형의 정의는 측정하기가 아주 어려워요. 반면에 각자가 가진 돈은 아주 쉽게 비교할 수 있고요.

슈테판 클라인: 이런 점에서 교수님의 실험은 세상의 실상과 아주 유사합니다. 우리는 자신이 얼마를 가졌고 타인이 얼마를 가졌는지 끊임없이 비교하면서 사니까요. 이렇게 강박적으로 계좌 잔액을 살펴보는 사회에서 질투심이 일어나는 것은 어찌보면 당연한 일이겠죠.

에른스트 페르: 옳은 말입니다. 하지만 하나 덧붙이고 싶군요. 불평등이 정의감을 침해하느냐는 불평등이 어떻게 발생했느냐에 아주 크게 좌우됩니다.

슈테판 클라인: 그렇다면 정의를 추상적으로 정의하는 것은 부적절하겠군요. 항상 특정 상황과 관련지어서 정의를 논해야 하겠고요.

에른스트 페르: 예, 그렇습니다. 상황이 조금만 복잡해져도, 무엇이 정의인가를 놓고 끝없는 싸움이 벌어집니다. 예컨대 사람들은 자기가 일해서 번 돈을 타인과 나눠가지기는 꺼리지만, 누군가에게서 받

은 선물은 훨씬 더 기꺼이 나눠가져요. 가장 용납하기 어려운 것은 타인이 우리를 속여서 이득을 보았다는 느낌이에요. 누군가가 사기꾼이라고 느끼면 사람들은 오로지 그자를 처벌하기 위해서 심지어 자신의 불이익마저도 감수하지요. 이런 사고실험을 생각해봅시다. 회사를 엉망으로 만들어 놓으면서 자기는 부자가 된 사장들이 많이 있잖아요. 그들에게 본때를 보이기 위해 이런 행사를 실시한다고 해봅시다. 번화가에 큰 통을 하나 놔두고, 모든 독일인에게 거기에 돈을 넣을 기회를 주는 거예요. 그 통에 1유로가 모이면, 악덕 사장들의 주머니에서 10유로를 뺏어서 태워버리기로 하고요. 자, 그 통에 얼마나 많은 돈이 모일까요?

슈테판 클라인: 아마 상당한 금액이 모이지 싶네요. 하지만 이건 정의라기보다 복수에 가까운 것 같아요.

에른스트 페르: 복수심이란 다름 아니라 정의감의 어두운 측면입니다. 바꿔 말해 복수란 공동체 내부의 무임승차자에 맞선 방어 행동이에요. 우리 팀이 여러 실험에서 보여주었듯이, 집단 안에 이기주의자가 있으면 집단 내부의 협동은 대개 순식간에 붕괴합니다. 좋은 뜻을 가진 사람들이 그 무임승차자들을 처벌할 수 있을 때 비로소 협동이 안정화되지요.

슈테판 클라인: 어떤 연유로 그 실험들을 하게 되었나요?

에른스트 페르: 한 실험에서 우리 팀은 아주 많은 노동자가 아주 적

은 일자리를 놓고 경쟁하게 만들었습니다. 노동자가 아주 낮은 임금을 받아들일 수밖에 없는 상황을 만든 거죠. 결국 노동자들은 분노했어요. 그런데 그 상황에서 이익을 취하는 고용자에게 분노한 것이 아니라 목구멍에 풀칠만 할 정도의 저임금을 받아들임으로써 동료들도 받아들일 수밖에 없게 만든 다른 노동자들에게 분노했습니다. 요컨대 모든 노동자 각각이 다른 모든 노동자를 일종의 파업 이탈자라며 비난했어요. 우리 팀은 이런 질문을 논제로 삼았지요. 이 사람들은 비협조적으로 행동한 자들을 처벌하기 위해 얼마나 많은 돈을 지불할까?

슈테판 클라인: 모든 노동자들이 그 게임을 부정의하다고 여기면서도 함께한다는 점이 흥미롭네요. "처먹는 것이 우선이요, 도덕은 나중이다"라는 베르톨트의 말이 옳은 모양이에요.

에른스트 페르: 비용을 고려하지 않고 이타적으로 행동하는 사람은 아무도 없습니다. 주목할 만한 것은 강한 정의 선호를 가진 사람들도 정의 선호가 없는 사람처럼 행동한다는 점이에요. 그런 사람들도 어쩔 수 없이 저임금 경쟁에 뛰어들면 완벽한 이기주의자처럼 행동하지요.

슈테판 클라인: 누군가가 먼저 신뢰를 품는 것이 유일한 타개책일 성싶어요. 어느 누구도 타인들을 배신하지 않으리라는 확고한 믿음이 있어야 해요.

에른스트 페르: 물론입니다. 노동자들이 노동조합을 설립할 수도 있겠죠. 하지만 안타깝게도 공동체가 추한 전략으로 협동을 강제하는 경우도 흔히 있습니다. 극단적인 경우에는 부자들의 집에 불을 지르기도 해요. 러시아와 우크라이나에서 연구하는 내 동료들이 그런 방화를 목격했습니다. 약간의 땅을 마련하고 애써 일해 기초적인 생활 수준에 도달한 농부들의 집도 함께 타버렸어요. 이것은 결코 드문 일이 아닙니다. 정의감은 항상 파괴적인 면과 진보적인 면을 함께 가지고 있어요.

슈테판 클라인: 정의를 향한 인간의 갈망은 어쩌면 해소될 수 없는 것 같아요. 그런데도 우리는 정의를 위해 기꺼이 모든 것을 걸지요. 막스 프리쉬는 인류 역사의 모든 혁명가가 행복이 아니라 정의를 약속했다는 사실이 참으로 놀랍다고 말했습니다.

에른스트 페르: 행복이 사적 재화라면, 정의는 공적 재화입니다. 당신은 개인으로서 당신의 행복을 위해 무언가를 할 수 있습니다. 그렇기 때문에 행복은 혁명과 어울리지 않는 개념이지요. 반면에 정의를 얻으려 한다면 당신은 다른 사람들과 힘을 합쳐서 싸워야 합니다.

슈테판 클라인: 한 사회가 부정의로 붕괴한다면, 그게 언제일까요?

에른스트 페르: 그 사회 고유의 이데올로기가 더는 통하지 않을 때입니다. 문제는 불평등 그 자체가 아니라 사회가 불평등을 정당화할 수

있느냐 하는 것입니다. 우리 사회에서는 불평등이 실적을 통해 정당화되지요. 수십 년 동안 사람들은 특별히 열심히 일하거나 특별한 능력을 가진 사람이 상을 받는 것은 사회에 이롭다는 말을 귀가 닳도록 들어왔습니다. 그러나 이제 드러나고 있듯이, 일부 최고경영자들은 탁월한 실적 때문에 어마어마한 연봉을 받는 것이 아닙니다. 이런 부정의는 한 사회 전체의 자기 이해를 송두리째 뒤흔들 수 있어요. 지금 우리는 경제 위기에만 빠져 있는 것이 아니에요. 오히려 도덕적 위기가 훨씬 더 심각합니다.

07. 홀로, 모두에 맞서

인간 유전체에 대하여

생화학자 "크레이그 벤터"와 나눈 대화

Craig Venter

1946년 미국에서 태어났다. 미국 캘리포니아대학교에서 생화학 박사학위를
받았다. 뉴욕주립대학교 의학 교수, 미국 국립보건원, 벤처기업 셀레라 제노
믹스 회장을 지냈다. 2000년에 백악관에서 인간 게놈지도 완성 결과를 발표
하고, 그해 파이잘 상을 수상했다. 현재 크레이그벤터연구소 소장으로 있다.
국내 소개된 책으로 『크레이그 벤터 게놈의 기적』이 있다.

크레이그 벤터는 아마도 우리 시대에 가장 큰 논란을 일으키는 과학자일 것이다. 추종자들은 어느 누구보다 더 많은 유전자를 해독한 이 인물의 카리스마, 용기, 지성을 찬양한다. 반면에 그 적들은 그를 "다스 벤터(Darth Venter)"로 칭한다. 영화 〈스타워즈〉에 나오는 잔인한 독재자 '다스 베이더'에서 따온 별명이다. 다스 베이더가 한때 선의 진영에 속했다가 이탈하여 어두운 힘의 편으로 변신했듯이, 벤터도 유전자 세계의 유일한 지배자가 되기 위해 미국 국립보건원(NIH)을 떠나 사설 연구소와 회사를 차렸다. 1946년에 벤터는 미국 유타 주에서 태어나 캘리포니아에서 성장했다. 베트남 야전병원에서 군복무를 마치고 돌아온 그는 생화학을 공부하고 뉴욕 주 버펄로대학교의 교수가 되었으며, 더 나중에 미국 국립보건원으로 직장을 옮겼다.

우리는 1999년 5월에 처음 만났다. 당시 벤터는 직장에 사표를 낸 직후였다. 그는 신설 회사 '셀레라(Celera)'와 협력하여 단 3년 안에 인간 유전체(genome)의 서열을 밝힐 계획이라고 했다. 이로써 그는 인간 유전체를 놓고 벌이는 경쟁과 전례 없는 유전자 찬양의 물꼬를 텄다. 대중은 유전자가 모든 인간 각각의 운명을 알려주는 열쇠라는 인상을 갖기 시작했다. 이번에 우리는 보스턴 근처 코드 곶에 있는 벤터의 여름별장에서 만났다. 현재 그는 '제이 크레이그벤터 연구소'라는 사설 연구기관의 대표다. 나는 유전체 프로젝트와 그것이 일으킨 희망과 불안이 오늘날 어떻게 변모했는지 알고 싶었다. 또 벤터 자신의 변화도 궁금했다. 그는 진 반바지 차림에 검은 선글라스를 끼고 나타났다. 그는 대화의 막바지에야 비로소 선글라스를 벗었다.

슈테판 클라인: 크레이그 벤터 소장님, 소장님은 몇 달 전에 자신의 유전체 전체를 알게 된 최초의 인물 중 하나가 되었습니다.

크레이그 벤터: '최초의 인물 중 하나'라니요? 내가 맨 처음입니다.

슈테판 클라인: 소장님의 오랜 경쟁자이며, 유전물질 DNA의 구조를 발견한 인물이기도 한 제임스 왓슨이 더 빨랐습니다.

크레이그 벤터: 말도 안 돼요. 그 사람은 단지 나보다 며칠 먼저 언론에 알렸을 뿐이에요.

슈테판 클라인: 소장님은 본인의 유전물질을 알게 됨으로써 본인에 대해서 무엇을 깨달았나요?

크레이그 벤터: 예컨대 왜 내가 커피와 콜라를 이렇게 잘 소화하는지 알았습니다. 나는 커피 소화를 대폭 촉진하는 유전자의 복제본을 2개나 가지고 있어요. 반면에 제임스 왓슨은 커피를 느리게 소화시키는 사람이에요. 이런 사람들이 커피를 두세 잔 마시면 심장마비에 걸릴 위험이 훨씬 낮아집니다. 그러니까 카페인이 해로우냐 아니냐를 둘러싼 오랜 논쟁은 명쾌하게 해결됩니다. "카페인의 유해성 여부는 전적으로 당신의 유전자에 달려 있다"가 정답이에요.

슈테판 클라인: 소장님의 유전체를 판독하는 데 든 비용은 1000만 달러가 넘습니다. 소장님의 연구소가 커피 마시는 사람들을 안심시키

기 위해서 그런 거금을 들였을 리 없겠죠.

크레이그 벤터: 우리의 목표는 마침내 한 개인의 유전체를 완전히 알아내는 것이었습니다. 당시까지 알려진 서열은 여러 사람의 유전정보를 짜깁기한 것이었거든요. 게다가 그 유전정보는 염색체를 한 벌만 가진 특수한 세포에서 얻은 것이었어요. 그러니까 반쪽짜리 정보였던 셈이죠. 반면에 우리 연구소가 발표한 유전체 정보는 내가 가진 평범한 세포에서 얻은 것입니다. 그 세포는 염색체를 2벌 가졌어요. 한 벌은 나의 아버지에게서 온 것이고, 또 한 벌은 어머니에게서 온 것이죠. 그런데 이 2벌이 우리의 예상보다 더 많이 달라요. 그동안 우리가 사람들 사이의 유전적 차이를 실제보다 훨씬 과소평가해 온 것으로 보입니다.

슈테판 클라인: 그렇다면 흔히 이야기하는 단일한 인간 유전체는 허구겠군요. 오늘날 인구가 60억 명이 넘으니, 인간 유전체도 60억 개넘게 존재한다고 해야 더 적절하겠고요.

크레이그 벤터: 나는 개인주의자여서 이 새로운 사실이 마음에 듭니다. 두 사람의 유전정보는 최대 3퍼센트까지 다를 수 있어요. 과거의 정설은 그 차이가 0.1퍼센트도 안 된다는 것이었죠.

슈테판 클라인: 소장님의 유전체는 미래를 예측할 수 있게 해줍니다. 소장님에게는 아흔 살 이상 장수를 보장하는 유전자가 있습니다. 반면에 알츠하이머병에 걸릴 위험이 높다는 것을 알려주는 유전자도

있고요. 소장님은 이런 운명을 내다보면서 어떻게 대처하나요?

크레이그 벤터: 나는 거의 걱정하지 않습니다. 우리 고모가 얼마 전에 여든이 되었는데, 그분이 바로 그 유전자를 가지고 있어요. 그런데도 알츠하이머병에 안 걸렸습니다. 나의 모계 쪽에도 알츠하이머병 환자가 거의 없고요. 어쩌면 그 위험 유전자를 억제하는 다른 유전자가 있을지도 모르죠. 어쨌든 우리가 유전체에 대해서 아는 바는 아직 부족해서 간단히 유전자 서열을 보고 병에 걸릴 위험성을 알아낼 수 있는 수준에는 훨씬 못 미칩니다. 게다가 환경의 영향도 감안해야 해요. 정신 활동이 활발한 사람은 알츠하이머병에 걸릴 위험이 대폭 줄어들죠. 내가 나의 유전정보를 알게 된 후로 예방 차원에서 먹는 약이 있는데, 그 약도 똑같은 효과를 낸다더군요.

슈테판 클라인: 제임스 왓슨은 자신의 유전체에 들어 있는 그런 민감한 정보는 공개하기를 거부했습니다. 자신이 알츠하이머병에 걸릴 위험이 있는지 여부가 널리 알려지는 것을 원하지 않았던 거죠. 소장님은 자신의 유전자를 세상에 공개하는 것에 아무 거리낌이 없나요?

크레이그 벤터: 예, 전혀 없습니다. 왜냐하면 유전자가 우리의 삶 전체를 규정하지는 않으니까요. 아무튼 나는 왓슨에게 경의를 표합니다. 그는 자신의 유전체 서열 중에서 그런 민감한 정보를 제외한 나머지는 전부 다 인터넷에 올려 공개했어요. 좋은 모범을 보인 것이죠. 자신의 유전정보를 공개하는 사람들이 훨씬 더 많아질 필요가 있어요. 그런 사람들은 우리가 유전자를 두려워할 필요가 없다는 것을

일깨워주죠.

슈테판 클라인: 소장님은 이를테면 특권자예요. 고용주나 보험회사 직원을 비롯한 누군가가 소장님의 유전자에 관한 정보를 악용할 것을 걱정할 필요가 없으니까요.

크레이그 벤터: 맞는 말입니다. 하지만 우리는 유전정보를 다루며 사는 것에 익숙해져야 해요. 10년 뒤에는 사람이 자신의 유전체 서열을 아는 것이 아주 평범한 일이 될 거예요.

슈테판 클라인: 아무튼 소장님은 부끄러움 같은 것은 전혀 없이 자신을 드러내는 분입니다. 본인의 유전체를 공개하고 불과 2주 뒤에 『크레이그 벤터 게놈의 기적*A Life Decoded*』이라는 상당히 솔직한 자서전을 출판했지요.

크레이그 벤터: 그래요. 나는 내가 다른 사람들에게 하나의 참고 사례가 될 수 있다고 생각했습니다. 나는 과학자 경력도 특이하고 삶도 파란만장했으니까요.

슈테판 클라인: 대단히 파란만장했던 것 같아요. 예컨대 그 자서전을 보면 독이 있는 물뱀과 싸운 일화가 나와요. 소장님이 베트남 해변에서 파도타기를 하는데 물뱀이 소장님을 공격하죠. 소장님은 한 손으로 물뱀의 머리를 움켜쥔 채로 4미터 높이의 파도를 헤치고 헤엄쳐서 해변에 도달한 후에 비로소 물뱀을 죽입니다. 그런데 아무래도 이

건 과장이 약간 섞인 이야기 같아요.

크레이그 벤터: 그 물뱀의 껍질이 지금 내 책상 위쪽 벽에 걸려 있어요. 자랑스러운 승전 기념물이지요. 녀석이 내 목숨을 앗아갈 수도 있었습니다.

슈테판 클라인: 운이 무척 좋았네요.

크레이그 벤터: 아닙니다. 내가 침착하게 행동했어요. 게다가 나는 수영할 때 지구력이 무척 강합니다. 그 원인은 여러 가지겠지만, 내가 근육의 물질대사에 관여하는 어떤 유전자를 가지고 있다는 점도 중요한 원인입니다.

슈테판 클라인: 소장님의 자서전에 붙은 부제는 "나의 유전체, 나의 삶"입니다. 실제로 소장님은 자신의 체험과 유전적 소질을 관련짓고요. 하지만 이런 질문을 던지게 됩니다. 살면서 겪는 일과 유전적 소질 사이에 얼마나 밀접한 관련성이 있을까?

크레이그 벤터: 인간의 행동을 개별 유전자로 환원할 수 있다는 것은 너무 순박한 생각입니다. 그러나 개인의 특정한 속성은 유전적으로 확정될 가능성이 있어요.

슈테판 클라인: 소장님의 이례적인 모험추구 성향을 예로 들어봅시다. 여러 연구에서 밝혀졌듯이, 이 성격적 특징은 도파민이라는 호르

몬의 처리를 담당하는 특정 유전자와 관련이 있지요. 그런데 소장님의 유전체에 속한 그 유전자들에서는 이례적인 점이 눈에 띄지 않아요.

크레이그 벤터: 나 자신도 그다지 모험을 추구하는 성격이 아니에요. 어쨌거나 당신이 방금 언급한 연구는 믿을 만하지 않습니다.

슈테판 클라인: 물뱀 이야기는 제쳐놓더라도, 또 다른 모험의 사례가 있는 걸요. 소장님은 인간 유전체 프로젝트를 놓고 수천 명의 과학자들과 경쟁하던 와중에도 작은 요트를 타고 버뮤다 제도 근처의 폭풍 속으로 항해한 적이 있습니다. 단지 폭풍 속에서 항해하면 어떤지 경험하려고요. 이런 행동도 모험추구가 아니라고 말씀하겠습니까?

크레이그 벤터: 예, 모험추구가 아닙니다. 왜냐하면 나는 내가 폭풍을 극복할 수 있다고 확신했거든요.

슈테판 클라인: 그렇다면 그런 자신감이 어디에서 나오는지 궁금하네요.

크레이그 벤터: 경험에서 나옵니다. 원래 나는 자신감이 부족한 편이었어요. 학교 성적은 형편없었고, 공부가 지긋지긋했지요. 돌이켜보면 잘된 일이에요. 왜냐하면 그 덕분에 학교가 나의 창조성을 말살하지 못했으니까요. 그러다가 수영대회에 나갔을 때 깨달았어요. 내가 마음만 먹으면 아주 잘 할 수 있다는 걸요. 그 경험이 나를 어떻게 바꿔놓았는지 지금도 생생히 기억합니다.

슈테판 클라인: 그럼 소장님이 그런 시합을 좋아하는 것은 어떻게 설명할 수 있을까요?

크레이그 벤터: 내가 형의 그늘에서 벗어나기를 원했다는 점이 한 가지 이유예요. 또 당연히 나의 유전적 소질과도 관련이 있겠죠. 하지만 이건 하나 마나 한 이야기일 수도 있어요. 당신이 유전적 소질에서는 아주 공격적인 성격이라고 해봅시다. 그렇다면 당신은 반드시 범죄자가 될까요? 그럴 수도 있지만, 올림픽 금메달리스트가 될 수도 있어요.

슈테판 클라인: 최근 주목할 만한 연구들은 환경이 유전자의 작동을 어느 정도로 결정하는지 보여주었습니다. 예컨대 이른 나이에 강한 스트레스에 노출된 사람의 DNA에는 어떤 분자들이 달라붙어서 특정 유전자들을 오랫동안 봉쇄할 수 있지요. 그러면 그 사람은 쉽게 불안과 우울에 빠지는 성향을 보이고요.

크레이그 벤터: 반면에 유전적 소질은 똑같지만 그런 스트레스 이력이 없는 사람은 나중에 아주 힘든 일도 거뜬히 견뎌내지요.

슈테판 클라인: 소장님의 경우에는 틀림없이 베트남전쟁이 아주 힘든 경험이었을 겁니다. 어느 군사 병원에서 의무병으로 근무했죠.

크레이그 벤터: 나는 어느 정도 보호막에 둘러싸인 세계에서 살아왔는데, 갑자기 만신창이가 되어 끊임없이 비명을 지르는 사람들을 상

대해야 했지요. 그런 경험을 하면 누구나 크거나 작은 심리적 외상을 입기 마련이에요. 하지만 숱한 사람들과 달리 나는 약물 중독이나 우울증에 빠지지 않았어요.

슈테판 클라인: 하지만 소장님 자신이 고백했듯이, 베트남에서 자살을 기도한 적이 한 번 있습니다. 물에 빠져 죽으려고 먼 바다로 헤엄쳐 나갔다가 마음을 고쳐먹고 다시 돌아왔죠.

크레이그 벤터: 내가 보기에 그 일은 나의 성격보다는 베트남에서의 삶이 저주스럽게 무가치했다는 사실과 관련이 있어요. 하루도 빠짐없이 밤에는 당신의 머리 위로 미사일이 날아다니고 낮에는 당신의 코앞에서 수십 명이 죽어나간다고 생각해보세요. 어느 순간 당신은 당신 자신이 살아있는지 여부에 거의 관심이 없어집니다.

슈테판 클라인: 그런데도 소장님은 다시 삶을 선택했습니다.

크레이그 벤터: 나는 완고한 낙관론자예요. 이 특징만큼은 정말로 유전자의 영향인 듯합니다.

슈테판 클라인: 소장님은 지금도 베트남 트라우마에 시달리나요?

크레이그 벤터: 전쟁 경험 덕분에 나는 더 강해졌어요. 그 경험이 나에게 삶을 낭비하지 말아야 한다는 신념을 확고하게 심어주었거든요. 또 하나 내게 남은 것은 모든 정부에 대한 뿌리 깊은 불신입니다.

슈테판 클라인: 왜 어떤 사람은 어려움을 견뎌내고 또 어떤 사람은 쉽게 무너질까요? 유전자의 영향과 환경의 영향이 맞물리는 지점이 어디인지 우리가 과연 알아낼 수 있을까요?

크레이그 벤터: 적어도 유전체 하나만 가지고는 알아낼 수 없습니다. 이런 질문에 답하려면, 어쩌면 1만 명의 유전체를 해독해야 할지도 모릅니다. 그런 다음에 그들의 성격을 자세하고도 완전하게 파악해서 유전정보와 비교하면, 어떤 속성이 어떤 유전자 서열 패턴에 대응하는지 알아낼 수 있어요.

슈테판 클라인: 말씀을 듣다 보니 정신분석이 떠오르네요. 유전정보에 기반을 둔 정신분석.

크레이그 벤터: 그럴 수도 있겠군요. 하지만 내가 이야기하는 작업은 소파에 누운 환자에 대한 프로이트의 정신분석보다 훨씬 더 합리적입니다.

슈테판 클라인: 그렇지만 1만 명의 유전체를 해독하는 데 드는 비용을 어느 누가 댈 수 있겠습니까. 소장님의 계획은 과학소설이에요.

크레이그 벤터: 아뇨, 천만에요. 우리는 이미 그 계획을 실현하기 시작했습니다. 첫 단계로 1년 안에 10명의 유전체를 해독할 거예요. 비용은 점점 더 줄어들게 되어 있어요. 자금만 확보되면, 우리는 곧바로 더 많은 유전체를 해독할 것입니다.

슈테판 클라인: 하지만 제가 짐작하기에, 한 사람의 중요한 속성을 모두 파악하는 일은 더 어려울 것 같은데요.

크레이그 벤터: 그래요, 그건 정말 큰 과제입니다. 생물학자들은 생물의 유전형과 표현형을 구분하지요.

슈테판 클라인: 저도 압니다. 유전형이란 유전체에 저장된 정보 전체를 뜻하죠. 반면에 표현형이란 성숙한 생물에서 나타나는 바를 뜻하고요. 예컨대 몸의 구조, 장기의 기능, 행동 같은 것이 표현형이죠.

크레이그 벤터: 한 사람의 유전형은 그의 유전체를 해독함으로써 알 수 있습니다. 그러나 한 사람의 표현형, 그러니까 그 사람을 이루는 특징 전체를 완전히 알려면 측정을 훨씬 더 많이 해야 합니다. 지능이나 성격 특징에 관한 데이터뿐 아니라 물질대사와 관련한 속성도 알아야 해요. 특정한 자극에 그 사람의 뇌가 어떻게 반응하는지, 심지어 그가 손을 찬물에 담그면 혈압이 어떻게 변화하는지도 알아야 하죠. 또 당연히 그 사람의 이력과 병력도 완전하게 파악해야 하고 몸 전체를 컴퓨터단층촬영법(CT)으로 찍은 영상도 확보해야 해요. 말 그대로 그 사람에 관한 본질적 데이터 전체가 필요합니다. 왜냐하면 일부 데이터라도 누락되면, 유의미한 결론에 도달할 가망이 희박해지기 때문이에요.

슈테판 클라인: 게다가 그 모든 데이터와 유전정보를 관련지을 수 있으려면, 이런 방대한 측정을 1명이 아니라 1만 명에 대해서 실행해야

해요. 그래야 비로소 어느 정도 합리적인 통계 처리를 기대할 수 있을 테니까요.

크레이그 벤터: 예, 그렇습니다. 프로젝트 전체에 필요한 자금은 어마어마합니다. 솔직히, 과거에 최초의 인간 유전체 해독도 거대한 과제였지만, 이 프로젝트는 그간 기술이 진보한 것을 감안하더라도 그때 그 과제보다 더 거대한 과제일 거예요.
하지만 나는 세계 각국의 정부가 인간의 표현형을 조사하는 작업에 공동으로 투자한다면 반드시 실익을 얻게 되리라고 봅니다.

슈테판 클라인: 소장님은 인간을 완벽하게 발가벗길 생각이군요.

크레이그 벤터: 내가 원하는 것은 인간의 디지털 복사본입니다. 이게 뭐가 문제입니까? 우리는 컴퓨터를 이용해서 유전체를 파악했고, 이제 온전한 유기체를 대상으로 똑같은 일을 하려 합니다. 하버드대학교의 조지 처치 교수는 이미 그런 작업을 자그마한 규모로 시작했어요.

슈테판 클라인: 한 사람의 비밀이 모조리 드러난다는 것은 상상만으로도 끔찍합니다.

크레이그 벤터: 그건 기우예요. 우리는 여전히 비밀을 간직하게 될 겁니다. 설령 우리가 중요한 성격적 특징을 모조리 알아내더라도, 다양하기 이를 데 없는 인간의 행동 전체를 컴퓨터로 모형화 하는 것은

아마 영원히 불가능할 거예요.

슈테판 클라인: 저 역시 그렇게 추측합니다. 간단한 예를 가지고 이야기를 풀어나가면 어떨까 싶은데…….

크레이그 벤터: 내가 물을 좋아하니까, 이 특징을 예로 들어봅시다.

슈테판 클라인: 소장님은 본인이 가진 그 특징이 유전적으로 결정된 것이라고 믿나요?

크레이그 벤터: 예, 그렇다고 봐요.

슈테판 클라인: 좋습니다. 이 믿음을 증명하려면, 소장님은 아주 많은 사람들을 조사해서 그중에 소장님처럼 물을 좋아하는 사람이 있는지 알아내야 해요. 그 다음에는 물을 좋아하는 사람들 사이에 유전적 유사성이 있는지 확인해야겠죠.

크레이그 벤터: 아마 첫째 단계보다 둘째 단계가 훨씬 더 쉬울 거예요. 유전적 상관성은 대형 컴퓨터를 이용해서 알아낼 수 있으니까요. 하지만 한 사람이 물을 얼마나 좋아하는지는 어떻게 측정할 수 있을까요? 내가 바다에서 아주 멀리 떨어진 버펄로에서 살 때 알고 지낸 사람이 하나 있는데, 그 사람은 바다를 한 번도 본 적이 없었어요. 그리고 그는 바다를 보고 싶은 마음도 없다고 했죠. 자, 우리는 그가 물을 싫어하는 사람이라고 결론내릴 수 있을까요? 아니죠. 그는 단지

호기심이 적은 사람일 수도 있어요. 표현형을 조사하다 보면, 이런 유형의 난점에 끊임없이 부딪히게 됩니다.

슈테판 클라인: 설령 그 모든 난점을 극복하더라도, 소장님이 알게 되는 것은 유전정보가 물을 좋아하는 성향에 기여한다는 것뿐이에요. 어떻게 유전정보가 그런 구실을 하는지는 여전히 모를 겁니다. 왜냐하면 이 '어떻게'를 알려면, 물을 좋아하는 사람과 물을 싫어하는 사람의 뇌가 어떻게 작동하는가를 비롯해서 아주 많은 것을 알아야 할 테니까요.

크레이그 벤터: 지당한 말입니다. 사실 나는 우리가 인간의 유전정보를 컴퓨터로 파악했다는 것 이상의 말은 결코 하지 않았어요. 이 성과는 쿰란 유적에서 발굴된 두루마리를 연구한 성과와 그리 다르지 않습니다. 1950년대에 사해 연안의 쿰란 유적에서 모든 성경 필사본을 통틀어 가장 오래된 두루마리가 발견되었지요. 그 두루마리는 지금 디지털화되어 있어요. 하지만 우리가 그 두루마리의 내용을 이해한 것은 아닙니다.

슈테판 클라인: 2000년 6월에 인간의 유전정보가 해독되었다는 발표가 있었습니다. 국가 차원의 유전체 프로젝트에 참여한 과학자들도 그렇게 발표했고 소장님도 마찬가지였죠. 당시에 나온 온갖 주장에 따르면, 인간의 비밀을 모조리 알아낸다는 꿈은 벌써 오래 전에 실현되었어야 해요.

크레이그 벤터: 맞아요, 당시 언론이 엄청나게 호들갑을 떨었죠. 하지만 우리는 늘 이것은 여행의 시작일 뿐이지 끝이 아니라고 말했습니다.

슈테판 클라인: 제가 2000년 6월 27일자 ≪프랑크푸르터 알게마이네 차이퉁*Frankfurter Allgemeine Zeitung*, 독일의 유력 일간지-옮긴이≫ 1부를 가져왔어요. 보시다시피 여기 네 면 전체에 철자 A, C, G, T가 그야말로 끝없이 인쇄되어 있습니다. 이게 뭐냐면, 소장님이 해독한 인간 유전체 서열의 마지막 부분이라는군요. 표제는 "크레이그 벤터의 마지막 한마디"예요.

크레이그 벤터: 사실은 '나의 처음 한마디'라고 했어야 옳아요.

슈테판 클라인: 맞아요, 이 정보는 소장님의 삶에서 출발점이니까요. 나중에 밝혀진 일이지만 소장님은 이 시기에도 본인의 정자세포에서 얻은 유전체를 해독했습니다. 많은 동료들은 그것을 몹시 못마땅하게 여겼고요.

크레이그 벤터: 기회가 정말 좋아서 절대 놓치고 싶지 않았습니다. 뿐만 아니라 당시에 해독된 서열은 60퍼센트 남짓만 내 유전체에서 얻은 것이었어요. 만약에 그때 우리가 내 유전체 전체의 서열을 밝혔다면, 지금 우리는 더 발전했을 거예요. 여러 사람의 유전체를 뒤섞으면, 정보를 잃게 됩니다.

슈테판 클라인: 그런데 유전체 해독이 지금까지 대체 어떤 성과를

가져왔나요? 1998년에 소장님은 국가 차원의 유전체 프로젝트보다 먼저 목표에 도달해서 수천 명의 생명을 구하겠다고 공언했습니다. 하지만 인간 유전체에 대한 완전한 지식에서 유래한 치료법은 현재까지 단 하나도 없습니다.

크레이그 벤터: 맞는 말입니다. 하지만 과학자들의 연구 방식은 유전체 해독 덕분에 완전히 달라졌어요. 내 경험을 말씀드리죠. 나는 과학자 경력의 처음 19년을 어떤 수용체 단백질 하나의 서열을 밝히는 일에 쏟아 부었습니다. 하지만 지금 당신이 그 일을 한다면 내가 얻은 정보의 상당 부분을 간단히 유전자 데이터뱅크를 검색해서 얻을 수 있어요. 30초면 충분하죠. 나는 이것을 '조용한 혁명'이라고 부릅니다.

슈테판 클라인: 그렇다 하더라도 여전히 의문이 드네요. 소장님은 과거 유전체를 둘러싼 경쟁을 시작할 때 본인이 기대한 만큼 우리의 지식이 증가했다고 봅니까?

크레이그 벤터: 솔직히 말해서 그렇지는 않습니다. 중요한 진보가 없었던 것은 아니지만 내가 예언했던 것보다 더 느리게 진행되었어요. 그 원인은 유전체 서열이 밝혀지자마자 국가 차원의 유전학 연구소들이 편안히 놀다시피 한 것에 있지요.

슈테판 클라인: 아니요, 지금 하신 말씀은 옳지 않아요. 여러 국립 유전학 연구소에서 일하는 소장님의 동료들은 대규모 연구 프로그램

을 진행해왔습니다. 유전체에 대한 지식을 바탕으로 암의 발생을 더 잘 이해하려는 노력도 했고, 유전자가 어떻게 자신의 작용을 스스로 제어하는지 알아내려 애쓰기도 했죠. 심지어 '1000 유전체 프로젝트 (1000 Genomes Project)'라는 것도 있지 않습니까. 이 프로젝트의 목적은 인간 유전정보의 다양한 변이를 모두 조사한다는 것이죠.

크레이그 벤터: 그들은 주로 보도자료만 작성했어요.

슈테판 클라인: 소장님의 경쟁자들도 소장님의 계획에 대해서 비슷한 이야기를 합니다. 대체 왜 생물학자들은 이렇게 싸움을 좋아할까요?

크레이그 벤터: 당신네 물리학자들은 머릿속에 종교적 철학적 안개가 끼어 있어도 괜찮겠지만, 우리는 다윈주의자입니다. 잡아먹느냐, 아니면 잡아먹히느냐, 둘 중 하나죠.

슈테판 클라인: 진보가 느린 것은 다른 모든 평계를 떠나서 과제 자체가 예상보다 더 복잡하기 때문이 아닐까요? 유전물질의 95퍼센트는 대체 그 용도가 무엇인지 아직 정확히 밝혀지지 않았습니다. DNA의 일부 구간은 유전자가 아니에요. 그런 구간은 2, 3년 전까지만 해도 "정크DNA"로 폄하되었지만 무언가 중요한 기능을 하는 것이 분명합니다. 다만 우리가 그 기능을 모를 뿐이죠.

크레이그 벤터: 맞아요, 우리가 무척 순박했고 너무 낙관적이었어요.

슈테판 클라인: 게다가 유전자는 세포핵 내부의 다른 물질과 예상보다 훨씬 더 복잡한 방식으로 상호작용합니다. 그러니 유전정보를 보유한 세포는 제쳐두고 유전정보만 연구하는 것은 전혀 무의미하지 않을까요?

크레이그 벤터: 실제로 당신처럼 생각하는 사람들이 세력을 얻기 시작하고 있어요. 하지만 그 생각은 통상적인 생물학의 원리와 상충합니다.

슈테판 클라인: 그 생각이 생물학을 괴롭힌다고 해야 옳겠죠. 안 그래요? 참고로 물리학의 성공은 한 시스템의 다양한 측면을 따로 따로 떼어서 고찰할 수 있다는 점에서 비롯됩니다. 예컨대 소장님이 얼음 결정의 융해에 관심이 있다면, 물을 이루는 원자들 사이의 결합만 연구하면 돼요. 그 원자의 원자핵 안에서 일어나는 일은 융해를 이해하는 데 중요하지 않으니까요. 따라서 과제가 대폭 수월해지죠. 반면에 생물학에서는 그런 경계선을 간단히 그을 수 없는 것으로 보입니다.

크레이그 벤터: 아마 맞는 말일 거예요. 하지만 나는 이 문제 때문에 괴롭지 않아요. 오히려 내 연구소에서 일하는 물리학자들이 괴롭죠. 그들은 우선 생물학이 물리학보다 무한히 더 복잡하다는 점에 익숙해져야 해요. 일단 관여하는 변수가 훨씬 더 많으니까 훨씬 더 복잡할 수밖에 없어요. 결정이나 기계를 이해하듯이 생물을 이해할 수는 없습니다. 때로는 이해를 위해 유추에 의지해야 하죠. 하지만 그런

비유를 너무 진지하게 받아들이지는 말라고 경고하고 싶네요.

슈테판 클라인: 유전체는 흔히 "생명의 책"으로 불렸습니다. 그냥 읽기만 하면 되는 책에 비유된 거죠.

크레이그 벤터: 확실히 말씀드리는데, 그 비유는 전혀 틀렸어요. 굳이 비유를 들자면, DNA는 "생명의 소프트웨어"라고 할 수 있습니다.

슈테판 클라인: 책과 소프트웨어가 무슨 차이가 있죠?

크레이그 벤터: 책에서는 당신이 관심을 둔 텍스트를 금세 찾을 수 있어요. 반면에 소프트웨어는 데이터 처리의 최종 결과만 보여줘요. 프로그램 자체는 그 결과의 배후에 숨어 있지요. 또 당신은 그 프로그램이 어떻게 이 결과에 도달했는지 모릅니다.

슈테판 클라인: 마찬가지로 어떻게 유전물질 분자가 9개월 만에 사람이 되고, 어떻게 그 사람이 늦어도 2년 뒤에 말을 하기 시작하는지 역시 우리는 이해하지 못하지요.

크레이그 벤터: 곧 이해하게 될 겁니다. 필요한 기술은 벌써 마련되어 있어요. 아마도 이것이 유전체 프로젝트의 최대 성과가 되리라고 봅니다.

슈테판 클라인: 소장님은 인간 유전체를 둘러싼 경쟁 덕분에 개인적

으로 큰돈을 벌었습니다. 소장님의 자서전을 보면, 소장님이 소유한 요트의 규모와 가격이 매년 어떻게 향상되었는지 알 수 있죠. 소장님에게 돈은 어떤 의미를 가질까요?

크레이그 벤터: 내가 부자가 된 것은 뜻밖의 축복이었습니다. 나는 그리 유복하지 않은 환경에서 성장했지요. 반면에 내 친구들은 스포츠카를 타고 학교에 다녔고요. 나중에도 나는 내가 과학자로서 큰돈을 벌 가망은 노벨상을 받는 것 말고는 전혀 없을 거라고 생각했어요.

슈테판 클라인: 처음으로 노벨상을 꿈꾼 것이 언제였나요?

크레이그 벤터: 대학에 다닐 때였어요. 하지만 내가 돈을 위해서 연구한 적은 전혀 없습니다. 나는 관심이 가는 연구를 그냥 했을 뿐이에요. 한마디 덧붙이자면, 내 재산은 다들 추측하는 것보다 훨씬 더 적습니다. 수십억 달러가 아니라 수백만 달러 수준이에요. 주식이 폭락해서 왕창 날렸어요.

슈테판 클라인: 그리고 그 직후에 소장님은 공동으로 창업한 회사 '셀레라'를 떠나야 했습니다. 소장님의 실패는 기초연구와 사업은 양립할 수 없다는 비판자들의 지적이 옳았다는 증거가 아닐까요?

크레이그 벤터: 다들 그렇게 생각하고 싶을 거예요. 하지만 지금도 나는 사업과 과학 사이에 근본적인 불화는 존재하지 않는다고 믿습니다.

슈테판 클라인: 정말요? 소장님 자신도 파우스트적인 계약을 언급한 적이 있어요. 한때 그런 계약을 했었다고요.

크레이그 벤터: 과학과 사업은 서로의 생산성을 높이는 훌륭한 관계를 맺을 수 있습니다. 문제는 불완전한 사람들 사이에만 있어요. 과학자나 사업가나 불완전하기는 마찬가지고요. 내가 마지못해 퇴사할 때도 셀레라는 이익을 냈어요. 다만, 투자자들이 보기에 그 이익이 충분하지 않다는 점이 문제였죠.

슈테판 클라인: 당시에 소장님은 요트를 타고 전 세계를 돌아다니면서 바닷물 표본 수천 점을 채취하고 그 속에 들어 있는 미생물의 유전자 서열을 분석했지요. 왜 인간을 연구하다 말고 방향을 바꾸었나요?

크레이그 벤터: 방향을 바꾸지 않았습니다. 지금 나는 다시 연구 시간의 3분의 1을 인간 유전체에 할애하고 있어요. 하지만 다른 많은 시급한 질문도 다루죠. 최근에 우리 연구소의 기술이 한걸음 더 발전했어요. 과거에 우리는 박테리아 하나나 인간 1명(유전자 개수로 따지면 약 2만 개)의 유전체를 분석했죠. 하지만 이제는 바닷물 200리터 속에 들어 있는 100만 개 이상의 유전자를 분석할 수 있어요. 그 과정에서 우리는 새로운 종을 1만 종 넘게 발견했습니다. 생명의 왕국에 대한 우리의 지식을 극적으로 확장한 셈이죠.

슈테판 클라인: 그런 새로운 분석이 무슨 효용이 있나요?

크레이그 벤터: 우리의 목표는 생명이 근본적으로 어떻게 작동하는지 이해하는 것입니다. 우리가 확보한 데이터를 이용하면 예컨대, 다양한 종을 비교하면서 왜 이 박테리아는 유전자가 500개뿐이고 저 박테리아는 1800개인지 알아낼 수 있어요. 생명이 가능하려면 유전자가 최소한 몇 개 있어야 할까요? 우리는 이 질문의 답을 알고 싶었어요. 그 이유는 여러 가지지만 가장 중요한 것은, 최대한 간단하게 인공 유전체를 만들고 맞춤형 생물을 만들기 위해서였지요.

슈테판 클라인: 비판자들은 소장님이 신의 역할을 하려 한다고 지적합니다.

크레이그 벤터: 어리석은 비판이에요. 인류가 새로운 가능성을 열 때면 늘 그런 비판이 나오죠. 최초로 심장이식에 성공했을 때, 심지어 항생제가 개발되었을 때도 과학자는 그런 비판에 맞서야 했어요. 게다가 우리는 무(無)에서 생명을 창조하겠다고 나서는 것이 아닙니다. 단지 유전체의 기초 요소를 파악한 다음에 그것을 실험실에서 새롭게 조립하려는 것뿐이에요.

슈테판 클라인: 소장님 본인이 이 기획과 관련해서 위대한 본보기를 언급한 적이 있습니다. 이런 말씀을 했죠. "목표는―영화 〈슈퍼맨〉을 생각해보세요―세계를 구원하는 것입니다."

크레이그 벤터: 우리는 대기 중의 이산화탄소를 다시 유용한 연료로 변환하는 미생물을 만들어낼 생각입니다.

슈테판 클라인: 모든 식물이 그 변환을 하지 않습니까.

크레이그 벤터: 예, 맞습니다. 하지만 우리의 인공 생물은 그 변환을 훨씬 더 효율적으로 할 겁니다. 뿐만 아니라 자동차와 발전소에 쓰이는 연료를 직접 생산하고 화학공업에 필요한 원료도 생산할 겁니다. 요컨대 우리는 이 지구가 생명의 기반을 무분별하게 파괴하는 시대에서 새로운 균형의 시대로 이행할 가능성을 열 것입니다.

슈테판 클라인: 듣기 좋은 얘기네요. 소장님에게 투자할 물주들이 듣기에도 틀림없이 좋을 거예요. 하지만 소장님이 '과학계의 록 스타'쯤 되는 자신의 지위를 이용해서 마치 자동조립라인처럼 끊임없이 새로운 전망을 쏟아낸다고 비난하는 사람들도 있습니다.

크레이그 벤터: "끊임없이"를 강조한다면, 나는 솔직히 그런 소리를 들을 만해요. 하지만 유명인으로서의 지위를 이용하는 것이 뭐가 문제입니까? 아주 어려운 일을 추진하려고 할 때, 유명인이라는 지위는 좋은 자산이에요. 나는 더 많은 과학자들이 자신의 명성을 이용해서 사회를 발전시키기를 바랍니다.

08. 머릿속의 타인들

공감에 대하여
신경과학자 "비토리오 갈레세"와 나눈 대화

Vittorio Gallese
1959년 이탈리아에서 태어났다. 이탈리아 파르마대학교에서 인체생물학 박사학위를 받았다. 1996년 거울뉴런을 발견하여 인간이 자신과 비슷한 면을 가진 타인을 보면 뇌에서 먼저 인지하고 반응한다는 사실을 밝혔다. 현재 파르마대학교 신경생리학 교수다.

'파르마(Parma,이탈리아 북부의 도시–옮긴이)' 하면 미식가는 햄과 치즈를 떠올리고, 오페라 팬은 베르디의 고향을 떠올린다. 하지만 포(Po) 강 유역의 그 도시에서 최신 뇌과학의 가장 중요한 발견 중 하나가 이루어졌다는 사실을 아는 사람은 드물다. 여유시간에 그곳 대학교의 생리학 실험실에서 연구를 한 젊은 의학자들이 약 15년 전에 아주 특별한 뉴런을 발견했다. 그 뉴런 덕분에 우리는 모방할 수 있고 공감할 수 있다. 또한 우리의 말하기 능력도 그 뉴런에서 유래할 가능성이 높다. 이 발견은 전 세계의 주목을 받았지만, 발견의 주인공들은 세계화된 연구 사업에서 발을 뺐다. 흔히 그렇듯이 유럽이나 미국의 교수직을 꿰차는 대신에 그들은 공동연구를 이어가기 위해 파르마로 돌아왔다. 비토리오 갈레세는 그중 한 사람이다. 1959년에 파르마에서 태어난 그는 대뇌 운동피질의 놀라운 능력을 설명할 때 못지않게 식당에서 거위 간을 요리하는 방법을 자세히 설명할 때도 열정에 빠져들 수 있는 사람이다. 또한 그의 연구실 입구 위, 이탈리아에서는 주로 십자가를 걸어놓는 그 자리에 베르디의 초상화가 걸려 있다.

슈테판 클라인: 갈레세 교수님, 교수님은 교도소에서 의사로 근무하던 시절에 인생을 통틀어 가장 중요한 발견을 했습니다.

비토리오 갈레세: 당시에 나는 공군에서 군의관으로 복무를 마친 직후였고 연구직을 원했어요. 그런데 대학은 나에게 일자리를 주지 않더군요. 대신에 교도소에 자리가 하나 있었어요. 그래서 나는 낮에는 실험실에서 무급으로 일하고, 밤과 주말에는 교도소에서 돈을 벌었죠. 그런 생활을 5년 동안 했어요. 그러다가 마침내 1992년에 제대로 된 일자리를 구했죠. 일본 니혼대학교에 취직했습니다.

슈테판 클라인: 그렇게 밤낮으로 일할 때 잠은 언제 잤나요?

비토리오 갈레세: 거의 못 잤어요. 하지만 교도소에서 보낸 시간 덕분에 나는 인간적으로 훨씬 더 풍부해졌습니다.

슈테판 클라인: 환자들에게 동정을 느꼈나요? 그러고 보니 교수님은 그들이 왜 수감되었는지 알겠군요.

비토리오 갈레세: 나는 가능한 한 그들의 과거사에 관심을 두지 않으려고 노력했습니다. 내가 의사로서 하려는 일은 죄를 심판하는 것이 아니라 병을 고치는 것이었으니까요. 하지만 본의 아니게 과거사를 알게 되는 경우가 대다수였어요. 환자의 서류와 지역신문에 범죄 내용이 나오니까요. 그런데도 참 이상하게 나는 수감자들에게 동정을 느꼈습니다. 심지어 연쇄살인범에게도 그랬고 피살자를 산성 용액에

담가서 녹여버린 범죄자에게도 동정을 느꼈어요. 간수들은 늘 내게 물었죠. "선생님은 왜 그런 놈을 위해서 그렇게 애를 쓰세요?"

슈테판 클라인: 저도 묻고 싶어요. 왜 그랬나요?

비토리오 갈레세: 만약에 내가 그 범죄자들에 대한 기사만 읽었다면 그들에게 혐오만 느꼈을 거예요. 하지만 나는 그들을 각각 살과 피를 가진 인간으로 마주했어요. 그들은 나와 마찬가지로 자기 아내에 대해 말하기도 했고 나름의 사연도 있었죠. 전혀 다른 존재가 아니었어요. 또 하나 중요한 것은 우리가 생활환경을 공유했다는 점이에요. 거리에서 내 진료실까지 가려면 잠긴 문을 7개나 통과해야 했지요. 외부세계로부터 격리된다는 것이 무엇인지 그때 정확히 알았어요. 결국 나는 그들과 함께 살았기 때문에, 환자의 입장이 되어보는 것이 어렵지 않았습니다. 동정은 적당한 환경이 주어져야 일어나지, 무조건 일어나지 않아요. 마침 우리 연구팀이 이 문제를 체계적으로 연구하기 시작했습니다. 우리가 던지는 질문은 이런 것이에요. 사람들이 처한 환경에 따라 공감능력은 어떻게 달라질까? 유전적 소질과 개인사는 공감능력에 어떤 영향을 미칠까?

슈테판 클라인: 설마 교도소 경험 때문에 이런 질문을 화두로 삼은 건 아니겠죠.

비토리오 갈레세: 그럼요, 전혀 아닙니다. 내가 품은 문제의식은 훨씬 더 근본적이었어요. 처음에 우리가 의도한 바는 대뇌가 근육에

운동 명령을 어떻게 내리는지를 더 잘 이해하는 것뿐이었어요. 이 문제를 연구하다가 공감과 마주치게 되리라고는 꿈에도 생각하지 못했죠.

슈테판 클라인: 결국 교수님은 뇌가 타인의 생각과 느낌을 읽어내는 메커니즘을 발견했습니다. 동료들은 교수님의 발견이 DNA 해독 못지않게 중요하다고 선언했지요. 그런 어마어마한 성공을 하고 나면 어떤 느낌이 드나요?

비토리오 갈레세: 요즘은 의사가 나오는 미국 텔레비전 연속극 〈하우스 박사*Dr. House*〉에서도 거울뉴런이 언급되더군요. 하지만 솔직히 말해서 나는 거울뉴런에 대해서 거의 생각하지 않습니다. 서로 전혀 다른 분야인 유전학과 뇌과학의 성과를 그렇게 간단히 조합해도 되는가 하는 것도 난 잘 모르겠어요. 게다가 결정적으로 거울뉴런은 나 혼자서 발견한 것이 아니에요. 예나 지금이나 우리는 동등한 연구자들의 팀입니다. 거울뉴런을 발견할 당시에는 그 연구자들 중 다수가 무급으로 일했지요. 지금 내 아내가 된 사람도 같은 팀이에요. 하지만 우리의 발견이 아주 중요하다는 점은 우리도 처음부터 알아챘어요. 그리고 우리의 발견이 지금 가늠할 수 있는 정도보다 훨씬 더 큰 역할을 할 수도 있다는 믿음이 우리 모두에게 더 연구할 의욕을 줍니다.

슈테판 클라인: 다른 한편에서는, 교수님이 그때 그 유인원에게서 땅콩을 슬쩍 훔치지 않았다면 지금처럼 유명한 뇌과학자는 결코 되지

못했을 거라고 말하는 사람들도 있습니다.

비토리오 갈레세: 전적으로 동의합니다. 그건 정말 우연한 발견이었어요. 우리는 유인원의 운동을 통제하는 뉴런에 전극을 설치하고 전기 신호를 측정하고 있었어요. 유인원이 먹이를 집으려고 손을 뻗을 때마다 그 뉴런이 활성화되었죠. 그러면 측정 장치에서 "따다다닥" 하고 소리가 났고요. 그런데 한번은 내가 그 땅콩을 집으려고 손을 뻗었는데, 똑같이 "따다다닥" 소리가 나는 거예요. 마치 유인원이 손을 뻗은 것처럼요. 유인원은 아무 동작 없이 가만히 있는데도요. 처음에 우리는 당연히 측정 장치에 문제가 있다고 생각했습니다. 하지만 얼마 후에 우리는 실제로 유인원의 뇌가 마치 실험자의 뇌인 것처럼 행동한다는 사실을 깨달았죠. 요컨대 한 유인원이 다른 유인원의 행동을 관찰하면, 첫째 유인원의 뇌에 있는 그 뉴런이 둘째 유인원의 행동을 반영합니다. 그래서 우리는 그 뉴런을 거울뉴런으로 명명했지요.

슈테판 클라인: 교수님이 지금 커피 잔을 들면, 내 머릿속에서도 똑같은 일이 일어나겠군요. 요컨대 내 뇌의 한 부분이 교수님의 뇌와 공명한다고 할 수 있겠네요.

비토리오 갈레세: 예, 그렇습니다. 인간의 거울뉴런에 대한 논문은 로스앤젤레스에서 연구하는 과학자 한 분이 몇 주 전에 처음으로 발표했어요. 그전까지는 인간도 거울뉴런을 가지고 있다는 간접 증거만 있었지요.

슈테판 클라인: 스포츠 방송이 인기 있는 이유를 놓고 이런저런 말이 많은데, 거울뉴런의 발견으로 그 논란에 종지부가 찍힌 것 같네요. 수백만의 시청자가 거실 소파에 누워서 발락(독일 축구선수-옮긴이)의 경기 장면을 볼 때, 시청자들은 구경만 하는 게 아니라 스스로 발락이 되는 거예요!

비토리오 갈레세: 적어도 발락이 화면에서 사라지기 전까지는 확실히 그래요. 다만, 모든 사람이 똑같은 강도로 공명하지는 않습니다. 화면에 나오는 동작을 직접 할 줄 아는 축구 동호인의 거울뉴런은 축구를 전혀 해본 적 없는 시청자의 거울뉴런보다 훨씬 더 강하게 활성화돼요.

슈테판 클라인: 그런데 내 뇌가 남의 동작을 그렇게 정확히 따라 할 때, 왜 내 몸은 그 동작을 안 할까요? 발락이 드리블을 할 때, 왜 나는 그냥 소파에 앉아 있죠?

비토리오 갈레세: 당신의 뇌에서 발생하는 명령의 연쇄가 나중 단계 어딘가에서 봉쇄되기 때문이에요. 하지만 그 봉쇄가 느슨해질 때도 많이 있어요. 그러면 상대방의 동작을 저절로 따라 하게 되죠. 축구 선수가 점프를 하면, 축구 팬들도 똑같이 점프를 하잖아요.

슈테판 클라인: 맞아요. 웃음과 하품이 전염된다는 건 누구나 아는 사실이죠.

비토리오 갈레세: 특히 운동모방증(echopraxia) 환자들에서는 그 봉쇄

가 전혀 이루어지지 않아요. 그들은 상대방의 모든 운동을 강박적으로 모방하지요. 어느 프랑스 의사가 운동모방증 환자 한 분과 병원 발코니의 난간에 다가갔던 일을 보고했습니다. 그 의사는 난간에 붙어 서서 바지를 내리고 오줌을 누었대요. 그러자 그 가련한 환자도 본인의 의지와 상관없이 곧바로 똑같은 행동을 했다는군요.

슈테판 클라인: 생각해보니 거울뉴런은 우리가 남의 입장이 되어보기 위해서만 필요한 것이 아니지 싶네요. 내가 상대방을 그냥 관찰하기만 해도 내 뇌에서 적절한 신호가 발생한다면, 이런 메커니즘은 새로운 행동을 학습하기 위해서도 필요할 듯해요. 학습하려면 우선 상대방의 행동을 그대로 따라 해야 할 테니까요.

비토리오 갈레세: 인간의 유년기는 다른 동물에 비해 훨씬 더 긴데요. 그 긴 유년기에 그런 모방 학습이 이루어집니다. 또 인간은 거울뉴런을 다른 동물보다 훨씬 더 많이 가지고 있지요. 침팬지는 5년 동안 관찰을 해야만 돌 하나를 모루로 삼고 다른 하나를 망치로 삼아서 견과류 껍데기를 깨는 법을 터득해요. 반면에 어린아이는 2분만 관찰하면 그 행동을 따라 합니다.

슈테판 클라인: 제가 노 젓는 기술을 향상시키려고 훈련을 꽤 하는데, 어쩌면 훈련 양을 줄이고 독일 조정 챔피언의 동작을 그냥 지켜보는 시간을 더 많이 갖는 것이 더 유익할 수도 있겠네요.

비토리오 갈레세: 관찰의 효과는 기술 향상에만 그치지 않아요. 다른

사람의 동작을 관찰하는 것만으로 심지어 본인의 근력까지 향상됩니다. 이 사실은 최근에 일련의 실험에서 입증되었는데요, 한 실험은 일본 역도선수들을 대상으로 삼았어요. 이런 근력 향상은 뇌가 근육 수축을 더 효과적으로 통제하는 법을 학습하기 때문에 일어나는 것으로 추측됩니다.

슈테판 클라인: 그렇다면 일부러 웨이트트레이닝장을 찾아 돈까지 내면서 운동할 필요가 없지 않을까요?

비토리오 갈레세: 웨이트트레이닝장은 이두박근을 20퍼센트 더 멋지게 키우기 위해서 가는 곳이죠! 이건 농담이고, 진지하게 말씀드리면, 우리는 그런 공명 현상을 의학적으로 어떻게 이용할 수 있을지를 이제 막 연구하기 시작했어요. 예컨대 뇌졸중을 겪은 환자들에게 비디오로 적절한 동작을 보여주었더니 재활기간이 대폭 단축되었습니다.

슈테판 클라인: 하지만 정말 놀라운 것은 상대방의 행동이 아니라 계획이 관찰자의 뇌에 반영된다는 점입니다.

비토리오 갈레세: 우리는 그 사실을 유인원이 우리를 보지 못하게 해놓고 진행한 실험에서 발견했습니다. 그 실험에서 유인원은 우리가 내는 소리만 들었어요. 그런데도 유인원의 거울뉴런은 활성화되었지요. 더욱 놀라운 것도 있어요. 관찰자의 거울뉴런은 상대방이 특정한 계획을 실행하는 이유까지 파악합니다. 내가 커피 잔을 잡으려 할

때, 그 목적이 커피를 마시는 것이냐 혹은 식탁 위를 정리하는 것이냐에 따라, 당신의 뇌에서는 다른 뉴런이 활성화됩니다. 이 사실 역시 우리의 실험에서 입증되었어요.

슈테판 클라인: 이쯤 되면 우리의 거울뉴런이 상대방의 생각을 읽어낸다고 해도 과언이 아니겠네요. 어떻게 개별 뇌세포가 그렇게 영리할 수 있을까요?

비토리오 갈레세: 거울뉴런은 뇌의 다른 여러 중추로부터 정보를 받습니다. 예컨대 상대방이 커피 잔을 잡으려 하는 경우에는, 그 잔이 비었는지 여부에 관한 정보를 받지요. 또 당신이 태어날 때부터 식사 중의 행동을 반영하는 거울뉴런을 가지고 있었던 것은 아니에요. 그 거울뉴런 시스템은 주변 사람들의 행동을 학습한 것입니다.

슈테판 클라인: 그 학습이 이루어지고 나면 우리는 굳이 숙고하지 않아도 상대방의 행동을 파악하는 것이고요.

비토리오 갈레세: 예, 바로 그겁니다. 우리는 상대방의 의도를 마치 우리 자신의 의도인 것처럼 느낍니다. 이 대목에서 심리학자들의 근본적인 오류가 드러나죠. 무슨 말이냐면, 내가 당신의 의도를 파악할 수 있으려면 먼저 나 자신을 이해해야 한다는 것이 심리학계의 통설이에요. 그런데 이 통설이 틀렸습니다. 대부분의 경우에 나는 심리 상태에 대한 이론을 전혀 필요로 하지 않아요. 나 자신의 심리 상태에 대한 이론도 필요 없고, 당신의 심리 상태에 대한 이론

도 필요 없지요. 왜냐하면 거울뉴런의 메커니즘이 타인의 내면세계로 직접 통하는 길을 열어주기 때문이에요. 단, 자폐인들은 어쩔 수 없이 우회로를 거쳐야 합니다. 그들은 항상 타인에 대해서 숙고해야만 하죠.

슈테판 클라인: 왜 갑자기 자폐인 이야기가 나오죠?

비토리오 갈레세: 자폐인들에게 한번 물어보세요. 자신은 감정이입을 못 한다는 대답이 돌아올 거예요. 그래서 자폐인들은 상대방의 내면에서 무슨 일이 일어나는지를 늘 숙고해야 해요. 이 일은 무척 힘들 뿐더러 실패로 돌아가는 경우가 태반이에요. 자폐인들은 거울 메커니즘에 장애가 있음을 시사하는 단서가 있습니다. 당신이 딸기를 먹는데, 건강한 아이가 그 모습을 지켜본다고 해봅시다. 그러면 당신의 입으로 딸기가 들어갈 때마다, 그 아이의 입 주변 근육이 자동으로 활성화됩니다. 반면에 자폐아에서는 그런 반응이 일어나지 않아요. 이런 연유로 자폐아들은 여러 단계로 이루어진 복잡한 동작을 학습하기가 굉장히 어렵습니다. 행동과 느낌은 별개가 아니에요.

슈테판 클라인: 공감능력을 훈련할 수 있을까요?

비토리오 갈레세: 아마도 체감각(somatic senses) 향상이 공감능력 향상의 열쇠일 거예요. 지금 우리는 이 추측에 기초한 교육법으로 자폐장애를 가진 사람들을 도울 수 있는지 연구하고 있습니다. 춤, 연극, 악기 연주 등이 운동능력 향상에 도움이 되고 따라서 공감능력 향상에도

도움이 될 가능성이 있어요. 하나 더 말씀드리면, 최근에 우리는 자폐인의 촉각이 어떠한지 탐구하기 위한 실험을 시작했습니다.

슈테판 클라인: 저의 뇌는 타인의 운동과 의도뿐 아니라 감각도 모방합니다. 누군가 쓰다듬을 받는 것을 제가 보면, 저의 뇌 속의 촉각 담당 중추가 활성화됩니다. 왜냐하면 그 중추에도 거울뉴런이 있기 때문이죠. 또한 통각을 담당하는 중추도 똑같은 방식으로 반응해요. 그러니까 독일어 '미틀라이트(mitleid)' 곧 '함께 아파함'은 전혀 과장된 말이 아닙니다.

비토리오 갈레세: 전적으로 그렇지는 않아요. 예컨대 내가 치과 치료를 받는 모습을 당신이 보면, 당신의 통증 시스템이 활성화되는 것은 맞아요. 또 치과의사가 천공기를 내 입 속으로 집어넣을 때, 당신은 아마 얼굴도 찡그리겠죠. 하지만 당신의 뇌는 몸에서 오는 통증 신호를 받지 않습니다. 따라서 당신의 뇌는 이 상황이 나의 문제이지 당신의 문제가 아니라는 결론에 도달하죠. 그와 동시에 감각은 완화되고요.

슈테판 클라인: 어쩌면 이것이 감정이입(einfühlung) 혹은 공감(empathy)과 진정한 의미의 '함께 느낌(mitgefühl)'의 차이가 아닐까요? 말하자면 저는 교수님의 입장이 되어볼 수 있어요. 하지만 교수님의 입장이 되더라도 제가 반드시 교수님의 모든 느낌을 공유해야 하는 것은 아니에요.

비토리오 갈레세: 독일어 '아인퓔룽[einfühlung, 직역하면 '(상대방 속으로) 들어가서 느낌'을 뜻함—옮긴이]'은 참 절묘한 단어예요. 결정적으로 중요한 것은 당신이 생각을 통해서가 아니라 직관적으로 내 입장이 된다는 점입니다. 설령 진짜 느낌은 거의 일어나지 않더라도 말이에요. 진짜 느낌은 다음 단계에서 당신이 진정한 '함께 느낌'에 도달할 때 일어나죠. 예컨대 '함께 아파함'에 도달할 때 말이에요. 하지만 이런 일은 훨씬 더 드뭅니다.

슈테판 클라인: 공감, 곧 '타인 속으로 들어가서 느낌'이 뇌의 자동 반응이라면, 진정한 '함께 느낌' 앞에는 아마도 높은 문턱이 있어야 할 것 같아요. 안 그러면 우리는 눈에 띄는 모든 고통을 즉각 스스로 느낄 테니까요. 그런 높은 문턱이 없었다면, 역사 속의 수많은 잔인한 일은 결코 일어나지 않았겠죠. 하지만 치과의사와 외과의사도 생겨나지 않았을 거예요.

비토리오 갈레세: 실제로 공감과 진정한 '함께 느낌'은 완전히 분리될 수 있습니다. 쉬운 예로 사디스트(sadist)를 생각해보세요. 사디스트는 상대방의 고통에서 쾌락을 느끼죠. 그렇다면 사디스트는 상대방의 고통을 공감하지 못하는 걸까요? 아니에요. 사디스트는 바로 상대방의 고통을 공감할 수 있기 때문에, 다시 말해 상대방의 입장이 되어볼 수 있기 때문에, 쾌락을 느낍니다. 공감과 이타심은 전혀 별개예요.

슈테판 클라인: 공감이 진정한 '함께 느낌'으로 발전하려면 무엇이

필요할까요?

비토리오 갈레세: 아주 중요한 질문입니다. 그런데 이 질문에 대해서 우리가 아는 바는 아직 거의 없습니다.

슈테판 클라인: 어머니들은 흔히 자식의 고통을 자기 자신의 고통으로 느낀다고 이야기하던데.

비토리오 갈레세: 로마에서 연구하는 동료들이 얼마 전에 입증한 사실인데, 수유 중인 어머니에게 우는 아기를 촬영한 비디오를 보여주면, 어머니의 뇌 속 고통 담당 시스템이 특별히 강하게 반응합니다. 하지만 어머니의 친자식이 우는 모습을 보여주면, 더 강한 반응이 일어나지요. 그리고 이 경우에만 어머니의 운동을 통제하는 뇌 구역도 함께 활성화됩니다. 어머니가 스스로 깨닫기도 전에 친자식을 달랠 준비를 하는 것으로 보여요.

슈테판 클라인: 공감과 이타심은 뇌의 차원에서도 별개인 모양이군요.

비토리오 갈레세: 그런 것 같아요. 하지만 이 문제에 대해서도 우리가 아는 바가 아직 너무 부족합니다. 개인적으로 나는 우리의 이타심이 천성적이지 않다고 믿어요. 반면에 공감능력은 천성적이고요.

슈테판 클라인: 최근에 이루어진 잘 통제된 실험에서 드러났듯이, 세

계 어느 곳의 아동이든지 네 살만 되면 벌써 자발적으로 자기 것을 남과 나눠 가집니다.

비토리오 갈레세: 하지만 세계의 모든 대륙에서 아이들이 그렇게 행동했다 하더라도, 그 행동이 유전적 원인에서 비롯된다고 결론지을 수는 없습니다. 어쩌면 모든 문화권의 아이들이 타인을 우호적으로 대하도록 교육 받았기 때문일 수도 있어요. 아이들이 네 살 이상이 되어야 비로소 자발적으로 자기 것을 내놓는다는 사실이 오히려 이 추측과 더 잘 부합할 수도 있습니다. 적어도 4년 정도 교육을 받아야 비로소 천성적인 이기심을 극복할 수 있다는 뜻일 수 있으니까요. 어쨌든 거울뉴런만으로 우리가 착한 사람이 되는 것은 아닙니다. 이런 의미에서 나는 우리의 발견이 인간이 도덕적으로 행동하는 까닭을 더 잘 이해하는 데 기여한 것은 맞지만, 천성적인 도덕성을 두둔하는 것과는 전혀 다른 방식으로 기여했다고 봅니다. 무슨 말이냐면, 우리 모두는 머릿속에 말하자면 어떤 장치를 가지고 있는데, 그 장치 덕분에 특정한 관습이 사람들 사이에서 아주 쉽게 확산될 수 있습니다. 인간은 그 장치를 통해 타인의 행동을 간단히 복사할 수 있기 때문이죠. 바로 그 장치가 거울뉴런입니다.

슈테판 클라인: 생각해보니 인간의 도덕감은 공감과 전혀 별개인 것 같네요. 흔히 우리는 상대방을 특별히 친근한 상대로 느끼지 않을 때에도 도덕적으로 행동하니까요. 예컨대 변호사는 살인자의 입장이 되어볼 수도 없고 그럴 생각도 없더라도, 경우에 따라서는 국선 변호인으로서 살인자를 변호하지요. 하지만 저는 이런 의문이 듭니다. 만

약에 인간이 타인의 입장에서 느껴보는 능력을 아예 갖고 있지 않았다면, 과연 도덕이나 그 비슷한 것이 발생할 수 있었을까요?

비토리오 갈레세: 아마 발생할 수 없었을 겁니다. 타인의 입장에서 느껴보는 대신에 타인의 입장에서 생각해볼 수도 있어요. 하지만 이 경험은 질이 전혀 다릅니다. 예컨대 나는 마흔다섯이라는 늦은 나이에 처음으로 아버지가 됐어요. 물론 그전에도 나는 자식이 생긴다는 것이 무엇인지를 친구들에게 많이 들어서 당연히 알고 있었죠. 요컨대 이론의 차원에서는 필요한 정보를 모두 가지고 있었어요. 하지만 그것의 진짜 의미는 내 딸이 태어났을 때, 내가 내 자식을 품에 안았을 때, 내가 몸으로 경험했을 때 비로소 깨달았습니다. 그 후로 나는 다른 부모들을 훨씬 더 잘 이해하게 되었어요. 당신이 타인의 처지를 단지 알기만 한다면, 당신은 타인을 상당히 오해할 수도 있어요. 반면에 당신이 타인의 처지를 따라 느낄 수 있다면, 오해가 훨씬 줄어들지요. 아마도 이런 이유 때문에 우리는 우리의 입장에서 느끼는 능력이 뛰어난 사람을 곁에 두고 싶어 하는 것 같아요.

슈테판 클라인: 그런 공감능력이 남보다 뛰어난 사람들이 있나요?

비토리오 갈레세: 물론이죠. 사람은 상대방이 짓는 표정을 따라 짓기 마련인데, 얼마나 강렬하게 따라 짓느냐가 사람마다 달라요. 그리고 그 강렬함의 정도가 공감능력과 관련이 있다고 추정됩니다. 왜냐하면 뇌는 얼굴 근육의 운동을 기초로 삼아서 감정을 구성하거든요. 눈꼬리와 입이 움직여서 진짜로 웃는 표정을 이루면, 기분이 좋아집니

다. 반대로 우리가 슬픈 표정을 지으면, 기분이 가라앉고요. 타인의 표정을 무의식적으로 강렬하게 따라 짓는 사람들이 있어요. 그런 사람들은 공감능력도 강하다는 것이 여러 실험에서 밝혀졌습니다.

슈테판 클라인: 그런 사람들은 영화 〈바람과 함께 사라지다〉의 마지막 장면을 보면서 레슬리 하워드와 함께 울음을 터뜨리곤 하죠.

비토리오 갈레세: 맞아요.

슈테판 클라인: 참 이상하게도 우리는 그런 경험을 추구해요. 영화나 연극을 보면서 가슴이 미어지기를 바라죠. 왜 그럴까요?

비토리오 갈레세: 가끔 타인의 고통을 보는 것은 우리에게 유익할 가능성이 있습니다. 혹시 '르네 지라르'라는 프랑스 종교철학자를 아나요? 그는 무대 위의 배우들이 제단 위의 제물과 같다고 주장했지요. 사회가 배우들을 상징적으로 희생시킴으로써 사회에 늘 있기 마련인 폭력성을 무난한 방식으로 방출한다고요. 나는 이 이론이 상당히 일리가 있다고 봅니다.

슈테판 클라인: 이를테면 트리스탄과 이졸데가 동반 자살하는 것은 늘 불화가 있기 마련인 나의 결혼생활을 내가 더 잘 견디게 하기 위해서라는 말씀인가요?

비토리오 갈레세: 아, 〈트리스탄과 이졸데〉! 정말 매혹적인 오페라지

요, 비록 베르디의 작품은 아니지만. 나는 도쿄에서 그 오페라를 봤어요. 르네 콜로가 주역을 맡았죠.

슈테판 클라인: 하지만 최소한 공격성 방출에 못지않게 강한 반대 효과도 분명히 있습니다. 폭력이 전염되는 효과 말이에요. 폭력을 본 사람은 폭력을 행사할 가능성도 높아요. 일부 과학자들은 청소년들이 잔인한 영화와 게임에서 본 폭력을 모방할 위험이 있다고 주장합니다.

비토리오 갈레세: 나는 회의적이에요. 왜냐하면 우리의 천성적 모방 능력과 미디어에 나오는 폭력과 실제 생활에서의 폭력 사이의 연관성을 입증한 연구가, 내가 아는 한, 단 1건도 없기 때문입니다. 나는 공포 게임과 영화가 전혀 다른 효과를 일으킨다고 봐요. 그 효과는 사람들로 하여금 잔혹한 광경에 익숙해지게 하는 것이에요. 그런 게임과 영화를 자주 보면 폭력이 대수롭지 않게 느껴지고 결국엔 갈등 해결을 위해 폭력을 써도 되겠다는 생각마저 들겠죠. 하지만 그런 지적과 더불어 이 말도 해야 공평합니다. 지금처럼 수많은 사람들이 아주 평화롭게 함께 살았던 적은 인류 역사에서 한 번도 없었어요. 과거에는 비디오게임이 전혀 없었는데도 거의 모든 시대가 지금보다 훨씬 더 잔인했지요. 사실 내 골치를 더 많이 썩히는 문제는 따로 있습니다.

슈테판 클라인: 어떤 문제죠?

비토리오 갈레세: 가상 세계의 득세가 문제예요. 우리의 소통에서

전화와 컴퓨터가 차지하는 비중은 나날이 높아지고 있습니다. 사람들이 직접 만나는 공동체들은 점점 더 해체되는 중이고요. 그런데 여러 실험에서 드러났듯이, 공감능력은 당신이 타인을 모니터에서만 보느냐 아니면 직접 대면하느냐와 무관하지 않습니다. 바로 그렇기 때문에 연극이 영화보다 더 강한 인상을 남기는 거예요. 또 당신이 대화 상대와 이메일로만 소통하거나 많은 청소년들처럼 인터넷 채팅방에서만 만나면, 당신은 그 상대의 시각적 이미지를 완전히 잃게 됩니다.

슈테판 클라인: 말하자면 우리가 교제 상대를 탈육체화하는 셈이죠.

비토리오 갈레세: 맞아요. 그리고 그런 탈육체화는 우리의 사회적 정신적 능력에 큰 영향을 미칠 수밖에 없습니다. 어떤 영향을 미치는지는 아직 우리가 모르지만요. 어쨌거나 분명한 것은 진화 과정에서 사회적 지성은 가상적인 만남이 아니라 직접적인 만남에 적합하게 발전했다는 점이에요.

슈테판 클라인: 하지만 교수님 자신도 가상 세계의 혜택을 누리지 않습니까. 인터넷 덕분에 교수님은 일본에 있는 동료들과 공동연구를 할 수 있습니다. 마치 그 동료들이 교수님 곁에 앉아 있는 것처럼요. 아무튼 기술의 발전을 막을 수는 없을 거예요.

비토리오 갈레세: 나도 기술의 발전을 막을 생각은 없습니다. 하지만 만약에 우리가 이렇게 여기 파르마에서 마주 앉아 이야기하지 않고

전화로 말을 주고받았다면, 우리의 대화는 전혀 다르게 진행되었을 겁니다. 요컨대 전자 통신이 점점 더 확산되면, 아마 우리는 전혀 새로운 교제 방식을 발견해야 하는 상황에 처하게 될 겁니다. 하긴 화상전화를 작은 진보로 볼 수도 있겠군요.

슈테판 클라인: 상대방의 몸을 보지 않으면 공감은 불가능할 것 같아요. 특히 느낀다는 뜻의 "감(感)"을 강조한다면 확실히 불가능하지 싶네요.

비토리오 갈레세: 맞아요, 불가능합니다. 상대방을 보지 못하면, 단지 상대방의 입장에서 생각하려 애쓰는 것만 가능해요. 마치 자폐인과 같은 처지가 되는 거죠. 하지만 이렇게 생각을 통하는 길은 훨씬 더 복잡한데다가 무엇보다도 수많은 오류를 유발해요. 이런 연유로 사람들은 길게 설명하지 않아도 한눈에 자신을 이해해주는 상대와 친해지고 싶어 하죠.

슈테판 클라인: 그래서 최고의 우정은 별도의 이해관계로 얽히지 않은 사람들 사이에서 맺어지죠.

비토리오 갈레세: 왜냐하면 이해관계 말고 다른 동질성이 훨씬 더 중요하기 때문이에요. "타인을 이해한다 함은 그의 감정을 우리 안에서 일으킨다는 뜻이다"라고 프리드리히 니체가 말했는데, 옳은 말이에요. 두 사람이 상대의 감정을 자신 안에서 일으키지 못하면, 천생연분처럼 보이는 부부도 헤어지기 마련입니다.

슈테판 클라인: 저는 니체, 후설, 심지어 하이데거를 교수님처럼 열심히 인용하는 신경과학자를 본 적이 없습니다. 교수님에게 철학은 어떤 의미일까요?

비토리오 갈레세: 많은 동료들은 철학을 자신의 연구를 대중의 입맛에 더 맞게 치장하기 위한 조미료 정도로 생각해요. 뭐, 그래도 괜찮습니다. 단, 그들이 다루는 문제가 인간의 경험으로부터 아주 멀리 떨어져 있는 한에서 그렇습니다. 예컨대 뉴런들 간 전기신호를 이온 통로가 어떻게 전달하는가를 연구하는 과학자는 철학을 조미료로 여겨도 괜찮아요. 그러나 공감이나 심지어 의식 같은 현상을 연구하는 과학자라면 철학을 마치 케이크 위의 장식용 체리처럼 취급할 수 없습니다. 왜냐하면 이런 연구 주제는 과학자 개인의 세계관과 떼려야 뗄 수 없게 얽혀 있기 때문이에요. 이런 연구에서는 애당초 적절한 질문을 제기하는 것부터가 훨씬 더 어렵습니다. 그리고 그 첫 단계에서 철학자들의 체계적인 접근법이 아주 큰 도움이 되죠.

슈테판 클라인: 요컨대 인간 존재에 관한 큰 질문을 둘러싸고 2500년에 걸쳐 이어온 풍요로운 사상사에서 교수님에게 맞는 지침을 찾는 군요?

비토리오 갈레세: 그건 좀 과장인 것 같고요, 오히려 과학자 자신에게 맞는 철학 하나를 짜깁기한다고 하는 편이 더 적절해요. 자신의 실험과 관련해서 특히 흥미로운 생각을 제시한 사상가를 찾아내는 거죠. 내 경우에는 후설을 중심으로 한 현상학자가 그런 사상가예요.

슈테판 클라인: 후설은 19세기 말과 20세기 초에 모든 인식 대상의 물체성(Körperlichkeit, corporeality)을 집중적으로 다룬 오스트리아의 수학자 겸 철학자죠.

비토리오 갈레세: 그리고 자연과학과 철학의 교류는 일방통행이 아닙니다. 과학자의 연구가 철학자로 하여금 새로운 질문을 제기하게 하는 경우도 있어요. 이런 식으로 끊임없이 영향을 주고받는 거죠.

슈테판 클라인: 실험실에서 일하는 과학자가 사상사에 이토록 큰 관심을 두는 것은 제가 보기에 매우 유럽적인 태도인 것 같아요. 흔히 과학의 모범으로 거론되는 미국인은 훨씬 더 실용적이거든요.

비토리오 갈레세: 예, 미국인은 자기가 보기에 해결 가능한 문제에 더 강하게 집중해요. 또 그래야 합니다. 왜냐하면 미국 대학에서는 경쟁이 훨씬 더 치열하거든요. 미국 과학자는 성과를 내야 해요. 큰 모험을 감행하거나 자기 연구의 이론적 귀결을 숙고하는 것은 미국 과학자로서는 결코 누릴 수 없는 호강이죠. 나는 우리 유럽인이 우리의 문화적 유산으로 과학에 중요하게 기여할 수 있다고 봅니다.

슈테판 클라인: 공감에 대한 신경과학 연구에서 철학은 무엇을 배울 수 있을까요?

비토리오 갈레세: 몸이 없는 인간의 정신은 상상조차 할 수 없다는 것을 배울 수 있어요.

슈테판 클라인: 지금 이 말씀은 컴퓨터 시대의 도래 이후 많은 사람들이 거의 자명하게 여기는 견해와 상충합니다. 그 견해에 따르면 인간의 정신은 컴퓨터처럼 작동해요. 교수님의 성격과 기억은 단지 거대한 데이터 집합일 뿐이죠. 따라서 교수님의 정체성을 이루는 그 모든 정보를 뇌에서 슈퍼컴퓨터로 옮기고 프로그램을 돌리는 것이 적어도 이론적으로는 가능해요. 그렇게 하면 교수님은 말하자면 실리콘 칩 속에서 계속 살게 되고요.

비토리오 갈레세: 터무니없는 헛소리예요. 이미 밝혀졌듯이, 우리의 모든 생각과 느낌은 우리가 타인의 몸을 보는 것에서, 우리가 물체를 붙잡고 다루는 것에서 비롯됩니다. 그런 운동능력이 심지어 언어능력의 전제조건이라는 점을 시사하는 증거도 많습니다. 우리의 정신은 오직 물체의 세계 안에서만 존재합니다.

슈테판 클라인: 그러니까 결코 죽음을 피할 수 없겠군요.

비토리오 갈레세: 암, 그렇고말고요. 하지만 우리는 장기적인 목표를 추구함으로써 불가피한 죽음의 전망을 견뎌낼 만하게 만들 수 있습니다. 만리장성을 축조하라고 명령한 중국 황제는 자신이 그 장성의 완성을 결코 보지 못하리라는 점을 잘 알았어요. 그럼에도 그는 그일에 자신의 모든 힘을 쏟아부었죠. 혹시 우고 포스콜로(1778~1827, 이탈리아 시인이자 소설가-옮긴이)를 읽어본 적 있나요? 이탈리아 학생들은 반드시 읽는 시인이에요. 어느 작품에서 포스콜로는 피렌체 산타 크로체 성당의 묘지에 갔던 일을 서술해요. 그곳에는 미켈란젤로, 갈

릴레오, 로시니를 비롯한 수많은 유명인들이 묻혀 있어요. 하지만 그들은 후대 사람들의 뇌 속에서 여전히 살아 있죠. 이것도 일종의 공명입니다. 그들 덕분에 인류는 문화를 일구고 생물학적 진화의 굴레에서 벗어날 수 있었죠. 그리고 이 문화에, 죽음을 이겨내고 있는 이 문화에 사람이라면 누구나 기여합니다. 인류의 지식에 보탠 바가 거의 없는 사람도 마찬가지예요. 하긴, 내가 발길 닿는 곳 어디에서나 과거의 흔적과 마주치는 이탈리아 사람이어서 이렇게 느끼는 것일 수도 있겠군요.

09. 가장 강렬한 감각

통증에 대하여

신경약리학자 "발터 치클겐스베르거"와 나눈 대화

Walter Zieglgänsberger
1940년 독일에서 태어났다. 독일 뮌헨대학교에서 인간의학을 공부했다. 현재
독일에서 가장 유명한 통증 연구자다. 1984년부터 지금까지 뮌헨 막스플랑
크 정신의학연구소에서 임상 신경약리학 분야를 이끌고 있다.

발터 치클겐스베르거는 독일에서 가장 유명한 통증 연구자다. 1940년 바이에른 주 란츠후트에서 태어난 그는 뮌헨에서 의학을 공부했고 1984년부터 뮌헨 막스플랑크 정신의학연구소에서 연구팀 하나를 이끌어왔다. 우리는 베를린에서 열린 한 전시회에서 만났다. 통증을 보는 미술가의 시각과 과학자의 시각을 종합하려는 의도를 품은 전시회였다. 관람하는 동안 나의 느낌은 어정쩡했다. 왜냐하면 과학을 너무 피상적으로 소개한다는 생각이 들었기 때문이다. 한편, 우리의 대화와 미술관 관람을 위해 뮌헨의 실험실에서 일부러 베를린을 방문한 치클겐스베르거의 평가는 더 가혹했다. 팔다리가 잘린 몸뚱이와 옛날 수술도구를 보여주는 많은 그림들은 공포와 혐오는 충분히 일으킬지 몰라도 통증과는 거의 무관하다고 그는 말했다. "정말로 괴로운 통증은 아주 천천히 시작돼요. 처음엔 허리가 약간 결리는 느낌 정도인데 갈수록 통증이 심해져서 여러 해 동안 환자의 삶을 점령해버리죠."

하지만 과학자인 그도 한번은 움찔하며 걸음을 멈췄다. 우리 앞의 바닥에 실물 크기의 말 사체를 표현한 봉제인형이 놓여 있었다. 승마를 아주 좋아하는 치클겐스베르거는 얼마 전에 자신의 말이 숨을 거두는 모습을 지켜보아야 했다. "무척 슬펐습니다."

슈테판 클라인: 치클겐스베르거 교수님, 지금까지 얼마나 오랫동안 통증을 연구해왔나요?

발터 치클겐스베르거: 30년이 넘었어요. 과학자 초년시절에 척수 신경세포를 가지고 실험을 했습니다. 그러면서, 그 세포에 예컨대 글루타메이트(glutamate)를 투여하면 통증신호가 증폭된다는 것을 동료들과 함께 발견했죠. 당시에는 아무도 이 발견을 믿으려 하지 않았어요. '통증은 부상이 일어났다는 메시지일 뿐이고 부상이 심각할수록 통증이 더 커진다'라고 다들 생각했으니까요. 그러니 내 발견은 나의 경력에 반드시 도움이 되지는 않았어요. 저명한 과학자들이 우리를 꾸짖었습니다. "젊은 놈들이 수프에 뿌릴 조미료(대표적인 화학조미료 MSG는 글루타메이트의 일종–옮긴이)를 뇌에 뿌리고 앉아 있으니, 아 말세로다 말세야……" 하시면서 말이죠.

슈테판 클라인: 그때 교수님은 교리에 반기를 든 셈이었습니다. 350여 년 전에 프랑스 철학자 데카르트는 통증을 교회 종소리에 비유했지요. 누군가가 종탑 밑에서 밧줄을 잡아당기면 탑 위의 종이 울린다고요. 아마 지금도 많은 사람들은 이 비유가 옳다고 생각할 거예요. 저도 최소한 한 가지 점에서는 이 비유가 마음에 듭니다. 데카르트는 통증을 우리 몸에서 일어나는 현상으로 파악했어요. 이를테면 죄에 대한 벌로 여기지는 않았어요.

발터 치클겐스베르거: 예, 그것만 해도 중요한 진보라고 할 수 있겠죠. 하지만 데카르트의 비유는 옳지 않아요. 통증은 한낱 반사 반응

이 아닙니다. 예컨대 당신이 통증을 느끼는 맥락이 대단히 중요해요. 우리 팀은 통증 문턱(pain threshold, 통증을 일으키는 자극의 최소 강도-옮긴이)을 측정하기 위해서 피실험자의 피부에 작은 금속 조각을 올려놓고 차츰 온도를 높이거든요. 그런데 내가 직접 나서서 측정을 하면 내 조수들이 측정할 때보다 피실험자들이 더 오래 버티다가 통증을 호소합니다. 단지 교수가 곁에 있다는 이유만으로 통증 완화 효과가 일어나는 거죠.

슈테판 클라인: 혹시 피실험자들이 통증은 똑같이 느끼는데, 교수님이 곁에 있어서 감히 아프다는 소리를 못하는 게 아닐까요?

발터 치클겐스베르거: 아닙니다. 피실험자들은 실제로 통증을 덜 느껴요. 그들의 뇌 활동을 측정해보면 알 수 있습니다. 이런 실험 결과는 데카르트의 관점에서는 도저히 설명할 길이 없죠.

슈테판 클라인: 저는 하이델베르크대학교의 통증 연구자 헤르타 플로어가 만성 요통 환자들을 대상으로 실시한 연구를 인상 깊게 봤습니다. 일부 환자들은 공감을 잘해주는 동거인과 함께 살았고, 다른 환자들은 타인의 고통에 무관심한 동거인과 함께 살았죠. 그런데 후자의 환자들이 더 나은 생활을 했어요. 요컨대 동거인의 위로와 관심만으로도 통증이 심해진다는 결과가 나온 거예요.

발터 치클겐스베르거: 통증 시스템은 어마어마한 적응력을 가지고 있어요. 이 사례에서는 그 시스템이 인정 많은 동거인에게 반응한 거

죠. 이런 현상과 관련해서 우리는 생각을 근본적으로 바꿔야 했습니다. 몇 년 전까지만 해도 확고한 정설은 머릿속의 모든 것이 확고하고 영원하게 배선되어 있다는 것이었어요. 그러나 지금은 심지어 성인의 뇌도 끊임없이 변화한다는 것이 상식이 되었습니다. 우리 뇌과학자들에게는 요새가 엄청나게 흥미진진한 시기예요. 비유하자면 지구가 원반이 아니라는 사실이 막 밝혀지려던 때와 비슷합니다. 한마디 덧붙이자면, 우리 몸이 생산하는 글루타메이트가 어떤 중요한 구실을 하는지도 이제 차츰 드러나는 중이에요. 글루타메이트는 뉴런이 더 쉽게 적응할 수 있게 해줍니다.

슈테판 클라인: 사람이 통증을 얼마나 강하게 느끼느냐 하는 것에도 타고난 차이가 있나요?

발터 치클겐스베르거: 예. 통증 감수성(pain sensitivity)은 유전됩니다. 어떤 사람은 유전적인 이유로 통증을 전혀 못 느껴요. 또 성별도 관련이 있습니다. 대다수의 여성은 남성보다 통증을 더 잘 느끼죠. 그 이유는 여성의 신경계와 관련이 있습니다. 하지만 머리카락이 붉은 여성은 통증과 관련해서 한 가지 장점을 가지고 있어요. 그런 여성은 어떤 유전자 결함을 가지고 있기 때문에 몇 가지 아편유사제(opioid)에 유난히 잘 반응합니다.

슈테판 클라인: 아편유사제는 아편에 들어 있는 작용성분과 유사한 물질이죠. 진통 및 환각 효과가 있고요. 그런데 우리 몸은 그런 아편유사제도 생산해요. 그러니까 누구나 뇌 속에 개인 마약 공장을 가지

고 있는 셈이죠.

발터 치클겐스베르거: 그렇긴 한데, 우리 몸에서 생산되는 아편유사제의 1차적인 역할은 통증을 자연스럽게 극복하는 거예요. 이 시스템이 없다면, 부상을 입고 맹수에게 쫓기는 동물은 살아날 가망이 없겠죠. 또 축구선수가 부상을 당하고도 계속 경기를 할 수 있는 것 역시 체내에서 자연적으로 분비되는 아편유사제 덕분이에요. 아편유사제는 세상에서 가장 강력한 진통제예요.

슈테판 클라인: 그런데 참 놀라운 것은 상상의 힘만으로도 아편유사제가 분비된다는 점입니다. 통증 환자가 가짜 약을 진짜 약으로 굳게 믿고 먹으면, 환자의 뇌가 아편유사제를 분비해요. 그래서 환자는 통증을 덜 느끼고요.

발터 치클겐스베르거: 예, 맞아요. 그런 플라시보 효과를 뇌 활동에서도 확인할 수 있습니다. 진통제가 체내에서 유래하느냐 체외에서 유래하느냐는 결국 중요하지 않아요. 명상이나 요가 같은 기술을 익혀서 자신의 뇌로 하여금 고유의 진통제를 분비하게 하는 것도 가능합니다. 고행하는 수도승을 보세요. 미리 진통제 알약을 삼키지 않고도 못 박힌 판자 위에 잘만 앉아 있지 않습니까.

슈테판 클라인: 통증 감각은 정확히 어떤 과정을 거쳐서 발생하나요?

발터 치클겐스베르거: 우리 몸 거의 모든 곳에 '통각수용기(nociceptor)'

라는 센서가 있습니다. 그 센서는 열, 강한 압력, 또 화학적 자극에도 반응하죠. 당신의 몸 어딘가에 부상이 일어나면, 통각수용기가 척수로 신호를 보냅니다. 이어서 척수에서 아주 중요한 일이 일어나요. 먼저, 통증신호는 몸에서 발생한 다른 모든 신호보다 우선시 됩니다. 또 통증신호가 분할됩니다. 그래서 한 신호전달 경로는 대뇌 구역으로 이어져요. 그 구역에서는 부상이 일어난 위치를 파악하고요. 다른 신호는 뇌의 깊숙한 내부 구역으로 전달되어 불쾌한 감정을 일으키지요.

슈테판 클라인: 그런데 통증에서 오히려 쾌락을 느끼는 사람도 있어요. 추정 결과가 조금씩 다르긴 하지만, 독일인 가운데 최소 200만 명에서 최대 600만 명이 어느 정도 정기적으로 마조히즘 놀이를 한다고 합니다.

발터 치클겐스베르거: 그 사람들이 느끼는 것은 통증이 아닙니다. 그들은 그저 흥분을 느낄 뿐이에요. 따지고 보면 평범한 섹스에서도 마찬가지죠. 얼마 전에 내 친구 부부가 해준 얘기인데요, 어느 날 저녁에 부부가 무슨 모임에 갔다가 돌아오니 아이들이 소파에서 울고 있더래요. 알고 보니 부부가 옷장 속에 숨겨놓은 성인용 비디오를 그 꼬마들이 보다가 겁에 질린 거였어요. 뭘 봤냐니까, 이러더래요. "엉엉, 아저씨하고 아줌마가 발가벗었는데, 아저씨가 아줌마를 막 때렸어. 엉엉." 그래서 부모는 아이들을 진정시키기 위해 어쩔 수 없이 아이들과 함께 다시 그 비디오를 봤답니다. 그런데 아이들을 경악시킨 장면이 무엇이었냐 하면, 그냥 지극히 평범한 정상 체위더래요. 사실

아이들로서는 겁을 먹을 만하죠. 영화 속의 여성이 마치 심한 통증을 느끼는 것처럼 얼굴을 찡그렸으니까요. 아이들은 그 표정을 옳게 해석한 겁니다. 단지 우리 어른들이 알아채지 못할 뿐이죠.

슈테판 클라인: 그건 우리가 통증보다 더 강한 흥분을 느끼기 때문일까요?

발터 치클겐스베르거: 가장 중요한 이유는, 우리가 그 상황을 통제할 수 있기 때문입니다. 아무리 심한 마조히즘 놀이에도 '열쇠말'이 있어요. 마조히스트 역할을 하는 사람이 그 열쇠말을 발설하기만 하면 놀이는 곧바로 끝나요. 그러니 불안이 있을 리 없죠. 통증은 불안을 동반할 때 비로소 견디기 힘들게 됩니다.

슈테판 클라인: 통증이란 곧 무력감인 셈이네요.

발터 치클겐스베르거: 무력감이 비로소 통증을 괴로운 것으로 만듭니다. 이 사실은 통증 정보가 두 갈래로 나뉜다는 점과 관련이 있어요. 당신이 섹스를 할 때, 몸의 어느 부위에 과도한 압력이 가해졌는지(경우에 따라서는 경미한 조직손상까지 일어났는지) 파악하는 뇌 부위는 아주 잘 반응합니다. 당신 자신이 그 반응을 알아챌 테고요. 하지만 그 상황이 명백히 무해하기 때문에, 불쾌한 감정을 담당하는 중추는 신호를 거의 발생시키지 않지요. 만약에 그 중추까지 활성화된다면, 당신은 섹스를 다시는 하지 않을 겁니다.

슈테판 클라인: 교수님은 아까 위험한 통증은 강하지 않고 약하다고 말씀했습니다.

발터 치클겐스베르거: 인간의 몸은 갑작스러운 부상이 유발하는 통증에는 대비가 되어 있습니다. 그런 급성 통증이 일어나면 아편유사제가 분비되고, 최악의 경우에는 실신, 곧 의식 상실이 일어나죠. 반면에 이를테면 요통이 지긋지긋하게 반복되면, 아무리 약한 통증이라도 환자를 절망으로 몰아갑니다. 그런 환자는 하루 종일 다시 통증이 오지 않을까 경계하는 마음으로 삽니다. 그러다 보면 불안이 차츰 커지고요. 결국엔 끔찍한 일이 벌어집니다. 환자가 통증에 점점 더 민감해지는 거예요. 왜냐하면 환자의 신경계가 변화하기 시작한 때문입니다. 무슨 말이냐면, 뉴런이 계속 반복해서 자극을 받으면, 뉴런은 입력되는 신호를 점점 더 크게 증폭해요. 뇌는 원래 그런 식으로 반복을 통해 학습하거든요. 그런데 이 경우에는 불행하게도 통증을 학습하는 거죠. 그 결과, 처음에는 약했던 감각이 점점 더 강해집니다. 결국에는 통증이 환자의 삶 전체를 점령하지요.

슈테판 클라인: 그런 환자의 허리는 어떤가요? 허리에 뭔가 문제가 있으니까 통증이 생기겠죠?

발터 치클겐스베르거: 대다수의 경우에 허리에는 아무 문제가 없습니다. 통증 자체가 병이에요. 어쩌면 당신도 근육경직을 겪은 적이 한 번쯤 있을 거예요. 통증 환자의 통증 이력도 그렇게 대수롭지 않게 시작됩니다. 문제는 그 이력이 악화되는 것인데, 환자에게 불안을

심어주는 의사도 적잖은 책임이 있어요. 의사도 통증의 원인을 정확히 모르기 때문에, 이런 식으로 진단을 내립니다. "글쎄요, 환자분의 허리가 최선의 상태는 아닙니다. 아직은 별 문제가 없지만, 20년 뒤에는 아마 문제가 생길 겁니다." 그러면 환자는 겁이 나서 늘 허리에 신경을 쓰게 됩니다. 스스로 자신에게 통증을 프로그래밍 하는 거죠. 또 이제부터는 몸을 아껴야겠다고 마음먹기 때문에, 환자의 근육이 약해져요. 덕분에 다음번에는 근육경직이 제대로 일어납니다.

슈테판 클라인: 이런 과정을 가리키는 전문용어까지 있는 것으로 압니다. "의원성 만성화(iatrogenic chronification)"라고, 의사 때문에 병이 만성화한다는 뜻이죠.

발터 치클겐스베르거: 실제로 의사가 신체 부상 못지않게 악영향을 미치는 일이 간혹 있습니다.

슈테판 클라인: 저는 현대 의학이 그런 일을 조장한다고 봐요. 지금은 초음파 검사, 컴퓨터단층촬영, 유전자 검사 덕분에 의사들이 과거에는 전혀 못 보던 이상을 보지 않습니까. 의사가 그런 이상을 보고도 침묵해야 할까요?

발터 치클겐스베르거: 어쨌거나 우리 의사들은 입조심 하는 것이 바람직합니다. 특히, 자각 증상 때문에 의사를 찾아왔지만 사실은 건강한 사람을 앞에 두었을 때 입조심이 필요해요. 말은 모든 칼 중에서 가장 날카로운 칼입니다. 그래서 나는 항상 환자에게 무언가 설명할

때 아주 조심합니다.

슈테판 클라인: 하지만 환자들은 이미 오래 전부터 인터넷 덕분에 스스로 진단을 내립니다. 예컨대 제 무릎 통증이 뼈 경색(bone infraction, 혈액 공급 장애로 뼈 조직이 괴사하는 병–옮긴이)의 전조일 수 있다는 글을 읽으면, 저는 당연히 불안해집니다. 그렇지만 이런 불안을 없애자고 의학을 다시 옛날처럼 의사들끼리만 아는 지식으로 되돌릴 수는 없지 않겠어요? 저는 오히려 우리가 의학 지식을 지혜롭게 활용하는 것이 중요하다고 생각합니다.

발터 치클겐스베르거: 말씀하신 대로 환자들이 정보를 얼마든지 얻을 수 있기 때문에 더더욱 의사들은 이런저런 추측을 늘어놓지 말아야 합니다. 의사의 임무는 희망을 주는 거예요. 또 최대한 신속하게 강한 진통제를 써서 통증 학습을 원천 차단하는 것이 바람직합니다.

슈테판 클라인: 통증이 만성화한 다음에는 어떻게 대처하나요?

발터 치클겐스베르거: 학습된 것은 다시 탈학습(unlearn)될 수 있습니다. 의사들이 우선 할 일은 통증을 차단하는 거예요. 이를 위해 대개 약물을 쓰죠. 하지만 약물은 목발과 마찬가지로 임시방편일 뿐이에요. 과거에 우리 의사들은 이 대목에서 엄청난 실수를 범했습니다. 흔히 우리는 환자의 통증이 가시자마자 환자를 방치했죠. 하지만 의사가 환자의 신경계에 자리 잡은 통증 프로그램을 소거하지 않으면, 통증은 재발합니다. 안타깝게도 뇌에는 간단한 프로그램 소거 버튼

이 없어요.

슈테판 클라인: 오래된 나쁜 경험에서 해방되려면, 기억 속의 그 경험을 새롭고 좋은 경험으로 덮어버려야 하지 않을까요?

발터 치클겐스베르거: 만성 통증 환자들은 생활이 점점 더 위축됩니다. 오페라를 정말 좋아하던 사람이 통증 환자가 되면, 〈트리스탄과 이졸데〉 관람은 그에게 이루 말할 수 없는 고역이 됩니다. 왜냐하면 두 주인공이 사랑을 위해 함께 죽는 마지막 장면이 나올 때까지, 죽을 것 같은 통증이 3번쯤 찾아오거든요. 한번 그런 경험을 하고 나면, 오페라에 대한 부정적인 인식이 각인되지요. 거기에서 벗어나는 길은 바그너의 음악이 얼마나 아름다울 수 있는지를 다시 경험하는 것밖에 없어요. 삶의 기쁨을 얼마나 많이 재발견하느냐에 따라 환자는 꼭 그만큼 불안에서 벗어날 수 있습니다. 또한 자신의 통증에 끊임없이 신경을 쓰는 것을 멈출 수 있고요. 지나친 보호는 아무 소용이 없어요. 오히려 쾌락을 즐기는 능력을 다시 키우는 편이 더 나아요. 좋은 통증 치료법을 한마디로 요약할 수 있습니다. '찜질(fango) 대신 탱고(tango)를!'

슈테판 클라인: 교수님은 만성 통증을 다스리기 위해 일종의 심리치료법을 쓰는군요.

발터 치클겐스베르거: 맞습니다. 무엇보다 중요한 것은 통증에 대한 두려움을 극복하는 겁니다. 이건 약만 가지고는 안 돼요.

슈테판 클라인: 다른 한편으로, 우리가 몸의 통증에 대해서 알게 된 내용의 많은 부분은 마음의 고통에도 적용됩니다. 어차피 뇌는 마음의 고통과 몸의 고통을 구별하지 않으니까요. 우리가 상사병으로 고뇌하든, 거절을 당해서 슬퍼하든, 단지 금전적 손해 때문에 괴로워하든, 머릿속에서는 몸에 통증이 있을 때 활성화되는 회로와 같은 회로가 활성화돼요. 그러면 우리는 이렇게 말하죠. "네 말이 나를 많이 아프게 해." 이런 말을 보면, 일상 언어의 정확성에 감탄하게 됩니다.

발터 치클겐스베르거: 신체 현상과 심리 현상 사이에 근본적인 차이가 있다는 견해를 여전히 고수하는 전통 철학보다 확실히 훨씬 더 정확하죠. 예를 들어봅시다. 내가 손뼉을 치면, 소리가 오른손에서 나는 걸까요, 왼손에서 나는 걸까요? 몸의 고통과 마음의 고통이 정확히 이런 관계입니다. 심리적인 고통도 치명적일 수 있어요.

슈테판 클라인: 우리 사회의 통념은 다릅니다. 아이의 따귀를 때리는 행동은 신체를 상해하는 짓이죠. 반면에 "너를 사랑하지 않겠다"는 식의 위협은 얼마든지 가혹하게 해도 된다고 다들 생각해요. 또 어른만 있는 직장에서도 집단따돌림은 다반사죠.

발터 치클겐스베르거: 이 경우에도 문제의 핵심은 당하는 사람이 심한 무력감을 느낀다는 거예요. 그런 위협을 당한 아이는 뺨이 아픈 정도보다 훨씬 더 심한 심리적 고통을 느낍니다. 부모가 자신을 버렸다고 느끼니까요. 마찬가지로 집단따돌림의 피해자는 동료들로부터 버림받았다고 느끼죠. 바로 이 느낌이 피해자에게 견디기 힘든 고통

을 줍니다.

슈테판 클라인: 그런 몰인정을 어느 정도 억누르는 것이 감정이입, 곧 공감의 능력이죠. 우리가 타인의 고통을 곁에서 지켜봐야 할 때, 우리 뇌는 마치 자신이 상해를 당한 것처럼 반응합니다.

발터 치클겐스베르거: 나는 가끔 강의실에서 짧은 동영상 하나를 보여줍니다. 테니스 선수 미하엘 슈티히가 경기 도중에 발을 잘못 디뎌 발목 바깥쪽 인대가 끊어지는 장면을 담은 동영상이죠. 발이 확 꺾여요. 발바닥이 하늘을 향할 정도로……

슈테판 클라인: 으으으!

발터 치클겐스베르거: 바로 이거예요. 당신은 이야기만 들었을 뿐인데도 벌써 고통을 느껴요. 슈티히 씨와 특별히 친한 사이도 아닐 텐데요.

슈테판 클라인: 우리는 심지어 낯선 사람의 고통도 이렇게 곧장 자기 것으로 만드는데, 우리의 통상적인 인간관은 이런 실상과 전혀 딴판이에요. 보통 우리는 자연 상태의 인간을 거리낌 없이 오로지 자신의 행복만 생각하는 존재로 생각하잖아요. 그런데도 우리가 서로의 머리통을 부숴버리지 않는 것은 오로지 문화와 교육 덕분이라고요. 하지만 뇌과학의 새로운 성과가 보여주듯이, 우리는 선천적인 공감 능력을 가지고 있습니다.

발터 치클겐스베르거: 인간은 이타주의자와는 거리가 멀어도 한참 멉니다. 바로 그렇기 때문에 타인의 고통을 비롯한 온갖 감정을 느끼는 능력이 우리에게 필요한 거예요. 공감 능력이 없으면 인간의 공동생활은 아마 원활히 돌아가지 않을 거예요.

슈테판 클라인: 그렇다면 교수님은 의사로서 환자의 고통을 함께 느끼는 생활을 어떻게 견뎌내나요?

발터 치클겐스베르거: 줄타기와 비슷합니다. 의사는 어느 정도 환자의 입장에 설 수 있어야 합니다. 안 그러면 환자가 의사를 의사로 받아들이지 않으니까요. 다른 한편으로 의사는 직업인으로서 환자로부터 거리를 둘 필요가 있습니다. 안 그러면 의사 자신이 파멸하니까요. 의사가 환자의 통증을 완화해주면 환자가 고마워한다는 사실이 이 어려운 줄타기에 도움이 됩니다. 고대의 의사 갈레노스도 이 사실을 알았어요. "통증을 줄이는 것은 신적인 일이다." 갈레노스의 말입니다.

슈테판 클라인: 교수님은 어쩌다가 유독 통증을 연구하게 됐나요?

발터 치클겐스베르거: 신경계 안에서의 신호처리를 이해하고 싶었어요. 통증은 그저 좋은 예였지요.

슈테판 클라인: 통증이 그렇게 추상적일까요?

발터 치클겐스베르거: 젊은 과학자 시절에 나는 그렇게 생각했어요.

통증이라는 것이 일상생활 전체와 얼마나 밀접한 관계가 있는지는 세월이 지나면서 비로소 알게 되었습니다.

슈테판 클라인: 교수님이 연구하는 또 다른 큰 주제는 중독(addiction)입니다.

발터 치클겐스베르거: 통증과 중독은 밀접한 관련성이 있어요. 둘 다 바람직하지 않은 학습의 결과거든요. 만성 통증의 경우에 뇌는 점점 더 강한 감각을 일으키는 법을 학습합니다. 그런 감각은 당사자에게 전혀 도움이 되지 않는데도 말이죠. 한편, 뇌가 약물에 중독된다는 것은 점점 더 많은 약물을 공급받아야만 어느 정도 제 기능을 할 수 있도록 프로그래밍 된다는 것이에요. 양쪽 모두가 유사한 뉴런 연결 망의 재구성에서 비롯됩니다. 또한 둘 다 진정한 병입니다. 비록 많은 사람들은 이 사실을 여전히 받아들이지 않으려 하지만요.

슈테판 클라인: 뇌과학은 우리의 인간관을 급속히 변화시켰습니다. 그래서 많은 사람들은 그 변화를 따라잡기 어려워하지요. 개인적인 '기분'을 뇌 속에서 일어나는 아주 복잡한 물리적 과정을 일컫는 다른 이름으로 간단히 간주하기를 거부합니다.

발터 치클겐스베르거: 맞아요, 철학까지 들먹일 필요 없이 당장 일상에서도 우리는 여전히 몸과 마음을 분리하죠. 하지만 오늘날 우울증의 대부분이 삶의 상황에 대한 논리적 반응이 아니라 물질대사장애라는 것을 압니다. 우리는 지금 정말로 '분자심리학(molecular psychology)'

이라고 부를 만한 분야를 개척하는 중이에요. 이런 새로운 흐름에 대한 반발은 실천을 통해 극복할 수 있다고 봅니다. 내가 환자에게 약을 먹으라고 권하려면, 나는 환자의 기분을 이해해줘야 합니다. 그러니까 이렇게 말할 수 있겠죠. 당신의 기분을 잘 이해합니다. 비슷한 상황에 처한다면 나도 당신과 똑같이 반응할지 모릅니다. 슬픔의 구렁텅이에서 헤어나기 위해 일종의 화학적 목발로 항우울제를 권합니다. 당신의 기분이 다시 안정되면, 이 목발은 내팽개쳐 버리세요.

슈테판 클라인: 그런데 참 얄궂게도, 내가 내 몸과 마음이 하나라는 점을 이해하기 어려워질 때가 언제냐면 바로 그렇게 심한 고통에 시달릴 때에요. 그럴 때는 내 몸이 오히려 나의 맞수로 느껴지거든요. 내 몸이 나의 맞수라면 나는 뭔지 좀 이상하긴 하지만요. 아무튼 그렇게 고통에 시달릴 때 내 몸은 나의 적이고, 나는 내 몸에서 해방되고 싶어요.

발터 치클겐스베르거: 그런 생각도 다 뇌에서 일어납니다. 뇌에는 당신의 몸을 나타내는 일종의 지도가 있어요. 만일 당신이 무릎 통증을 오랫동안 반복해서 느끼면, 이 통증 정보를 수용하는 신경세포의 개수가 점점 더 늘어나지요. 다시 말해 뇌 속의 몸 지도가 변형돼요. 통증이 있는 부위를 나타내는 지도상의 구역이 점점 더 커지는 거죠.

슈테판 클라인: 한편으로 개별 뇌세포의 변화와 다른 한편으로 인간의 감각 및 행동 사이에는 아주 큰 간극이 있습니다. 교수님은 이 간극을 어떻게 메우나요?

발터 치클겐스베르거: 우선 과학자의 입장에서 대답할게요. 우리 팀은 지금 뉴런 집단의 공동 작용을 연구하는 방법을 개발하고 있습니다. 지금은 소규모 집단에만 그 방법을 적용할 수 있지만, 앞으로는 점점 더 큰 집단에도 적용할 수 있게 개량할 생각이에요. 그러는 와중에 세포 사이에서 일어나는 과정이 어떤 단계를 거쳐 인간의 심리와 행동으로 번역되는지 더 잘 이해하게 되리라고 희망합니다. 다음으로 의사의 입장에서 대답할게요. 몇 년 전까지만 해도 나는 실험실에서 연구자로 일하는 동시에 밤과 주말에는 자주 응급의사로서 구급차를 탔습니다. 당장 쓸모 있는 일을 한다는 자부심이 필요했거든요. 그러면서 극단적인 통증과 중독을 접했죠.

슈테판 클라인: 교수님이 그렇게 밤일을 하는 것에 대해서 연구소장이 뭐라고 하지 않던가요?

발터 치클겐스베르거: 연구소장과 약속을 했어요. 둘만 아는 비밀로 하자고요. 심지어 내가 우리 대학병원의 구급차를 탈 때도 동료들은 나를 보면서 내 동생이려니 짐작했어요. 내 동생이 개업한 의사거든요. 그때 경험이 지금 큰 도움이 됩니다. 의사들이 나를 딴 세상의 연구자가 아니라 의사로 대접해줘요. 나는 그들의 전문용어를 잘 알고요.

슈테판 클라인: 매년 최소 2만 명의 독일인이 통증을 견디지 못해 자살합니다. 그들 모두에게 도움이 되는 치료법이 있을까요?

발터 치클겐스베르거: 극단적인 통증에 시달리는 사람의 수는 아마 더 많을 겁니다. 치유 가능성이 없는 병에서 해방되기를 바라는 사람들도 통계에 추가해야 할 테니까요. 사실 그들이 원하는 것은 통증에서 해방되는 것뿐입니다. 효과적인 통증 치료가 자살 욕구를 극적으로 낮춘다는 것은 이미 알려진 사실이에요. 새로운 치료법은 이제껏 가망이 없다고 여겨진 사례에서도 효과를 낼 수 있습니다. 내가 개척하는 것이 바로 그런 통증 치료 프로그램입니다. 우리는 고통을 줄이고 삶의 기쁨을 유지하기 위해 모든 수단을 동원해야 합니다.

슈테판 클라인: 교수님의 생각에 동의하지 않는 사람도 꽤 있을 듯합니다. 모든 고통에는 나름의 의미가 있고, 우리는 고통을 견뎌내야 한다는 생각도 우리 안에 깊이 뿌리내려 있으니까요.

발터 치클겐스베르거: 지속적인 고통은 무의미합니다. 고통이 사람을 고귀하게 만든다는 그 신비주의적인 생각은 되도록 빨리 잊어버리는 것이 좋아요. 그건 기독교 중에서도 케케묵은 기독교의 발상이에요. 심지어 교황도 통증 치료에 찬성한다고 입장을 밝혔어요. 통증을 참아내는 것은 누구에게도 바람직하지 않아요.

슈테판 클라인: 통증 없는 세상이 있을 수 있을까요?

발터 치클겐스베르거: 통증은 우리가 살아 있다는 신호예요. 물론 극단적인 신호이기는 하지만요. 앞으로도 늘 그럴 겁니다.

10. 진화의 여성적 측면

모성에 대하여

인류학자 "세라 허디"와 나눈 대화

Sarah Hrdy
1946년 미국에서 태어났다. 미국 하버드대학교에서 인류학을 공부하고, 대학원에서 인도의 랑구르원숭이, 특히 수컷 랑구르원숭이에서의 영아 살해 행동을 관찰, 분석하여 박사 학위를 받았다. 현재 캘리포니아대학교 인류학과 명예교수다. 국내 소개된 책으로 『어머니의 탄생』이 있다.

모성이라는 것이 무언인지에 대해서 세라 허디만큼 많이 생각한 사람은 드물다. 감정적 폭약이 도처에 널린 이 분야에서 미국 인류학자 허디는 권위자로 통한다. 그러나 정작 그녀는 이상하게도 필생의 주제인 모성으로부터 거리를 둔다. 어떤 유형의 감상주의도 멀찌감치 우회하려는 듯하다. 그녀가 보기에 그녀 자신은 "원숭이의 난소와 인간의 뇌, 타인을 보살피는 유전적 감정을 가진 포유동물"이다. 하지만 허디는 냉정한 사람이 전혀 아니며, "어떻게 이 모든 것이 단 한 명의 성취욕 많은 여성의 몸속에 모여 있을까?"라는 그녀의 질문은 그녀 자신이 살아오면서 자주 고민했던 문제임에 틀림없다. 1946년 텍사스 주 댈러스에서 태어난 그녀는 하버드대학교에서 인류학을 공부했고, 인도 북부 신성한 아부(abu) 산의 사원에 사는 원숭이들의 사회생활을 연구하여 명성을 얻었다. 1984년에는 데이비스 소재 캘리포니아대학교에 인류학 교수로 임용되었지만, 50이라는 이른 나이에 교수 경력을 마감했다. 왜냐하면 연구와 가정생활과 학생 교육의 충실한 병행을 더는 감당할 수 없다고 느꼈기 때문이다. 현재 그녀는 캘리포니아 북부의 한 농장에서 호두 농사를 짓고 책을 쓰면서 산다.

　　우리는 다윈 탄생 200주년의 들뜬 분위기가 채 가시지 않았을 때, 케임브리지의 어느 오래된 칼리지에서 만났다. 허디는 쉰 목소리로 조용히 말했으며, 간간이 애써 목소리를 가다듬었다. 진화의 여성적 측면에 대해서 여러 차례 특별강연을 하느라 그녀는 목소리를 아예 잃을 뻔했다.

슈테판 클라인: 허디 교수님, 교수님의 어머니는 어떤 분이었나요?

세라 허디: 눈이 휘둥그레질 만큼 아름답고 아주 영리하고 성취욕도 아주 많은 여성이었죠.

슈테판 클라인: 어디에선가 교수님은 본인의 어머니를 "어떤 의미에서 반감을 일으키는 어머니"로 표현했습니다. 무슨 뜻인가요?

세라 허디: 글쎄요. 우리 어머니는 자식보다 본인의 사회적 지위를 더 중시했어요. 우리를 보살피는 일은 보모가 맡았는데, 보모가 끊임없이 바뀌었지요. 뭐가 반감을 일으켰냐면, 어머니가 자식의 욕구에 대해서 어떻게 생각하느냐가 문제였어요. 하지만 나는 어머니를 비난하지 않습니다. 그분 세대의 사람들은 아기가 울면 그냥 울게 놔뒀어요. 달래주면 나쁜 버릇이 든다고 생각했거든요. 하지만 나는 어머니를 많이 사랑했어요. 나중에는 내가 어머니와 아주 비슷하다고 느꼈고요. 어머니는 선하고 올바른 사람이었어요.

슈테판 클라인: 교수님의 책들을 읽으면, 어떤 인간관계보다도 탁월하게 팽팽한 긴장이 감도는 관계가 어머니와 자식 사이라는 인상을 갖게 됩니다.

세라 허디: 어머니가 자식을 위해 완전히 헌신할 수 있는 경우도 있습니다. 그러나 대부분은 어머니 자신을 위한 도움의 손길이 부족해요. 혹은 어머니가 여러 자식에게 사랑을 나눠줘야 하는 경우도 있

고, 어머니가 인생에서 다른 계획을 가지고 있는 경우도 있어요. 이런 경우에 어머니는 애증을 함께 느끼는데, 이것이 아주 고통스럽습니다. 게다가 과거에 우리는 참된 모성애는 전폭적이라는 생각을 주입 받았지요. 어머니는 자식에게 말 그대로 골수까지 다 빨아 먹혀야 한다는 생각…….

슈테판 클라인: 몇몇 거미 종에서는 실제로 그렇죠.

세라 허디: '디아에아 에르간드로스(Diaea ergandros)'라는 종을 보세요. 오스트레일리아에 사는 거미 종인데, 새끼가 부화하자마자 어미는 이상한 마비증상에 빠져요. 그리고 분비물을 방출해서 제 몸을 녹이지요. 그렇게 어미는 먹기 좋은 죽으로 변해요. 새끼들의 첫 먹이가 되는 거죠.

슈테판 클라인: 교수님은 아들 하나와 벌써 성인이 된 딸 둘을 두었습니다. 혹시 교수님도 그런 마비증상이나 자식들 때문에 자신이 소진될 거라는 두려움을 체험했나요?

세라 허디: 예, 그럼요. 하지만 어머니일 때뿐 아니라 더 먼저 딸이었을 때도 가족이 나를 산 채로 잡아먹으려 한다는 상상을 자주 했어요. 나는 텍사스 주 출신이에요. 엄청나게 가부장적이고 유감스럽게도 인종차별적인 문화 속에서 성장했죠. 가족이 내 결혼 상대를 결정하려 한다는 것을 어린 시절에는 당연히 꿈에도 생각하지 못했어요. 우리 어머니가 정확히 그렇게 결혼했어요. 어머니는 원래 변호사

가 되고 싶었는데, 할머니가 먼저 댈러스의 상류 사교계에 입문해야 한다고 완강히 고집했대요. 거기에서 어머니는 아버지를 만났어요. 아주 큰 횡재였습니다. 아버지는 유전을 소유하고 있었으니까요. 그래서 이렇게 된 거예요.

슈테판 클라인: 교수님은 여러 석유회사의 지분을 상속받은 백만장자입니다. 그런 분이 이렇게 산다고 하면 사람들이 아마 놀랄 거예요. 교수님은 말하자면 해방된 셈인데, 어떻게 그럴 수 있었나요?

세라 허디: 나는 셋째 딸이어서, 말하자면 비상용 상속녀에 불과했어요. 그래서 내가 지적인 관심을 추구하는 것을 아무도 말리지 않았죠. 나는 소설가가 되고 싶었어요. 그래서 어머니는 나를 글쓰기 교육으로 유명한 기숙학교에 입학시켰어요. 그때 이후 나는 다시는 집으로 돌아가지 않았죠. 나는 마야 족에 대한 이야기로 첫 책을 쓸 생각이었어요. 그래서 마야 족에 대해서 더 많이 알기 위해 하버드대학교에서 인류학을 공부했죠. 그런데 내가 마야인들 곁에서 인류학을 연구한다는 것은 도저히 불가능하다는 점을 머지않아 깨달았어요. 마야 족의 생활이 너무나 처참해서, 차라리 내가 혁명가가 되어야 하겠더라고요. 하지만 나는 혁명가의 자질이 없어요.

슈테판 클라인: 대신에 교수님은 1971년 인도로 가서 사원에 사는 원숭이들을 연구하기 시작했습니다. 왜 그 원숭이에 흥미를 느꼈나요?

세라 허디: 랑구르원숭이 수컷들이 때때로 새끼를 죽인다는 얘기를

들었어요. 그 이유는 사원이 너무 좁기 때문이래요. 나는 순진한 마음에 그것이 중요한 증거 사례일 수 있다는 희망을 품었어요. 인구과밀이 엽기적인 이상 행동을 유발할 수 있음을 보여주는 사례라고 생각한 거죠. 그런데 머지않아 진짜 이유를 발견했습니다. 그 원숭이는 여러 암컷이 단 한 마리의 수컷을 중심으로 집단을 이뤄 생활합니다. 다른 수컷은 집단 바깥에 머물면서 그 수컷을 밀어내고 암컷을 차지할 기회를 노려요. 그러다가 권력 교체가 이루어지면, 새로 권력을 잡은 수컷은 과거 권력자의 새끼들을 물어 죽입니다. 암컷들을 다시 임신할 수 있는 상태로 만들어서 자신이 곧바로 번식할 수 있기 위해서죠.

슈테판 클라인: 어미들이 반발하지 않나요?

세라 허디: 그냥 물끄러미 바라봅니다. 심지어 때로는 어미가 자기 자식을 죽이는 일을 돕기도 해요. 그런 다음에 자식을 죽인 수컷을 졸라서 섹스를 하죠. 번식을 원한다면, 낙관론자가 되어야 해요.

슈테판 클라인: 교수님은 그런 광경을 냉정하게 관찰할 수 있었나요?

세라 허디: 아뇨, 충격적이었어요. 눈물이 그렁그렁한 내 눈앞에서 새끼들이 죽어나가는데, 나는 아무것도 할 수 없었고 해서도 안 되었죠.

슈테판 클라인: 과학자는 자신이 연구하는 현상에 개입하면 안 되지요.

세라 허디: 개입했더라도 부질없었을 거예요. 랑구르원숭이들은 화가 나면 아주 사나워질 수 있으니까요. 또 솔직히 고백하는데, 나는 그 새끼 살해 행동에 지적으로 매혹되었습니다.

슈테판 클라인: 영아살해는 자연이 생각보다 더 가혹하다는 것을 보여주는 결정적 증거였습니다. 당시 많은 사람들은 다윈주의를 다양한 종들이 서로 경쟁한다는 의미로 받아들였지요. 그런데 교수님의 발견은 모든 개체 각각이 모든 개체 각각과 싸운다는 것을 보여줬어요. 같은 종 안에서도 모든 개체 각각이 자신의 번식 기회를 극대화하려 애씁니다. 자기 새끼를 잃는 상황을 감수하면서까지요.

세라 허디: 예, 그렇습니다. 모든 암컷들이 수컷 한 마리를 놓고 경쟁해요. 그 경쟁이 워낙 치열하기 때문에, 암컷들이 자기 새끼를 희생시키는 것은 전적으로 합리적인 행동입니다.

슈테판 클라인: 당시에 발생한 사회생물학이 그런 주장을 옹호했지요. 하지만 사회생물학에 대한 반응은 꼭 우호적이지만은 않았습니다.

세라 허디: 굉장히 온건하게 말씀하는데, 실제로 우리는 악당으로 통했습니다. 비판자들은 우리를 나치와 비슷하게 취급했어요! 어쨌든 우리가 세계를 시대정신에 전혀 부합하지 않는 방식으로 기술한 것은 사실이에요. 나 개인의 사정은 더 나빴어요. 왜냐하면 나는 사회생물학자일 뿐 아니라 여성주의자로 자처했거든요. 그러니 양쪽에서 이데올로그라는 비판이 날아들었어요. 나는 다만 진화가 여성과

아동의 삶을 어떻게 규정하는지에 관심이 있었을 뿐인데 말이에요. 모든 종 각각의 절반을 배제하는 과학은 나쁜 과학이라고 생각합니다. 그런데 그런 과학을 자주 보게 되지요.

슈테판 클라인: 적어도 지금 말씀한 생각에 대해서는 이견이 있을 수 없다고 봅니다. 교수님은 학자로서의 경력 내내 여성의 번식을 연구했습니다. 맨 처음 연구 주제는 랑구르원숭이 암컷들의 성생활이었고요.

세라 허디: 그 당시에는 암컷들이 오직 배란기에만 짝짓기를 한다는 것이 확고한 정설이었습니다. 많은 종에서 실제로 그래요. 그런데 랑구르원숭이 암컷들이 임신이 전혀 불가능한 시기에 수컷을 졸라서 섹스를 하는 모습이 내 눈에 띄었지요. 대체 왜 그런 섹스를 할까? 나는 이 질문에 완전히 사로잡혔습니다.

슈테판 클라인: 그 질문에 대한 대답이 인간과도 관련이 있다고 믿었기 때문일까요?

세라 허디: 그렇다고 짐작했고, 또 그 이상이었죠. 심지어 내가 이탈리아 정부 주최로 열린 〈성행위의 의미에 관한 학회〉에 초대받은 적도 있어요. 하지만 안타깝게도 바티칸이 개입했어요. 이건 가톨릭교도와 전 세계의 비극인데요, 지금도 교회에서 권위를 지닌 성 아우구스티누스는 행동과학자로서는 형편없었어요! 그 성인께서는 가축을 관찰해서 얻은 지식을 모든 동물에 적용할 수 있다고 믿었습니다. 실

제로 가축에게 섹스는 오로지 번식을 위한 행동이에요.

슈테판 클라인: 그럼 랑구르원숭이 암컷에게 섹스의 목적은 무엇이란 말씀인가요?

세라 허디: 아마도 새끼의 진짜 아비를 은폐하는 것인 듯해요. 암컷이 미래에 지배자가 될 가능성이 있는 수컷과 섹스를 해두면, 그 수컷은 나중에 지배자가 되어도 그 암컷의 새끼들을 죽이지 않습니다. 왜냐하면 집단 외부에 살던 그 수컷은 그 암컷과 섹스를 한 것은 기억하지만, 그 암컷이 어떤 새끼들을 낳았는지까지는 모르거든요. 따라서 암컷은 새끼를 살리기 위해 되도록 많은 보험을 들어두어야 해요. 어쩌면 이것은 인간 여성까지 포함한 암컷의 오르가슴이 불확실하게 일어나는 현상이라는 점과도 관련이 있을 수 있어요.

슈테판 클라인: 마지막 부분에 대해서는 꼭 설명을 듣고 싶습니다.

세라 허디: 암컷이 여러 수컷과 교미한다는 것은 랑구르원숭이 집단에서도 위험한 행동이에요. 무엇이 암컷으로 하여금 위험을 무릅쓰게 할까요? 아마도 가장 그럴 듯한 대답은, 반복적인 자극을 필요로 하며 또한 불확실한 심리적·물리적 쾌락 반응이 암컷을 유혹한다는 거예요. 그 반응, 곧 오르가슴이 차츰 일어나기 때문에, 암컷은 첫 섹스로는 만족하지 못해요. 한편, 여러 조건화 실험에서 알 수 있듯이, 불확실성은 보상을 더욱 갈망하게 만들죠. 이런 이유 때문에 나는 우리가 오르가슴이라고 부르는 심리적·물리적 쾌락 반응이 파트너 간

의 유대에 기여한다는 생각을 의심합니다. 아마 오르가슴은 먼 과거의 유산일 거예요.

슈테판 클라인: 그러니까 여성의 절정이 마치 맹장처럼 불필요하다는 말씀인가요?

세라 허디: 혹은 인간 신생아의 움켜쥠 반사(신생아가 손바닥에 닿은 물체를 무의식적으로 움켜쥐는 행동 – 옮긴이)처럼 불필하다고도 할 수 있어요. 인간 어머니에게는 이제 털이 없는데도 신생아는 그런 불필요한 반사행동을 하지요. 만일 내 생각이 옳다면, 먼 훗날 우리 후손은 "왜 조상들은 이 주제를 가지고 이렇게 요란을 떨었을까?" 하는 질문을 탐구하게 될 겁니다.

슈테판 클라인: 랑구르원숭이를 보고 인간에 대해 추론하는 것은 과감한 도약입니다. 교수님은 자신의 이론을 증명할 수 있습니까?

세라 허디: 아니요. 이건 하나의 가설입니다.

슈테판 클라인: 어쨌든 교수님을 비롯한 여성이 비싼 비용을 치른다는 얘기네요. 번식의 성공이 중요하다면, 여성은 기껏해야 최대한 많은 남성의 지원을 확보하기 위해서 자신의 성적 에너지를 투입하는 셈이잖아요. 여성이 섹스를 통해서 남성을 우호적인 상대로 붙들어둠과 동시에 자신이 누구의 아기를 임신했는지 은폐한다는 거죠. 하지만 여성이 이 일을 잘 해낼수록, 모든 남성 각각은 자신이 아버지

라는 점을 더 많이 의심하고 자식을 덜 돌보게 될 겁니다. 이 문제의 해법은 아마도 여성이 말 그대로 무분별한 성관계와 엄격한 정절 사이에서 최적의 균형을 찾는 것이겠군요.

세라 허디: 맞아요, 바로 그겁니다. 그 균형은 동물 종마다, 또 인간 사이에서도 문화마다 다를 수 있어요. 예컨대 남아메라카의 몇몇 토착 부족은 여자가 더 많은 남자와 섹스를 해서 임신할수록 태아가 더 건강해진다고 믿지요. 그 남자들 모두가 아기의 아버지로 간주되고요. 하지만 실제로 민속학 연구에서 밝혀진 바에 따르면, 어머니는 자식을 위해 이런 과도한 섹스를 삼가는 편입니다. 대개의 경우 자식이 살아남을 확률은 아버지일 개연성이 있는 남성이 2명일 때 가장 높으니까요.

슈테판 클라인: 독일 남성들은 감사한 마음으로 살아야겠군요. 그런데 이 확률 계산을 고도로 발달한 사회에 적용하는 것은 무리가 아닐까 싶네요. 우리 사회에서는 거의 모든 아이가 살아남지 않습니까?

세라 허디: 물론이죠. 하지만 문제는 어떻게 살아남느냐 하는 거예요. 재작년에 ≪타임 *Time*≫이 '아버지의 날'을 맞아서 나에게 짧은 글을 청탁했어요. 나는 아버지들이 자식 양육에 지금보다 훨씬 더 많이 기여할 수 있는데도 기여하지 않는다는 취지의 글을 썼습니다. 미국의 대규모 아동구호기관 한 곳에서 조사한 자료도 거론했어요. 그 자료에 따르면, 이혼한 아버지들 중에서 가끔 양육비 지급을 거르는 사람의 비율은 거의 50퍼센트인 반면, 자동차 할부금을 거르는 사람의

비율은 3퍼센트에 불과합니다. 그 글을 쓰고 내가 분노에 찬 이메일을 얼마나 많이 받았는지 당신은 상상도 못 할 겁니다. 심지어 어떤 사람은 나를 공격하기 위해 웹사이트까지 만들었어요.

슈테판 클라인: 그 남성들의 행동은 아름답지도 않고 칭찬할 만하지도 않아요. 하지만 이해할 수 있지 않을까요?

세라 허디: 그럼요, 충분히 이해해요. 자동차가 없는 남자는 새 여자를 사귈 수 없겠죠.

슈테판 클라인: 지금 교수님은 사회생물학을 약간 과도하게 적용하는 것 같아요. 일부 남성은 단지 전 부인에 대한 분노 때문에 양육비를 거르는 것일 수도 있습니다.

세라 허디: 그럴 수도 있겠죠. 하지만 그런 행동도 사회생물학의 범위 안에 있어요. 여성을 두고 남성들이 벌이는 경쟁, 여성을 통제하려는 시도, 통제를 벗어나려는 여성의 노력 – 이 모든 것을 우리는 성선택(sexual selection)이라고 불러요. 위대한 생물학자 에드워드 윌슨은 "어떤 진화의 힘도 성선택만큼 파괴적이지는 않다"고 말했습니다. 따지고 보면 우리가 랑구르원숭이를 관찰하면서 연구해온 주제도 다름 아니라 성선택이에요.

슈테판 클라인: 교수님은 인도 북부에서 랑구르원숭이를 연구할 때 아직 아기였던 따님과 함께 있었습니다. 당시에 남편은 보스턴에서

일했고요. 어떻게 연구와 양육을 병행했나요?

세라 허디: 잘 되었을 리가 없죠. 보모를 고용했는데, 아이가 자꾸 감염되더라고요. 어느 날 저녁에는 원숭이 떼가 아이의 과자를 뺏으려고 달려드는 꼴을 봐야 했고요. 그래서 현장 연구를 포기했습니다. 힘들었어요. 어머니의 삶은 타협의 연속이에요.

슈테판 클라인: 왜 자식을 갖기를 원했나요?

세라 허디: 내가 답할 수 있는 질문이 아니네요. 남편이 자식을 원했어요. 나는 남편을 무척 사랑하고요.

슈테판 클라인: 다시 하버드대학교로 돌아왔을 때, 사회생물학의 창시자 중 한 명인 로버트 트라이버스가 어느 인터뷰에서 교수님에게 이렇게 훈계했습니다. "세라는 더 많은 시간과 생각과 관심을 딸을 양육하는 데 쏟아야 한다." 이 말에 상처를 입었나요?

세라 허디: 더 고약했어요. 그의 말이 옳을 수도 있다는 생각이 들었거든요. 어머니라면 누구나 그런 느낌을 갖기 마련이죠.

슈테판 클라인: 그때 트라이버스는 철저히 사회생물학적인 논거를 제시했습니다. "본래 모든 각각의 생물은 오직 번식을 위해 존재한다. 지위 획득은 부차적이다"라고요.

세라 허디: 전혀 틀린 얘기예요. 정반대가 진실입니다. 나는 진화를 비유적으로 '어머니 자연(mother nature)'이라고 부르는데요, 어머니 자연은 우리에게 자식을 갖고 싶은 바람을 심어주지 않았습니다. 어머니 자연은 우리가 배란을 위해 필요한 만큼의 먹을거리와 지방조직을 확보하고, 섹스를 하고, 섹스를 통해 저절로 자식을 얻도록 우리를 창조했어요. 그리고 타인을 통제하고 지위를 추구하는 것을 우리의 최우선 과제로 설정했어요. 왜냐하면 그 과제를 해결하면 번식 확률이 향상되니까요. 우리에게 선택권이 주어지면, 우리는 자연스럽게 지위 획득을 선택합니다. 그리고 여성이라면, 첫 출산을 가능한 한 미루려 애쓰지요.

슈테판 클라인: 아예 방지하기도 하고요.

세라 허디: 맞아요. 피임약이 개발된 이래로 여성은 사정이 여의치 않을 경우 배란을 막을 수 있어요. 그러면 임신이 안 되죠.

슈테판 클라인: 정말 어마어마한 진보예요. 과거에 달리 어쩔 도리가 없는 여성들은 자식을 내다버렸죠. 동화 『헨젤과 그레텔』에서처럼요.

세라 허디: 자식을 내다버리는 일은 역사에 서술된 것보다 훨씬 더 흔하게 일어났습니다. 예컨대 1500년에서 1700년 사이에 토스카나 지방에서는 전체 아동의 최소 12퍼센트가 고아원에 버려졌어요. 피렌체에서 가장 큰 고아원에만 연간 최대 5000명이 새로 들어왔죠. 게다

가 여성들은 버려진 아동의 미래가 어떨지 정확히 알았습니다. 예컨 대 시칠리아에서는 19세기에도 버려진 아기의 20퍼센트만 살아남았 어요. 이탈리아 북부의 도시 브레시아(Brescia)의 시민들은 고아원 대문 위에 이런 문장을 새겨놓자고 제안했어요. "이곳에서는 아이들이 공 공의 비용으로 살해됩니다."

슈테판 클라인: 우리 인간은 새끼를 죽이는 랑구르원숭이를 욕할 자 격이 없지 싶네요.

세라 허디: 전혀 없죠. 하지만 영아살해의 양상은 달라요. 랑구르원 숭이 어미들은 집단을 장악한 새로운 지배자의 폭력 앞에 굴복할 뿐 이죠. 반면에 인간 어머니는 양육할 능력이 없다고 느끼면 자신의 아 기를 버릴 수 있어요. 또 자기 자식에게 폭력을 가할 수도 있고요. 대 형 원숭이 종을 다 뒤져도 그런 암컷은 없을 거예요. 원숭이 어미는 심한 장애가 있는 새끼를 당연히 돌보고, 심지어 죽은 새끼도 안고 다녀요. 또 원숭이 어미가 새끼를 고의로 해친 사례는 한 번도 관찰 되지 않았습니다.

슈테판 클라인: 자식에 대해서만큼은 인간이 원숭이보다 더 비인간 적인 것일까요? 교수님의 말에 귀 기울이다보면, 교수님은 인간의 모 성애를 한낱 싸구려 신화로 간주한다는 느낌을 받게 됩니다.

세라 허디: 어머니와 자식 사이에 무조건적 유대가 존재한다는 생각 은 신화예요. 원숭이들에게는 그런 본능적 헌신이 있지만, 우리 인간

의 행동은 훨씬 더 복잡합니다. 인간 어머니는 출산 후 약 72시간이 되기 전까지는 자기 자식을 큰 감정적 비용 없이 처리해버릴 수 있어요. 많은 문화권에서는 이 사실을 감안해서 출산 직후에 산모가 아기에게 무관심하더라도 산모를 나무라지 않습니다. 산모가 아기에게 강한 애착을 갖게 되는 것은 대개 며칠이나 몇 주가 더 지난 다음이지요. 산모는 점차 아기에게 익숙해져요. 말 그대로 아기의 모습과 냄새에 중독되는 거예요. 뇌 활동을 측정한 결과 드러났듯이, 아기의 얼굴을 그냥 보기만 해도 어머니의 뇌에서는 이른바 보상 시스템이 활성화됩니다.

슈테판 클라인: 그러니까 아기의 납작한 코와 통통한 볼이 섹스나 코카인 같은 작용을 하는 셈이군요.

세라 허디: 예.

슈테판 클라인: 교수님은 자녀 덕분에 행복했나요?

세라 허디: 지금은 그 아이들이 잘 살아요. 덕분에 나도 행복하고요. 하지만 혹시 아실지 모르겠네요. 어머니는 가장 불행한 자식이 행복한 만큼만 행복할 수 있어요.

슈테판 클라인: 무슨 뜻인지 직접 경험으로 압니다. 비록 나는 어머니가 아니라 아버지지만요.

세라 허디: 어머니와 아버지의 차이는 대다수 사람들의 생각보다 더 작아요. 당신이 아기를 품에 안으면, 당신의 호르몬 수치도 변화합니다. 이미 1980년에 신세계 원숭이의 일종인 비단마모셋을 대상으로 한 연구에서 밝혀졌는데, 수컷이 새끼를 돌보면 혈중 프롤락틴(prolactin) 수치가 높아져요. 비단마모셋은 영장류를 통틀어 암컷보다 수컷이 더 많이 새끼를 돌보는 유일한 종이지요. 당시까지 프롤락틴은 젖 분비를 조절하는 여성 호르몬으로 여겨졌어요. 하지만 지금은 인간 남성에서도 비단마모셋 수컷에서와 유사한 일들이 일어난다는 것이 알려져 있습니다. 남성의 프롤락틴 수치는 심지어 만삭의 여성과 함께 살기만 해도 올라가는 듯해요.

슈테판 클라인: 개인적인 얘기지만, 바로 제가 그렇습니다. 물론 저는 호르몬의 변화에 대해서 전혀 몰랐지만요. 또 그 변화가 어떤 결과를 가져오는지도 잘 모르겠어요.

세라 허디: 정확한 메커니즘은 밝혀지지 않았습니다. 또 남성에서 호르몬 수치의 상승은 여성에서보다 훨씬 미미해요. 하지만 다른 한편으로 우리는 프롤락틴 수치가 높은 남성은 출산 후에 아기가 울면 더 많이 주의를 기울인다는 것을 압니다. 또 아기와 함께 사는 남성은 테스토스테론 수치가 낮아지는 것으로 보여요. 한마디 보태자면, 남성이 아이를 덜 돌보는 사회일수록 더 호전적입니다.

슈테판 클라인: 독일의 모든 아버지들이 가족부가 정한 육아휴직을 활용한다면, 독일 사회가 더 온화해질 수도 있겠군요.

세라 허디: 예, 나는 그렇게 믿습니다. 물론 증명할 수는 없지만요. 여담인데, 출산 직후의 모든 산모에게 귀마개를 지급하라고 가족부에 건의하세요.

슈테판 클라인: 왜요?

세라 허디: 왜냐하면 자연적으로 남성보다 여성이 아기 울음소리에 더 강하게 반응하기 때문이에요. 그래서 어머니와 아버지가 똑같이 최선을 다하려 하더라도, 늘 어머니가 더 먼저 아기를 달래게 돼요. 이것만 가지고도 아기는 아버지보다 어머니에게 더 강하게 매달리게 되고요. 이러다 보면 결국 남성과 여성 사이의 작은 유전적 차이가 큰 불균형으로 발전하지요. 여성이 귀마개를 사용하면 최초의 불균형을 없앨 수 있습니다. 또 남성이 아기를 많이 돌볼수록, 남성의 안테나도 더 예민해져요. 당연한 말이지만, 귀마개는 남성과 여성이 둘다 집에 있을 때만 사용 가능해요.

슈테판 클라인: 일반적으로 남성이 여성보다 자식에게 신경을 덜 쓰는 이유가 청각에만 있을 것 같지는 않아요.

세라 허디: 물론입니다. 왜 일부 남성은 자식을 열심히 돌보고 다른 남성은 거의 무관심한가 하는 문제는 커다란 수수께끼예요. 일단, 환경이 중요한 역할을 하는 듯해요. 예컨대 중앙아프리카의 피그미 족의 하나인 아카(Aka) 족에서는 일부 가족은 모계 친척과 함께 살고, 다른 가족들은 부계 친척과 함께 사는데요. 모계의 할머니, 아주머니,

조카딸은 근처에 있으면 아기 양육을 도와요. 그러면 아버지는 자식을 거의 돌보지 않습니다. 반면에 부계 친척은 양육을 도와야 한다는 의무감을 훨씬 덜 느낍니다. 그래서 부부가 부계 친척 근처에서 살면, 아버지가 자식을 돌보는 시간이 30배로 길어져요. 요컨대 아카 족 남성은 불가피할 때만 양육을 돕는 것으로 보입니다.

슈테판 클라인: 교수님은 인간에게 가장 자연스럽다고 할 만한 양육 방식은 공동육아라는 추측을 내놓았습니다. 부모뿐 아니라 여러 사람이 한 아이를 돌보지 않았다면, 호모사피엔스는 발생할 수 없었을 것이라고 말씀했어요.

세라 허디: 다른 모든 종과 비교할 때 인간의 유년기는 이례적으로 길어요. 지금보다 더 위험했을 과거, 이를테면 180만 년 전에는 어머니 1명이나 부부 1쌍이 그 긴 유년기 동안 자식에게 먹을거리를 공급하는 것이 불가능했을 겁니다. 따라서 공동육아는 우리 인간이 커다란 뇌라는 사치품을 감당할 수 있기 위한 전제조건이었을 것이 분명합니다.

슈테판 클라인: 아시다시피 이것은 현대인의 발생에 관한 통상적인 이론을 완전히 뒤엎는 발상입니다. 대다수 견해는 우리 조상이 먼저 언어와 지성을 개발하고 나서야 집단을 이뤄 협동하며 살 수 있었다는 것이죠.

세라 허디: 유인원이 공동육아를 하지 않는다는 것은 분명한 사실입

니다. 유인원 사이에서도 영아살해가 가끔 일어나기 때문에, 예컨대 침팬지 어미는 새끼를 절대로 손에서 놓지 않아요. 다른 한편으로, 집단 내의 협동을 위해서는 특별히 큰 뇌가 필요하지 않습니다. 비단 마모셋은 그리 영리한 영장류가 아니지만, 친척이 아닌 새끼들을 돌 보지요. 인간도 이런 행동을 한다는 것이, 오늘날 침팬지가 아니라 인간이 지구를 지배하는 이유일 수 있습니다. 우리는 우선 가장 친절 한 유인원이 되어야 했던 거예요. 그런 다음에 비로소 가장 영리한 유인원이 될 기회를 얻었고요.

슈테판 클라인: 흔히 접하는 사회생물학의 구호 "모든 개체가 모든 개체에 대항하여"와는 전혀 다른 얘기네요. 사회생물학에 따르면, 가 까운 친족을 벗어난 범위에서의 협동은 실행되기 어렵습니다. 왜냐 하면 모든 개체 각각이 자신의 유전자를 퍼뜨리려고 하니까요. 교수 님은 이런 입장을 버린 셈인데, 무슨 계기로 개종했나요?

세라 허디: 성선택으로 모든 것을 설명할 수 없습니다. 내가 영아살해 연구로 명성을 얻은 것은 나의 신뢰성을 위해서는 행운이에요. 내가 자 연을 너무 장밋빛으로 보는 게 아닐까 의심하는 사람은 없으니까요.

슈테판 클라인: 하지만 교수님의 가설을 뒷받침하는 증거를 발견하 기는 어려울 성싶습니다. 100만 년 전보다 더 먼 과거에 인간이 어떻 게 살았는지 확실히 알 길은 없으니까요.

세라 허디: 하지만 그 시절 인간의 삶에 관한 단서는 있어요. 내 주장

은, 우리의 조상이 커다란 뇌를 발전시키기 전에도 이미 유년기가 길었다는 것입니다. 인간의 진화에 관한 전통적인 이론은 정반대의 순서를 넌지시 주장하지요. 즉, 먼저 커다란 뇌가 있었고, 그 다음에 긴 유년기가 있었다는 식으로요. 현재 우리가 아는 화석 증거를 가지고는 어느 쪽이 옳다고 확정할 수 없지요. 더 나아가 나는 우리 조상이 약 180만 년 전, 기후가 더 추워졌을 때 숲을 떠났다고 봅니다. 그때 자식에게 먹을거리를 공급하기가 더 어려워졌죠. 하지만 공동육아가 아동의 사망 확률을 낮췄어요. 먹을거리가 있는 사람이 없는 사람에게 나눠줄 수 있었으니까요. 또한 공동육아는 어머니가 육아 부담에서 어느 정도 벗어나 먹을거리를 구하러 나설 수 있게 해주었어요. 실제로 새를 보면, 공동육아가 유년기의 연장을 촉진한다는 것을 알 수 있습니다. 새끼를 공동으로 키우는 조류 종의 경우에는 새끼가 더 오래 둥지에 머물지요. 어미와 아비는 그 긴 양육기간을 감당할 수 있고요. 또 인간 여성의 경우에는 공동육아 덕분에 출산 간격이 더 짧아졌을 가능성이 있어요. 낮은 아동 사망률, 긴 학습 기간, 더 많은 출산은 진화적인 장점입니다. 덕분에 인간은 번식력이 높아졌지요.

슈테판 클라인: 실제로 오늘날 분자유전학자는 우리 조상의 번식력이 얼마나 강했는지 알아낼 수 있습니다. 다양한 사람들 사이의 유전적 차이를 분석하면 과거에 인간의 개체수가 얼마나 많았는지 계산할 수 있으니까요. 그런 연구에서 밝혀졌듯이, 인간의 역사에서 아주 긴 기간 동안 세계 인구는 전혀 많지 않았습니다. 약 1만 명 이하였어요. 따라서 우리 조상의 번식이 전혀 성공적이지 않았다는 결론이 나

옵니다. 참고로 침팬지는 훨씬 더 왕성하게 번식했습니다. 이 사실은 교수님의 이론과 충돌하지 않나요?

세라 허디: 맞아요, 인간은 역사 속에서 여러 번 멸종 위기를 가까스로 넘긴 것으로 보입니다. 하지만 그 원인이 번식력의 부족에 있다고 단정할 수 없습니다. 추측컨대 인간이 퍼져나간 초원은 다른 대형 유인원의 터전이었던 숲보다 훨씬 더 살기 어려운 환경이었을 겁니다. 그래서 인간의 생존을 위해 공동육아가 더욱 더 필수적이었을 수 있어요. 아무튼 이건 확실한데, 아주 오랜 기간 동안 인간은 혹독한 환경 위협은 받았을지언정 다른 인간에게 공격당할 위협은 전혀 받지 않았습니다. 그래서 나는 모든 동물 가운데 유독 호모사피엔스가 협업 능력을 터득한 것은 예컨대 전쟁 때문이 아니라 공동육아 때문이라고 믿어요.

슈테판 클라인: 교수님이 어떤 이론을 염두에 두고 그런 말씀을 하는지 알 것 같습니다. 인간의 협동과 이타적 행동이 폭력성에서 기원했다고 보는 이론이 있죠. 그런 이론을 옹호하는 사람들도 결국 교수님과 마찬가지로 똑같은 수수께끼에 도전합니다. 다시 말해 이 질문에 답하려고 애써요. 최선의 번식기회를 놓고 "모든 개체가 모든 개체에 대항하여" 경쟁하는 초기 상황이 언제 어떻게 극복되었을까? 그들의 설명은 이런 식입니다. 두 집단이 맞서 싸울 경우, 구성원이 서로를 위해 자신의 손해를 감수하는 집단이 이길 가망이 더 높다. 이 진화적 장점이 인간 종에서도 이타적 성향의 기반이다.

세라 허디: 이론적으로만 그럴싸한 설명이에요. 왜냐하면 인류 진화의 결정적 기간에 인간은 비좁게 모여 살지 않았거든요. 드넓은 초원에서 서로 멀리 떨어져 사는 두 부족이 대체 왜 전쟁을 한다는 거죠? 더구나 이쪽 부족이나 저쪽 부족이나 관심거리는 따로 있어요. 바로 자식 양육이죠.

슈테판 클라인: 그럼 공동육아에서 협동적이고 지적인 종이 기원했다는 교수님의 주장은 더 설득력이 있나요?

세라 허디: 열쇠는 아이들이에요. 여러 명의 어른이 한 아이를 돌보면, 그 아이는 모든 것을 어미에게서 자동으로 얻는 침팬지 새끼보다 더 많은 능력을 필요로 하게 됩니다. 그 아이는 다양한 양육자와 공감할 수 있어야 하고, 그들을 조종하는 법을 배워야 해요. 이런 능력이 발달한 아이일수록 생존율이 더 높지요. 따라서 아이들 사이에서 더 높은 사회적 지능을 향한 경쟁이 발생했습니다. 오늘날 두 살배기 아이의 지능을 침팬지의 지능과 비교해보면, 다른 측면에서는 그다지 차이가 없는데 예외적으로 한 측면에서만 현격한 차이가 나요. 타인과 눈을 맞추는 능력, 타인에게서 배우는 능력, 타인과 나눠 가지는 능력에서 두 살배기 아이가 침팬지보다 훨씬 더 뛰어납니다. 나는 바로 이런 사회적 지능이 결정적으로 중요했다고 봐요.

슈테판 클라인: 만일 교수님의 이론이 옳다면, 오늘날의 고립된 핵가족은 비정상적일 수 있겠네요. 부모에게 과도한 부담을 지울 뿐더러 아이의 발달에도 지장을 줄 테니까요.

세라 허디: 예, 옳은 지적입니다. 오늘날의 아동은 어머니가 일하러 나가기 때문에 힘들게 사는 것이 아닙니다. 여성은 늘 일을 해왔어요. 오히려 대가족이 해체된 것이 문제입니다. 할머니와 함께 살면서 크는 아이는 더 빨리 성장하고 지능도 더 높아요. 또 이것이 중요한데, 어머니와의 관계도 더 좋습니다. 이 모든 사실은 더할 나위 없이 잘 입증되어 있습니다. 간단히 오바마 대통령을 생각해보세요. 그분은 어머니, 할머니, 또 여러 양육자의 손에 컸어요.

슈테판 클라인: 전통적 시각으로 보면, 파괴된 가정에서 성장했죠.

세라 허디: 바로 그런 복잡한 환경에서 성장한 덕분에 오바마는 타인과 공감하고 타인을 자기편으로 만드는 탁월한 재능을 발전시킬 수 있었어요. 그리고 이 사실을 스스로 아는 것 같아요. 나는 오바마가 장모를 백악관에 들여서 자기 가족과 함께 살게 한 것을 높게 평가합니다.

슈테판 클라인: 안타깝지만 '대가족'이라는 모델이 모든 사람에게 적합할 것 같지는 않아요. 많은 남성에게는 말이죠. 장모와 함께 산다는 것은 생각만으로도 끔찍한 일이거든요.

세라 허디: 물론 다른 해법도 필요합니다. 우리 아이들이 다시 여러 양육자의 손에 클 수 있게 만들기 위해 다양한 방법을 모색해야죠. 하지만 노인들의 남아도는 시간과 힘을 더 잘 활용하는 것은 당연히 바람직하지 않을까요? 예로부터 양육은 할머니의 임무기도 했습니다. 그래서 나는 우리 사회가 고령화되는 것을 그다지 비관적으로 보

지 않아요. 노인 인구의 증가가 아이들에게는 좋은 일일 수 있어요. 더 많은 사랑과 관심을 받을 수 있으니까요.

슈테판 클라인: 교수님 자신이 할머니가 될 날을 손꼽아 기다리나요?

세라 허디: 암, 그렇고말고요. 정말 학수고대합니다. 내 아들은 내가 손자를 조금이라도 돌본다면 언제든지 자식을 낳겠답니다. 반면에 딸은 희망이 좀 없네요. 그 아이들은 일단 다른 계획이 있대요.

11. 거울로 된 방에서

의식에 대하여

뇌과학자 "빌라야누르 라마찬드란"과 나눈 대화

Vilayanur Ramachandran
1951년 인도에서 태어났다. 인도에서 의학을 공부하고, 영국 케임브리지대학교에서 신경심리학으로 박사학위를 받았다. 미국 켈리포니아대학교 신경심리학 교수며, 뇌인지연구소 소장이다. 국내 소개된 책으로 『명령하는 뇌, 착각하는 뇌』, 『라마찬드란 박사의 두뇌 실험실』, 『뇌가 나의 마음을 만든다』 등이 있다.

때로는 별 생각 없이 나온 한마디 말이 몇 년 뒤까지 힘을 발휘한다. 내가 빌라야누르 라마찬드란과 대화하다가 들은 한 문장이 내 안에 일으킨 여파가 그랬다. 때로 두서없이 흘러간 우리의 대화 도중에 그가 갑자기 행복을 화두로 꺼냈다. 그러더니 자신의 생각을 더는 유보할 수 없다는 듯 이렇게 주장했다. "다들 행복에 대해서 말하지만, 행복이 무엇인지 아는 사람은 아무도 없습니다." 이 말이 내 안에서 끊임없이 반향을 일으켰고, 결국에 나는 『행복의 공식』이라는 책까지 쓰게 됐다.

라마찬드란과 대화한 때는 2000년 초이므로, 다른 과학자들과 대화한 시기보다 훨씬 더 전이다. 장소는 샌디에이고 소재 캘리포니아대학교에 있는 그의 연구실이었다. 주위에 뇌 모형들, 뼈들, 골동품 망원경들, 현대식 망원경들, 힌두교 신상들이 즐비했다. 그는 뇌과학자로 활동할 뿐 아니라 여유시간에는 인도 조각상 수집가, 천문학자, 고생물학자로도 활동한다. 심지어 얼마 전에는 고비 사막에서 발견된 공룡이 그의 이름을 따서 명명되기까지 했다.

1951년에 인도 남부 타밀나두 주에서 태어난 그는 그곳에서 외과 의사가 될 생각으로 의학을 공부했지만, 나중에 영국 케임브리지대학교에서 신경심리학 전공으로 박사학위를 받았다. 그리고 같은 전공으로 샌디에이고에서 교수가 되었다. 라마찬드란의 다면성, 인간 의식에 대한 대담한 이론, 독특한 연구 방식은 널리 화제가 되었다. 다른 뇌과학자들은 실험을 위해 수백만 유로를 지출하고 피실험자 수십 명을 고가의 컴퓨터단층촬영기로 훑는데 반해, 그는 아주 간단한 수단을 사용한다. 때로는 거울 두 개와 나무 상자하나, 거즈 약간만 가지고도 괄목할 만한 연구 성과를 낸다.

슈테판 클라인: 라마찬드란 교수님, 교수님은 기술에 대해 어떤 반감을 갖고 있나요?

빌라야누르 라마찬드란: 아뇨, 나는 훌륭한 장비에 대해 전혀 불만이 없어요. 우리에게는 그런 장비가 필요합니다. 다만 나는 개인적으로 재미있어서 연구하는데, 고도의 기술을 동원한 과학은 재미가 없어요. 원자료(raw data)와 결론 사이의 거리가 멀면 멀수록, 실험은 더 따분해집니다. 아마 모르겠지만, 나는 주의력 결핍 장애가 있어서 한 가지 일에 오랫동안 집중하지 못해요. 그래서 간단한 실험을 선호하지요. 빨리 끝나는 실험 말이에요. 운 좋게도 나는 인도에서 의학을 공부했습니다. 인도에서는 직관과 아주 간단한 검사에 의지해서 진단을 내려야 했어요. 부족한 것이 있으면, 스스로 고안해내야 했죠. 가난에 직면한 사람은 때때로 천재가 되어야만 해요.

슈테판 클라인: 동료들은 교수님의 신속한 연구를 어떻게 평가하나요?

빌라야누르 라마찬드란: 겉보기에 내가 모든 것을 아주 쉽게 해낸다는 점만 가지고도 몇몇 동료는 의심을 품습니다. 그 몇몇이 누구냐 하면, 몇 년 동안 단 하나의 질문에 매달렸는데 성과를 낼 가망이 없는 사람들이에요. 반면에 대다수는 우리의 연구를 창의적이고 중요하다고 평가해요.

슈테판 클라인: 하지만 교수님의 연구가 논란이 전혀 없는 것은 아니

죠. 일부 동료들은 교수님의 연구에 가끔 상상이 가미된다고 비난합니다. 물론 시사 주간지 ≪뉴스위크News week≫는 교수님을 '21세기에 가장 중요해질 가능성이 있는 인물 100명 중 한 명'으로 꼽은 바 있지만요.

빌라야누르 라마찬드란: 그게 언제냐면, 종교 모듈[독일어로 '신 모듈(Gottesmodul)'-옮긴이]이 화제가 되었을 때에요. 그때 실제로 몇몇 신문이 미친 짓을 했죠. 우리가 인간의 뇌 속에서 신을 발견했다고 기사를 썼어요. 하지만 우리는 그런 말을 한 적이 전혀 없습니다. 우리는 인간이 초자연적인 것을 믿도록 프로그래밍 되어 있을 가능성을 제기했을 뿐이에요. 그건 당연히 신의 존재를 증명한 것이 아니고요. 아무튼 그 즈음에 어떤 남자가 보석이 가득 박힌 거대한 십자가를 목에 걸고 내 실험실에 나타나서, 자신이 신과 나눈 대화에 대해 이야기했어요. 자기가 우주의 참된 의미를 깨달았다고 하더군요.

슈테판 클라인: 망상증 환자였나요?

빌라야누르 라마찬드란: 어쨌든 우리는 그 남자를 자세히 검사했어요. 그리고 그 남자의 관자엽에 속한 한 구역이 정상인의 같은 구역보다 훨씬 더 강하게 활동한다는 것을 발견했지요. 간질환자 중에서는 그런 사례가 더 흔합니다. 그리고 그 구역은 환상적인 이야기와 관련이 있었어요. 처음에 우리는 그 남자가 무엇이든 보고 들으면 항상 그런 과도한 흥분상태에 빠져서 자신이 초자연적인 것과 만난다고 착각하는 것이 아닐까 생각했습니다. 그런데 그게 아니었어요. 우리가 관자엽 활동 과잉 환자 두세 명과 그 남자를 거짓말탐지기에 연결하고 실험을 해봤어요. 그들에게 '집', '사랑', '살인', '신' 등의 단어를 들려주고 그림도 보여줬지요. 거짓말탐지기는 무의식적인 감정 반응을 측정해요. 일반적으로 섹스와 폭력에 관한 단어에서 가장 강한 반응이 나타나기 마련인데, 그 환자들은 그런 단어에 거의 반응하지 않았습니다. 대신에 종교적인 단어에 더 강하게 반응했어요.

슈테판 클라인: 사실 이 현상은 꽤 오래 전부터 알려져 있었습니다. 예컨대 간질 발작 중에 관자엽이 과도하게 활동할 경우, 발작을 겪은 당사자가 나중에 신비체험을 보고하는 경우가 때때로 있었지요. 심지어 일부 신경학자들은 유명한 깨달음의 순간, 예컨대 사도 바울이나 아빌라의 성녀 테레사의 체험을 관자엽 간질로 설명하려 했습니다.

빌라야누르 라마찬드란: 맞습니다, 잘 아는군요. 하지만 우리 팀은 그 뇌 구역이 종교적인 개념에 유난히 강하게 반응하는 듯하다는 점을 거짓말탐지기로 보여줄 수 있었습니다. 또 '경두개 자기 자극법 (transcranial magnetic stimulation)'이라는 새로운 기술을 이용하면 건강한 사람의 관자엽도 자극할 수 있어요. 그러면 건강한 사람도 마찬가지로 신을 만났다고 보고해요. 그래서 우리는 이런 결론을 내렸습니다. 진화가 인간의 뇌 속에 영적인 경험을 담당하는 별도의 회로를 내장해놓았을 가능성이 있다. 만일 이 추측이 옳다면 "왜 모든 민족이 종교를 가지고 있는가"라는 질문에 답이 나온 셈이에요.

슈테판 클라인: 교수님 자신이 종교적 체험이나 그 비슷한 것을 해본

적이 있나요?

빌라야누르 라마찬드란: 고대 인도 음악을 듣거나 내 망원경으로 목성의 위성을 관찰할 때, 가끔 나 자신이 우주와 완전히 하나가 된 느낌이 들어요. 관찰하는 나 개인과, 관찰되는 대상 사이의 간극이 소멸하는 듯하죠. 이 경험이 신비주의자들과 성자들이 전하는 체험과 같은 유형인지 잘 모르겠어요. 어쨌든 내가 느끼기에는 이 경험이 신비체험에 가장 가까운 듯합니다.

슈테판 클라인: 교회는 종교 모듈에 대한 교수님의 연구를 접하고 어떤 반응을 보였습니까?

빌라야누르 라마찬드란: 놀랄 만큼 태연했어요. 심지어 흥분한 기자들이 옥스퍼드 주교에게 달려가서 종교 모듈에 대해서 묻기까지 했거든요. 그런데 주교가 이렇게 대답했다는군요. "신께서 뇌에 무언가를 내장해 놓으신 것이 분명합니다." 여담인데, 내 조국 인도의 성직자들도 비슷한 반응을 보였어요.

슈테판 클라인: 그런데 엄밀히 따지면 뇌에 모듈 같은 것이 있는가 하는 것부터가 전혀 불분명합니다. 모듈을 거론하는 사람들은 뇌가 마치 컴퓨터처럼 각각 다른 기능을 하는 다양한 회로로 이루어졌다고 생각하죠. 그런데 뉴런은 서로 아주 밀접하게 연결되어 있기 때문에, 이 생각은 설득력이 떨어집니다. 그래서 저는 회로 각각을 따로 떼어서 고찰할 수 있는지에 대해서 회의적입니다. 전구는 간단히 소

켓에서 분리해서 아직 망가지지 않고 멀쩡한지 검사해볼 수 있겠죠. 그렇지만 뇌의 일부를 그런 식으로 분리해서 고찰하는 것은 부적절할 것 같아요.

빌라야누르 라마찬드란: 나는 그런 모듈이 존재할 수 있다는 생각이 매력적이에요. 물론 우리 지성의 모든 기능 각각에 대해서 그것을 담당하는 모듈이 발견되지는 않을 겁니다. 하지만 특정한 기능에 대해서만큼은 진화 과정에서 특수한 전담 회로가 형성되었을 수 있어요. 이를테면 유머를 예로 들 수 있습니다. 이마엽 근처의 특정한 뇌 구역을 자극하면, 피실험자는 거침없이 웃음을 터뜨립니다. 그렇다면 이런 웃음 기능이 대체 왜 개발되었는지 설명해야 할 텐데요. 나는 이 기능이 긴장 완화와 깊은 관련이 있다고 봅니다. 우리가 어떤 것을 아주 나쁘게 생각했는데 알고 보니 그리 나쁘지 않을 때, 우리는 웃습니다. 이건 슬랩스틱 코미디의 원리기도 해요. 코미디언이 바나나 껍질을 밟고 미끄러져 길바닥에 쾅당 넘어집니다. 관객들은 깜짝 놀라죠. 곧이어 코미디언이 일어나서 바나나 껍질로 얼굴을 닦습니다. 별 일 없었던 거예요. 그러자 관객들은 기뻐하면서 웃습니다. 우리 조상들이 웃음을 개발한 것은 타인의 경계심을 완화하기 위해서였을지도 모릅니다. 그런데 유머 모듈의 존재를 어떻게 증명할 수 있을지 혹시 아나요?

슈테판 클라인: 전혀 모르겠는데요.

빌라야누르 라마찬드란: 아주 쉽습니다. 우선 영국인의 뇌 활동과 독일인의 뇌 활동을 측정해요. 그 다음에 영국인 측정 결과에서 독일인 측정 결과를 빼요. 그러면 남는 것이, 짜잔, 유머 모듈의 활동이에요.

슈테판 클라인: 그러니까…… 독일인의 뇌에 어떤 유전적 결함이 있다고 추측하는 건가요? 제가 독일인이라는 사실에 구애받지 말고 허심탄회하게 말씀해 주십시오.

빌라야누르 라마찬드란: 문화가 문제예요.

슈테판 클라인: 어쩌면 독일인에게는 교수님의 유머가 그리 재미있지 않다는 점이 문제가 아닐까요?

빌라야누르 라마찬드란: 그렇게 생각할 수도 있겠네요. 어쨌든 내가 옥스퍼드에서 이렇게 이야기하면 다들 배꼽을 잡고 웃었습니다. 딱 한 사람만 나중에 나에게 다가와 독일어 발음이 섞인 영어로 내 강의를 칭찬하고는, 독일인이 그렇게 유머가 없는 것은 전혀 아니라고 훈계하더군요. 내 유머가 얼마나 진실에 부합하는지 정말 유감없이 증명해준 셈이죠.

슈테판 클라인: 아무튼 본론으로 돌아가서…… 교수님은 인류가 뇌과학 덕분에 아주 오래된 철학적 문제 몇 개를 마침내 해결할 것이라는 과감한 주장을 내놓았습니다. 이 주장은 유머가 아니겠죠?

빌라야누르 라마찬드란: 당연히 진지한 주장입니다. 철학자들은

2000년 전보다 더 거슬러 오르는 과거부터 줄곧 똑같은 질문을 제기해왔어요. 나는 무엇일까? 죽음 뒤에는 무슨 일이 일어날까? 예술이란 무엇일까? 철학자들은 머리만 굴리기 때문에 발전이 없어요. 발전하려면 실험을 해야 합니다. 사람이 감각지각을 할 때, 생각할 때, 느낄 때, 뇌에서 무슨 일이 일어나는지 제대로 이해하면, 곧바로 우리는 의식에 대한 더 깊은 이해에 도달하게 될 것입니다.

슈테판 클라인: 인간이 자신의 뇌를 이해할 능력이 있는지에 대해서 많은 사람들은 회의적입니다. 다른 문제는 제쳐놓더라도, 모든 사람 각각의 뇌에 존재하는 뉴런 간 연결의 개수는 우리 은하에 존재하는 별의 개수보다 더 많습니다. 복잡성을 기준으로 보면 자연에 있는 어떤 대상도 뇌에 턱없이 못 미치죠. 사정이 이런데도 교수님은 어떻게 그리 낙관적인지 궁금하네요.

빌라야누르 라마찬드란: 어쩌면 영원히 미해결로 남는 문제들도 일부 있을 겁니다. 하지만 우리는 지금까지 엄청난 진보를 해왔어요. 시각을 예로 들어봅시다. 20년 전만 해도 어떻게 뇌가 색깔 있는 그림을 처리하는지 완전히 수수께끼였지요. 하지만 지금 우리는 색채 시각을 70에서 80퍼센트 이해합니다. 또 다른 예로 우리 실험실에서 연구하는 뇌와 몸의 연결을 볼까요? 앞으로 몇십 년은 이른바 '심신의학(psychosomatic medicine)'의 황금시대가 될 겁니다. 뇌과학은 심신의학의 직접적인 원천이 될 테고요.

슈테판 클라인: 그래서 우리는 어떤 희망을 품어도 좋을까요?

빌라야누르 라마찬드란: 예컨대 우리 팀은 '상상임신(pseudocyesis)'이라는 드문 병을 연구했어요. 아기를 갖고 싶은 욕구가 지나치게 큰 여성이 상상임신을 하면 입덧을 할 뿐더러 스스로 진짜 임신을 했다고 믿을 정도로 배와 가슴이 부풉니다. 마지막에는 산통까지 느끼죠. 하지만 아기는 나오지 않아요. 모든 것이 환상이니까요. 심지어 임신한 아내의 남편에게서 이런 증상이 나타나는 경우도 있지요. 최근에 밝혀졌듯이, 남성과 여성 모두에서 '프롤락틴'이라는 호르몬이 이런 해괴한 현상을 만들어냅니다. 환자 본인이 임신했다는 생각을 강하게 품기만 해도 프롤락틴이 분비되는 것으로 보입니다.

슈테판 클라인: 흥미롭군요. 하지만 여전히 궁금한 점이 하나 있습니다. 그런 특이한 증상에 대한 이해가 의학 전체에 어떤 도움이 될까요?

빌라야누르 라마찬드란: 상상임신은 상상력이 몸에 미치는 영향을 특히 뚜렷하게 보여주는 한 사례에 불과합니다. 우리는 왜 무당이 주문을 읊으면 사마귀가 없어지기도 하는지, 의지력이 면역계에 어떤 영향을 미칠 수 있는지를 상상임신을 이해할 때와 유사한 방식으로 이해하게 될 겁니다. 또 과학자들은 최면 상태와 요가 수행 중에 뇌에서 어떤 일이 일어나는지 연구하게 될 거예요. 서양 의학은 이런 현상을 너무 오랫동안 소홀히 해왔어요.

슈테판 클라인: 교수님은 환지통 환자의 유령 팔다리(phantom limb)를 거울을 이용해서 절단하는 치료법으로 명성을 얻었습니다. 유령 팔다리

는 상상 속에만 존재하는 신체 부위인데, 그걸 어떻게 절단하나요?

빌라야누르 라마찬드란: 실제로 절단 수술을 받고 나면, 뇌는 사라진 팔이나 다리에서 유래한 신호를 더는 받지 못합니다. 뇌는 다만 무언가 이상하다는 것만 느끼죠. 그러면서 그 이상함에 통증 감각으로 반응해요. 여러 해 동안 그런 통증에 시달리는 환자가 흔히 있습니다. 우리 팀은 그런 환자들을 나무로 만든 상자 안에 앉혔어요. 그 상자에는 거울이 달려 있었고요. 환자의 왼팔이 절단되었다면, 거울에 비친 환자의 모습에서는 여전히 남아 있는 오른팔이 왼팔로 보이죠. 그러면 환자의 뇌는 절단된 왼팔이 다시 돌아왔고 모든 것이 정상화되었다고 믿어요. 통증의 원인이 사라지는 거죠. 놀랍게도 이 환상만으로 환지통을 영구히 제거할 수 있습니다.

슈테판 클라인: 어차피 환지통 자체도 환상이잖아요. 벌써 오래 전에 사라진 팔이 아프다고 느끼는 증상이니까요.

빌라야누르 라마찬드란: 예, 그렇습니다. 우리 팀은 환상을 이용해서 환상을 없애버린 거예요.

슈테판 클라인: 때때로 환상은 정말 즐거울 수 있습니다. 교수님의 글에 나오는 한 남성은 발이 절단되었는데, 섹스를 할 때 그 절단된 발에서 오르가슴을 만끽해요. 그는 그 발을 확장된 페니스로 느끼죠.

빌라야누르 라마찬드란: 그런 증상은 환자가 꾸며낸 허구가 아닙니다. 그 환자의 경우에는 그 특이한 경험의 원인을 대뇌피질의 구조에서 찾아야 해요. 신체부위는 제각각 대뇌피질의 한 구역에 대응합니다. 그리고 그 구역의 분포를 나타낸 지도를 보면, 발에 대응하는 구역과 성기에 대응하는 구역이 인접해 있어요. 그래서 발이 절단된 뒤에는, 성기 담당 구역이 받은 자극이 발 담당 구역으로 옮겨갈 수 있었던 겁니다.

슈테판 클라인: 사람들이 파트너의 발을 애무하는 이유를 그 인접성을 가지고 설명할 수 있겠군요. 발 페티시는 수두룩한데, 팔 페티시나 코 페티시는 거의 없는 이유도요.

빌라야누르 라마찬드란: 당연합니다. 내친 김에 한마디 더 하자면, 성기가 절단된 남성들은 유령 페니스의 발기를 경험합니다. 그런데 발 비비기를 통해서 발기 환각을 경험하는 환자는 우리 팀이 아직 발견하지 못했어요. 참 이상하죠?

슈테판 클라인: 하지만 이런 발견에서 일반적인 뇌에 관한 정보를 과연 많이 얻을 수 있을까요? 인도에는 요가와 어깨를 나란히 할 만한 또 다른 전통이 있습니다. '탄트라'라는 그 전통에서는 수련을 통해 성생활과 정신적인 삶을 통합하려 애쓰지요. 어쩌면 교수님의 환자들에서 특이한 환각을 일으키는 메커니즘이 탄트라 수련 중에 건강한 뇌에서 일어나는 일과 아주 유사할지도 모르겠습니다.

빌라야누르 라마찬드란: 요가와 탄트라 같은 수련을 할 때 뇌에서 무슨 일이 일어나는지 우리는 모릅니다. 아무튼 나는 이 모든 수련이 사기라고는 생각하지 않아요. 우리가 우리 몸을 감각하는 양상은 끊임없이 바뀝니다. 또 우리는 그 체감각(somatic sense)을 가지고 놀이를 할 수 있습니다. 대다수의 사람은 자기 몸과 탁자가 융합하는 경험을 아주 쉽게 할 수 있어요.

슈테판 클라인: 교수님의 시범을 한번 볼 수 있을까요?

빌라야누르 라마찬드란: 왼손을 탁자 아래에 놓으세요. 이제 내가 한 손으로는 당신의 왼손을 쓰다듬고 다른 손으로는 탁자를 쓰다듬습니다. 자, 나는 이렇게 양손을 똑같은 리듬으로 움직여요. 당신은 탁자 위만 볼 수 있고 아래는 보지 못하죠. 시간이 어느 정도 지나면 당신은 탁자를 쓰다듬는 내 손길을 느낄 수 있을 거예요. 어때요, 느껴지나요?

슈테판 클라인: 잘 모르겠는데…… 아무튼 느낌이 특이하네요. 하지만 감각이 탁자에서 오는 것도 아니고 손에서 오는 것도 아니에요. 둘 사이 어딘가에서 와요.

빌라야누르 라마찬드란: 어느 정도 시간이 필요해요. 당신의 감각은 내가 당신의 손과 탁자를 항상 동시에 쓰다듬기 때문에 일어나는 거예요. 당신의 뇌가 이 가능성을 고려하지 못한다는 점은 참 예상외의 일이에요. 오히려 당신의 뇌는 탁자를 당신 몸의 일부로 지각해요. 이것이 얼마나 터무니없는 지각인지 당신은 당연히 아는데도 말이에요. 이 실험은 자신의 몸이라는 개념이 얼마나 임의적이고 연약한지 보여줍니다. 우리가 느끼는 우리의 몸은 환상이에요.

슈테판 클라인: 하지만 교수님의 실험은 대단히 작위적이라는 반론을 할 수 있을 것 같습니다.

빌라야누르 라마찬드란: 아뇨, 작위적이지 않아요. 그런 경험은 아주 일상적이에요. 대뇌 마루엽의 특정 중추들은 우리가 무엇을 자신의 일부로 경험하는가를 항상 다시 결정하는 일을 끊임없이 합니다. 그런 메커니즘 덕분에 연인들은 파트너와 융합하는 느낌을 가질 수 있어요. 자식을 키우는 부모도 자신이 자식을 통해서 살고 자식의 아픔을 자신의 아픔으로 느낀다고 흔히 말하죠. 그 말은 비유가 아니라 곧이곧대로 진실이에요. 심지어 여기 캘리포니아에서는 운전을 하면서 자동차와 하나가 된 느낌도 가질 수 있지요.
아무튼 벌써 2500년 전에 『베다*Veda*』라는 인도의 신성한 문헌에서는 몸을 인격의 자리로 특별히 중시하지 말라고 경고했습니다. 사람이 자신의 그림자에 큰 의미를 부여하지 않듯이 몸도 그렇게 대하라고 권했죠.

슈테판 클라인: 실제로 일상에서 사람들은 자신의 몸에 대해서 정말 터무니없는 생각을 할 때가 많습니다. 거식증에 걸린 소녀는 자신이 너무 뚱뚱하다고 진심으로 믿지요.

빌라야누르 라마찬드란: 일부 뇌졸중 환자에서는 그런 현상이 더욱 극단적으로 나타납니다. 우리 팀이 어떤 반신마비 여성을 진료한 적이 있어요. 그 여성은 지능은 완전히 정상이었지만, 뇌 손상 때문에 자신의 반신이 마비되었다는 것을 전혀 몰랐지요. 내가 그녀에게 왼손을 뻗어서 내 코를 잡아보라고 했어요. 물론 그녀는 팔이 마비되었기 때문에 그 동작을 할 수 없었어요. 내가 물었죠. "D부인, 당신은 지금 내 코를 만지고 있나요?" 그러자 그녀는 기분이 나쁘다는 듯이 대답했어요. "당연하죠. 나는 내 손가락이 당신의 얼굴에서 5센티미터도 떨어지지 않은 위치에 있는 것을 보고 있어요." 그녀는 정말로 손가락을 보고 있었습니다. 그녀의 뇌가 그 시각 경험을 창조해냈으니까요.

슈테판 클라인: 왜 그랬을까요?

빌라야누르 라마찬드란: 뇌의 양쪽 반구는 서로 다른 임무를 수행합니다. 좌반구는 이야기꾼이에요. 다른 여러 일과 더불어 세계에 대한 이론을 끊임없이 지어내는 일을 하지요. 이 일은 유용해요. 왜냐하면 우리는 흔히 충분한 정보를 확보하지 못한 상태에서 결정을 내려야 하니까요. 그럴 때 좌반구는 아직 확보하지 못한 정보를 그냥 제쳐놓고 그럴싸한 이야기를 구성합니다. 반면에 우뇌는 그 이야기를 현실과 대조하면서 검증합니다. 그런데 D부인의 경우에는 이 검증을 담당하는 우뇌 구역 몇 곳이 손상된 상태였어요. 그래서 자신이 하려는 행동과 실제로 하는 행동이 서로 다르다는 점을 알아채지 못했던 것입니다. 그녀는 바라는 것이 그대로 이루어지는 세상에서 살고 있었던 셈이죠.

슈테판 클라인: 자신의 허구가 논리적으로 불가능하다는 점을 그녀가 알아챌 수 있었다면 어땠을까요?

빌라야누르 라마찬드란: 의심이 일어난 상황에서 논리는 가치가 거의 없어요. 뇌 속의 다른 요소가 논리보다 훨씬 더 강한 힘을 발휘하죠. 가까운 예로 일부 과학자들을 보세요. 뛰어난 생화학자들 중에도 영적인 능력으로 병을 고칠 수 있다고 믿는 사람이 꽤 있어요. 또 미국인의 90퍼센트가 자신의 지능이 평균 이상이라고 믿습니다. 어떻게 그럴 수 있을까요? 좌뇌의 달콤한 아첨 때문이에요. 여러 연구에서 알 수 있듯이 인간은 만성적으로 지나치게 낙관적입니다. 실제로 경미한 우울증 환자가 더 현실적일 때가 많아요. 물론 우울증으로 인한 비용이 커서 문제이긴 하지만요.

슈테판 클라인: 뇌의 다양한 기능 중에서 어떤 기능은 쉽게 착각에 빠지고 또 어떤 기능은 웬만하면 착각에 빠지지 않는 식으로, 기능 사이에 차이가 있을까요? 생각해보면 우리는 적어도 기초적인 감각 지각 - 예컨대 시각 - 을 할 때는 생각할 때나 느낄 때보다 더 현실에 가깝게 머무는 것 같기도 합니다.

빌라야누르 라마찬드란: 내 생각은 다릅니다. 예컨대 우리는 주변에서 항상 만화 장면을 보는 환자를 여러 명 진료했어요. 눈에서 뇌의 시각 중추로의 신호 전달에 문제가 있는 환자들이었죠. 그래서 그들의 시야에는 공백이 있어요. 그런데 뇌가 곧바로 그 공백을 상상으로 채우는 겁니다.

슈테판 클라인: 놀랍군요. 그런데 왜 모든 시각장애인이 아니라 일부만 그런 경험을 할까요? 또 왜 하필이면 만화 장면이죠?

빌라야누르 라마찬드란: 우리도 그걸 알고 싶어요. 아마 이런 환각은 통념보다 훨씬 더 흔할 거예요. 사람들은 미친 놈 취급을 받을까 봐 자신의 환각에 대해서 이야기하기를 꺼리니까요. 그리고 뇌는 어린 시절의 인상을 환각의 재료로 즐겨 이용하는 듯하고, 그래서 만화 장면이 등장하는 듯합니다. 어쩌면 만화 장면이 현실의 장면보다 더 간단하기 때문일 수도 있어요. 만화 장면은 움직이지도 않고 입체감도 없으니까요. 우리가 그 환자들에서 관찰하는 바는 당연히 극단적인 사례죠. 그러나 똑같은 메커니즘이 우리 모두 안에서 작동합니다. 다만 우리의 뇌는 겉보기에 아무 문제없이 기능하니까, 우리가 그 메커니즘을 알아채지 못할 뿐이에요. 하지만 사실 우리는 끊임없이 환각을 경험합니다. (양손의 집게손가락을 교차시켜 십자가 모양을 만들며) 지금 눈앞에 뭐가 보이나요?

슈테판 클라인: 십자가 모양으로 교차한 손가락 2개요.

빌라야누르 라마찬드란: 예, 정답입니다. 그런데 당신의 망막에 맺힌 것은 손가락 하나의 상과 그 뒤에 놓인 손가락 반토막, 2개의 상뿐이에요. 당신이 온전한 손가락 2개를 본다는 것은 뇌가 지어낸 이야기라고요. 우리가 아는 것은 생각보다 훨씬 더 적어요. 우리가 지각한다고 믿는 내용의 90퍼센트 이상은 단지 우리가 추측한 내용입니다. 그 추측은 뇌가 조립해서 실재라는 이름으로 우리 앞에 내미는 세계상의 한 부분이고요. 그리고 이 환상은 유익해요. 우리 조상들이 검은색과 노란색이 교대하는 줄무늬가 덤불 속에서 어른거리는 것을 보았다면, 그것이 무엇일까 깊이 고민하는 경우는 그리 많지 않았을 거예요. 대개는 호랑이를 보았다면서 당장 달아났겠죠. 그게 유익한 행동이에요.

슈테판 클라인: 그런 표상이 뇌에서 어떻게 발생하는지를 어떻게 연구하나요?

빌라야누르 라마찬드란: 우리 팀은 환자들을 관찰합니다. 우리가 환자의 뇌에서 어느 부위에 결함이 있는지 알고 또 그 결함 때문에 환자가 어떤 증상을 보이는지 알면, 뇌가 어떻게 작동하는지 추론할 수 있죠. 기술자가 처음 보는 모터를 점검할 때와 마찬가지예요. 바로 이런 이유 때문에 나는 뇌에 모듈이 있다는 생각에 매력을 느낍니다. 최근에 밝혀졌듯이, 뇌의 다양한 부분들이 작동하는 방식은 모든 병사가 똑같은 방향, 똑같은 걸음걸이로 행진하는 군대와는 전혀 달라요. 오히려 뇌에는 20여 개의 회로가 있는데, 그것들은 때로 더 많이 협동하고 때로 더 적게 협동하지요. 우리 팀은 그 회로를 모듈이라고 부릅니다. 몇몇 모듈이 하는 일은 짐작이 가능해요. 예컨대 언어 담당 모듈은 의식과 연결되어 있죠. 반면에 대다수의 모듈은 우리가 알아채지 못하는 사이에 임무를 수행합니다. 우리 팀은 그런 모듈을 '좀비(Zombie)'라고 불러요.

슈테판 클라인: 좀비라고요?

빌라야누르 라마찬드란: 왜 공포영화에 나오는, 의식이 없는 독특한 존재 있잖아요. DNA의 구조를 공동으로 발견한 프랜시스 크릭은 나중에 의식의 수수께끼를 탐구했는데, 그가 뇌 모듈을 가리키기 위해 '좀비'라는 명칭을 사용했어요. 아주 적절한 명칭이에요. 당신이 어떤 물체를 향해 손을 뻗고 물체를 잡아서 어딘가로 옮길 때, 이 모든 동작을 그런 좀비 같은 회로가 통제합니다. 따라서 당신은 예컨대 우체통에 편지를 넣을 때 당신의 동작을 전혀 의식하지 않아도 되지요.

슈테판 클라인: 대개 사람들은 우체통에 편지를 넣을 때 자신의 동작을 알지 않나요?

빌라야누르 라마찬드란: 꼭 알 필요는 없다는 점이 중요합니다. 그런 단순한 행동은 완전히 무의식적으로도 해치울 수 있어요. 우리가 통일된 인격체로서 이런저런 행동을 하거나 하지 않는다는 것은 유용한 전제입니다. 그러나 이 전제는 뇌에서 실제로 벌어지는 일에 그다지 부합하지 않아요. 우리가 관찰할 수 있는 한에서 말씀드리면, 우리의 머릿속에는 우리의 본질과 확고하게 연결되어 있다고 할 만한 것이 없습니다.

슈테판 클라인: 우리 각자가 '나'라고 부르는 자아가 없다는 말씀이군요.

빌라야누르 라마찬드란: 우리가 자아나 그 비슷한 것을 감지한다면, 그건 아마도 착각일 거예요. 벌써 우리 자신의 몸에 대한 관념만 해도 몹시 불안정합니다. 그리고 정신적인 과정의 절대다수는 좀비에 의해 전혀 무의식적으로 처리됩니다. 우리를 움직이는 것은 자아가 아니에요. 오히려 두개골 안에서 일어나는, 복잡하게 뒤얽힌 과정이 우리를 움직여요.

슈테판 클라인: 이런 생각을 최초로 제시한 서양 사상가는 계몽철학자 데이비드 흄이었습니다. 그러나 자아가 환상에 불과하다는 그의 이론은 호응을 얻지 못했지요. 왜냐하면 어쨌거나 자아는 아주 실용적인 개념이니까요. 내 손, 내 아내, 내 자식들, 내 자전거가 나, 곧 자아에 속한다고 전제하면 삶이 더 간단해집니다. 이것이 내 머릿속의 온갖 회로와 어떤 복잡한 방식으로 연결되어 있을까 하는 문제를 매번 고민한다면 삶이 얼마나 복잡하겠습니까.

빌라야누르 라마찬드란: 당신의 이야기는 이렇게 정리돼요. "자아라는 관념이 없으면 우리는 금세 마비될 것이다." 설령 그렇다 하더라도 자아는 여전히 상상입니다. 뇌가 만들어낸 덧없고 비극적인 구성물이에요. 이것과 똑같은 주장을 벌써 몇천 년 전에 인도의 현자들이 했습니다.

슈테판 클라인: 그 현자들에 따르면, 인간은 자신이 개별적인 영혼을 가졌다는 그릇된 믿음 때문에 고통을 겪지요. 이 환상을 '마야(Māyā)'라고 하고요. 깨달음에 이르는 길은, 자아라는 매혹적인 거짓을 꿰뚫어보고 자신과 우주가 하나임을 알아채는 것이에요.

빌라야누르 라마찬드란: 맞습니다. 정확해요. 나는 오랫동안 이 모든 전통을 헛소리로 치부했어요. 우리 집안은 서구 지향적이거든요. 우리 아버지는 미국 주재 외교관이었어요. 또 서양 의학을 공부하다 보면, 신비주의적인 생각을 불신하는 태도가 더욱 강화되기 마련이죠. 나는 뇌과학 연구를 15년 동안 하고나서야 비로소 마야 이론도 꽤 일리가 있을 수 있다는 확신에 도달했습니다.

슈테판 클라인: 교수님은 애당초 어쩌다가 뇌과학자가 되었나요?

빌라야누르 라마찬드란: 나는 청소년기에도 실험을 하곤 했어요. 한번은 양눈 시각이 어떻게 작동하는가에 관한 논문을 썼죠. 삼촌이 그 논문을 런던에서 발행되는 유명한 과학 학술지 ≪네이처*Nature*≫에 투고했고요. 그런데 정말로 내 논문이 ≪네이처≫에 실렸어요. 당연히 나는 엄청난 자부심을 느꼈습니다. 더 나중에는 발생학과 신경학을 놓고 어느 쪽을 선택할까 고민했지요. 어떻게 수정란이 사람으로 되는가 하는 문제는 최소한 의식에 못지않게 흥미롭습니다. 하지만 나는 뇌과학이 더 흥미진진하다고 느꼈어요. 왜냐하면 뇌과학은 나 자신의 지각, 나 자신의 지성을 다루니까요. 뇌과학을 하면 나 자신을 들여다볼 수 있습니다.

슈테판 클라인: 교수님 자신의 내면을 성찰하는 일이 연구에 도움이 되나요?

빌라야누르 라마찬드란: 때로는 도움이 되지만, 때로는 자아에 대한 이 모든 질문이 혼란만 일으킵니다.

슈테판 클라인: 2000여 년 전에, 동양철학이 뇌과학의 결론과 유사한 깨달음에 도달했다는 것은 놀라운 일입니다. 왜 하필이면 고대 인도의 사상가들이 현대의 통찰을 그토록 성공적으로 성취할 수 있었을까 하는 의문이 드네요. 실험 과학 같은 것은 고대 인도의 전통에서 거의 역할을 못했다는 점을 감안하면 의문은 더 커집니다.

빌라야누르 라마찬드란: 우리 인도 사람들은 늘 사변을 좋아했습니다. 그래서 서양인이 우스꽝스러운 로마숫자로 계산하던 시절에도 이미 현대의 숫자에 못지않은 숫자와 0을 나타내는 기호를 사용했지요. 하지만 당신이 옳게 지적했듯이, 의식의 본성에 대한 사변은 과학적 이론이 아닙니다. 『베다』에는 물질의 최소 단위에 대한 논의도 들어 있어요. 고대 그리스의 데모크리토스가 원자를 이야기한 때보다 더 먼저 이루어진 논의예요. 우리는 이런 논의를 한 선구자들을 물론 높게 평가해야겠죠. 하지만 우리 인도 지식인이나 데모크리토스가 원자를 발견했다고 말할 수 없습니다. 그렇게 말하기에는 그들의 생각이 너무 막연했으니까요. 의식에 대한 생각도 마찬가지입니다. 인도 철학은 주로 한 측면을 강조해요. 즉, 우리의 감각지각이 얼마나 기만적인지를 강조하지요. 하지만 뇌와 정신에 대해서 이것 말고도 훨씬 더 많은 이야기를 할 수 있습니다.

슈테판 클라인: 힌두교도와 불교도는 환생을 믿습니다. 교수님은 과학자여서 그 믿음에 동조하기는 어렵겠죠.

빌라야누르 라마찬드란: 정말 그렇게 확신하나요? 나는 죽은 사람이 개나 돼지로 다시 태어난다고 생각하지 않습니다. 그건 허튼소리죠. 하지만 의식을 특정한 형태의 물질에 속박된 무언가로 보지 않고 정보로 보면, 이야기가 달라집니다. 의식이 정보라면, 당신은 2, 3년마다 다시 태어난다고 할 수 있어요. 나의 뇌를 이루는 원자는 끊임없이 교체되지만, 나는 항상 존재하잖아요. 이런 의미에서라면 나는 벌써 수십 번 환생해서 잘 살고 있습니다.

슈테판 클라인: 그럼 교수님이 죽으면 환생도 끝이겠네요.

빌라야누르 라마찬드란: 내가 죽으면, 내 뇌에 있던 정보가 내 자식과 타인에게 전달되겠죠. 인도 철학에 적당한 비유가 있어요. 그 비유에 따르면, 우리 각자 안에 빛이 있답니다. 개인은 그 빛을 통과시키는 창일 따름이고요. 한 사람이 죽으면, 그의 창이 닫혀. 하지만 빛은 계속해서 다른 모든 창을 통해 비추지요.

슈테판 클라인: 하지만 개인으로서의 교수님을 이루는 모든 것은 소멸하지 않습니까.

빌라야누르 라마찬드란: 물론입니다. 하지만 이것을 명심해야 합니다. 의식의 내용 중에서 개인적인 것이 차지하는 비율은 극히 낮습니다. 우리가 생각하고 느끼고 경험하는 것의 98퍼센트 이상은 우리가 우리 문화로부터 넘겨받은 것입니다. 나는 탁자가 무엇인지, 발가벗은 남자가 어떤 모습인지, 아인슈타인이 누구인지 압니다. 당신도 이 모든 것을 압니다. 내 의식의 2퍼센트만이 나의 인생사, 내 딸, 내 아들에 관한 것이에요. 내가 죽으면, 이 2퍼센트만 소멸합니다. 나머지는 계속 살고요.

슈테판 클라인: 동양의 사고방식이 뇌과학에 유익할 수 있다는 생각이 최근 들어 많은 뇌과학자의 호응을 얻는 듯합니다. 미국 신경과학회 연례 모임에서 달라이 라마가 총회 연설을 한 일도 있습니다. 그 모임은 전 세계의 과학자 3만 명이 참석하는 초대형 행사예요. 달라이 라마의 티베트 불교는 결국 인도철학에서 유래한 것이고요. 교수님은 달라이 라마의 제안이 뇌과학에 도움이 된다고 봅니까?

빌라야누르 라마찬드란: 요가, 탄트라, 명상이 많은 통찰을 제공하리라고 봅니다. 하지만 그런 수련은 과학보다 일상생활에 훨씬 더 유익해요. 서양 사회는 불안에 사로잡혀 있습니다. 여기 사람들은 자기 존재의 기반을 캐묻는 일에 익숙하지 않은데, 이것이 그 불안과 관련이 있어요. 충만한 삶이란 무엇일까? 행복이란 무엇일까? 같은 질문을 깊이 숙고하지 않죠. 다들 행복에 대해서 말하지만 아무도 행복이 무엇인지 몰라요. 반면에 동양 전통에서는 그런 질문이 삶의 아주 평범한 부분입니다.

슈테판 클라인: 교수님에게 행복이란 무엇일까요?

빌라야누르 라마찬드란: 열정과 몰입입니다. 이것을 인도에서는 '라사(Rasa)'라고 불러요. 지금 서양에는 바로 '라사'가 부족합니다. 무언가를 너무 열정적으로 추구하는 사람은 의심을 받기 십상이죠. 냉정한 태도를 최고로 쳐요. 기껏해야 평균을 향한 열정이 있을 뿐입니다. 평균에서 벗어난 아이들은 학교에서 잘려요. 톰 행크스가 왜 위대한 배우인지 아세요? 평균적인 유형이기 때문이에요. 모든 미국인을 믹서에 집어넣고 갈면 톰 행크스가 나옵니다. 우리 인도인은 그런 사람을 죽도록 따분하다고 느꼈어요. 우리를 감탄시키는 것은 괴짜들이었죠. 단지 매혹되었기 때문에 과학을 하는 사람, 고아를 양육하는 사람, 조각상을 수집하는 사람. 이런 사람들은 행복을 위한 열쇠를 가지고 있어요. 몰입하는 동안 그들은 자신의 작은 자아를 잊고 자신이 삶이라는 큰 드라마의 일부임을 깨닫습니다. 이건 여담인데, 만약에 우리 조상들이 지금 서양인처럼 열정과 호기심이 없었다면, 인류는 결코 동굴을 벗어나지 못했을 거예요.

슈테판 클라인: 사람들이 세계를 경험하는 방식이 앞으로도 영원히 지금과 같으리라고 단정할 수는 없을 것 같습니다. 먼 미래에 우리의 후손이 더 높은 의식 상태에 도달할 수도 있지 않을까요?

빌라야누르 라마찬드란: 예, 그럴 가능성이 충분히 있습니다. 뇌의 복잡성은 그야말로 어마어마해요. 또 온갖 진보에도 불구하고 우리는 그 복잡성을 겨우 눈곱만큼 이해했지요. 그러니까 어쩌면 뇌가 자신의 한계를 극복하고 의식을 우리로서는 짐작조차 할 수 없는 방향으로 확장할지도 모릅니다. 이런 일이 자연적인 진화를 통해 일어날 수도 있겠지만, 어쩌면 명상과 깨달음을 통해 일어날 수도 있겠죠. 또는 뇌에 전극을 이식하는 수술을 통해 일어날지도 모르고요. 동료들이 나에게 자주 묻습니다. "라마, 자네는 왜 그런 걸 연구하나? 그런 건 전부 허튼소리야." 그러면 내가 대답하죠. "솔직히 자네들도 잘 모르잖아." 만약에 당신이 200만 년 전에 아프리카 초원에서 인간의 조상인 호모하빌리스 몇 명과 마주쳤다면, 언젠가 그들의 후손이 교향곡을 작곡하고 우주를 이해하고 의식을 이해하려 애쓰게 되리라는 생각을 당신 역시 못했을 겁니다.

12. 반항적인 얼룩말

역사의 우연과 필연에 대하여

생리학자 겸 지리학자 "제레드 다이아몬드"와 나눈 대화

Jared Diamond
1937년 미국에서 태어났다. 미국 하버드대학교와 영국 케임브리지대학교에서 의학을 공부하였다. 캘리포니아대학교 지리학 교수이며, 조류학자이기도 하다. 진화생물학, 생물지리학으로 연구 영역을 확장해나가고 있다. 국내 소개된 책으로『총, 균, 쇠』,『어제까지의 세계』,『제3의 침팬지』,『문명의 붕괴』,『섹스의 진화』등이 있다.

제레드 다이아몬드는 로스앤젤레스 인근의 어느 계곡에서 산다. 그의 집은 늙은 포플러나무, 참나무, 동백나무로 둘러싸여 있다. 방금 아침맞이 조류관찰에서 돌아온 그는 나를 커다란 응접실로 안내한다. 뚜껑이 열린 그랜드피아노가 부르주아 저택의 분위기를 풍기지만, 남태평양에서 수집한 가면과 조각상, 그리고 나무로 만든 물고기는 한때 열대지역을 연구한 사람의 집을 연상시킨다. 다이아몬드가 직물 카펫이 덮인 긴 의자에 앉아 이야기를 시작하니, 곧바로 파푸아뉴기니의 정글에 온 기분이 든다.

　　　이 집의 주인은 파푸아뉴기니를 자그마치 24번 탐사했다. 세계적인 베스트셀러『총, 균, 쇠』와『문명의 붕괴』는 그 경험을 바탕으로 삼은 작품이다. 이 책에서 다이아몬드는 세계사의 큰 특징을 설명하려 한다. 경력의 대부분 동안 쓸개에 관한 전문가로 명성을 누린 과학자의 시도로는 충분히 이례적이다. 다이아몬드는 1937년에 보스턴에서 태어나 하버드대학교와 케임브리지대학교에서 의학을 공부하고, 1968년부터 로스앤젤레스 소재 캘리포니아대학교 생리학과에서 연구해왔다. 하지만 다른 한편으로 새의 진화를 연구했고, 더 나중에는 인간 문명의 발전도 연구했다. 2004년 이래로 그는 로스앤젤레스 소재 캘리포니아대학교의 지리학 교수다. 오늘 나와 대화하고 나서 며칠이 지나면 그는 다시 여러 주에 걸친 현장 연구를 위해 보르네오 섬으로 출발할 예정이다.

슈테판 클라인: 다이아몬드 교수님, 교수님은 지금까지 정말 많은 직업에 종사하였습니다. 생리학자, 조류학자, 지리학자, 자연보호활동가, 인류학자, 진화생물학자, 고생물학자, 역사학자. 심지어『섹스의 진화*Why is Sex Fun?*』라는 책도 썼어요. 도대체 교수님의 정체는 무엇입니까?

제레드 다이아몬드: 우리가 젊을 때는 모두가 여러 방면에 관심이 있었습니다. 예컨대 나는 어린 시절부터 새를 관찰하기 시작했어요. 하지만 역사도 좋아했고 여러 고전어와 현대어도 좋아했어요. 그 언어는 학교 선생님인 우리 어머니가 가르쳐주었죠. 세월이 지나니까, 한 분야의 전문가가 되어야 한다는 말을 듣게 되더군요. 실제로 대다수의 사람들은 관심의 폭이 좁아지죠. 나는 생리학을 전공하고 나서 내부 장기를 연구하기 시작했어요. 박사논문을 쓰고 나니까 내가 평생을 쓸개에 바치게 될 것 같다는 예감이 들더군요. 끔찍한 기분이었어요.

슈테판 클라인: 그 운명에서 어떻게 벗어났나요?

제레드 다이아몬드: 친구 한 명과 함께 아마존 유역에 갔습니다. 정글에서는 할 일이 거의 없어요. 그래서 우리는 새를 관찰했죠. 정말 많은 새를 봤어요. 덕분에 미국으로 돌아오자마자 연구 보고서를 2편이나 썼지요.

슈테판 클라인: 왜 그렇게 새에 매혹되었나요?

제레드 다이아몬드: 일곱 살 때 부모님 침실 앞에서 참새를 보았는데, 그때 벌써 말 그대로 첫눈에 반했습니다. 새는 한 곳에서 다른 곳으로 쉽게 이동할 수 있잖아요.

슈테판 클라인: 날아다니고 싶다는 소망은 정말 원초적이죠.

제레드 다이아몬드: 맞아요. 게다가 내가 눈썰미와 음악성이 좋다는 점도 한몫 했어요. 새가 우는 소리를 듣고 무슨 종인지 알 수 있으면 관찰에 도움이 되거든요. 뉴기니 섬의 원시림에서는 눈에 띄는 새 각각이 수백 가지 소리를 냅니다.

슈테판 클라인: 나중에 교수님은 뉴기니 섬을 탐사했는데, 유독 그 섬을 선택한 이유는 무엇이었나요?

제레드 다이아몬드: 모험을 원했기 때문입니다. 원래 새는 우리의 탐사를 위한 핑계에 가까웠어요. 나는 모든 것이 새롭고 경이로운 세계에 발을 들인 셈이었죠. 우리는 뉴기니 섬에 처음 도착하자마자 어느 마을에서 숙박했어요. 아침에 나가보니 아이들이 활과 화살을 가지고 전쟁놀이를 하더군요.

슈테판 클라인: 교수님은 상당히 용감했네요. 당시에 뉴기니의 많은 부족들은 낯선 사람과 접촉한 적이 아직 없었고, 식인 풍습도 교수님 일행의 첫 탐사 직전에 비로소 금지되었습니다.

제레드 다이아몬드: 맞아요, 그때가 1959년이었죠. 하지만 나는 두렵지 않았어요. 왜냐하면 워낙 무모하고 경솔했거든요. 우리는 죽을 고비를 여러 번 넘겼습니다. 한번은 외장형 모터가 달린 카누를 타고 바다로 나갔어요. 터무니없다 싶을 정도로 속력이 빠른 카누였는데, 망망대해에서 그만 뒤집혀버렸어요. 우연히 지나가던 배가 일몰 15분 전에 우리를 구했습니다.

슈테판 클라인: 토착민들과 갈등도 있었나요?

제레드 다이아몬드: 처음 몇 번의 탐사에서는 없었습니다. 그들은 위험하지만 우리에게 위협적으로 굴지 않았어요. 내가 그들을 조심성 없이 대하게 된 것은 나중에 정말로 백인이 발을 들인 적이 없는 지역에 들어가면서부터입니다. 한번은 토착민 집단과 함께 미탐사 지역에서 이동 중이었어요. 우리는 두 마을 사이 인적이 없는 곳에 천막을 쳤죠. 두 마을은 하루 종일 걸어도 서로 닿지 않을 만큼 멀리 떨어져 있었어요. 한밤중에 나는 갑자기 모닥불이 타오르는 것을 봤어요. 한 남자가 내 천막으로 다가오는 소리도 들었고요. 짐꾼이려니 생각하고 이렇게 외쳤죠. "거 좀 잡시다!" 그런데 아침에 보니 누군가가 야영지에 침입했던 흔적이 역력했어요. 나중에 알았는데, 그 시기에 미친 사람 하나가 정글을 헤매고 다니면서 정기적으로 살인을 저질렀습니다. 자기 아들도 죽인 사람이었죠. 만약에 내가 그때 내 천막 문을 열었다면, 나도 그의 손에 죽었을 거예요.

슈테판 클라인: 당시에 교수님은 이중생활을 하였습니다. 그런 탐험

을 하면서 다른 한편으로 로스앤젤레스에서 생리학 교수로서 지극히 평범한 학자 경력을 이어갔죠. 어떻게 그럴 수 있었나요?

제레드 다이아몬드: 낮에는 쓸개를 연구하고, 저녁과 주말에는 뉴기니 섬에서 모아온 자료를 분석하고 평가했어요. 매년 여름이 오면 3개월 동안 뉴기니 섬에 머물렀고요. 동료들은 나의 이중생활을 용인해주었습니다. 왜냐하면 내가 임용 계약을 맺을 때부터 그것을 조건으로 달았거든요. 내가 그 조건을 제시하니까 학장께서 이렇게 말하더군요. "제레드, 로스앤젤레스대학의 의학부는 뉴기니 섬의 조류에 대해서 아주 관심이 많습니다." 정말 깍듯한 분이었어요.

슈테판 클라인: 가족은 교수님의 탐사에 불만이 없었나요?

제레드 다이아몬드: 나는 쉰 살이 넘어서 자식을 얻었습니다. 자식이 생긴 다음부터는 1년에 4주만 뉴기니 섬에 머물렀죠. 내 아내가 함께 간 적은 한 번도 없어요. 그 사람은 마음이 너그럽습니다.

슈테판 클라인: 로스앤젤레스와 정글을 오가다보면 의식의 분열을 느낀 적도 있을 법한데, 그런 일은 없었습니까?

제레드 다이아몬드: 진정한 의미의 분열은 없었어요. 왜냐하면 나는 쓸개를 연구할 때와 조류의 세계를 연구할 때 아주 유사한 접근법을 채택했거든요. 핵심은 데이터를 풍부하게 모으는 것이었어요. 쓸개를 연구할 때는 여러 막이 200가지 화합물을 얼마나 잘 통과시키는지

측정했고요, 조류를 연구할 때는 600종의 새들이 어떻게 분포하는 지 조사했지요. 이런 연구 방식은 이례적이었습니다. 당시에 조류학 자들은 수백 종의 새를 동시에 연구하기보다 특정한 종 하나에 관심 을 집중했으니까요. 내가 모은 데이터는 처음에 그저 잡동사니로 보 였지만 차츰 패턴이 드러났지요. 생리학에서 얻은 데이터와 원시림 에서 얻은 데이터의 차이는 사실상 하나밖에 없어요. 쓸개에 대해서 는 실험이 가능하지만, 반면에 야생의 새들에 대해서는 불가능하다 는 점 하나요.

슈테판 클라인: 조류를 연구할 때는 자연 자신이 오랜 세월에 걸쳐 해온 실험을 관찰하는 것으로 만족해야 하죠.

제레드 다이아몬드: 예, 그렇습니다. 예컨대 어떤 구역을 탐사하다 보면 이런 의문이 생길 수 있어요. 왜 이곳에서는 A라는 조류 종은 살 수 있는데, B라는 종은 살 수 없을까? 그리고 이런 비교를 바탕 으로 삼아 추론을 진행할 수 있겠죠. 나는 바로 이 접근법을 인간 역사의 기본 패턴을 연구할 때도 채택했어요. 인간 사회를 가지고 실험해볼 수는 없습니다. 하지만 다양한 민족의 역사를 비교할 수는 있지요.

슈테판 클라인: 교수님의 저서 『총, 균, 쇠』의 서두에 이런 문장이 나 옵니다. "이 책은 지난 1만 3000년 동안 진행된 모든 민족의 역사를 개관하려는 시도다." 정말 어마어마한 과제를 설정한 셈인데, 가끔은 이 문장 앞에서 교수님 자신도 깜짝 놀라지 않나요?

제레드 다이아몬드: 아뇨, 전혀 그렇지 않습니다. 내가 처음에는 잘 몰랐던 많은 지역도 서술에 포함시킨 것은 사실이에요. 하지만 나는 수백 명의 전문가에게 조언을 구했고 그들의 논문을 읽었고 내 책을 비판해달라고 부탁했습니다. 내가 잘 알지도 못하면서 떠든다고 몇 몇 역사학자와 인류학자가 주장한다면, 그들은 최고의 역사가들과 인류학자들도 무식하다고 주장하는 셈입니다.

슈테판 클라인: 교수님의 역사 해석은 어떻게 발전했나요?

제레드 다이아몬드: 주로 대화를 통해서 발전했습니다. 예컨대 내 책의 핵심 아이디어 하나는 대륙의 모양에 관한 것이에요. 유럽과 아시아는 역사적으로 유리했습니다. 왜냐하면 유라시아 대륙은 동서 방향으로 길게 뻗어 있기 때문이에요. 그래서 하나의 기후대 안에서 동물뿐 아니라 농사 방법도 비교적 쉽게 확산할 수 있었죠. 남북 방향으로 길게 뻗은 아메리카 대륙에서는 그런 확산을 막는 걸림돌이 훨씬 더 컸습니다. 나에게 이 사실을 가르쳐준 사람은 인디언 부족을 연구하는 고고학자 리처드 야넬입니다. 얼마 후에 나는 아메리카뿐 아니라 아프리카와 인도 아대륙도 남북 방향으로 뻗어 있고, 따라서 똑같은 불리한 점을 가지고 있다는 생각을 하게 되었어요.

슈테판 클라인: 교수님은 전문가에게서 얻은 퍼즐 조각을 짜 맞춰 큰 그림을 만든 셈이군요.

제레드 다이아몬드: 그리고 그 그림을 분석했지요. 나는 역사의 기

본 패턴 하나를 '안나 카레니나의 법칙'으로 명명했습니다. 레프 톨스토이의 소설 『안나 카레니나』의 첫 문장에서 발상을 얻어 고안한 명칭인데, 그 문장은 이것입니다. "행복한 가정은 모두 엇비슷하지만, 불행한 가정은 각자 고유한 방식으로 불행하다."

슈테판 클라인: 이 문장에서 톨스토이가 말하려는 바는 성공의 조건이 여러 가지라는 점입니다. 가정이 행복하려면 많은 조건이 충족되어야 해요. 건강, 부모의 원만한 성관계, 돈 등등. 반면에 이 조건 중에 하나라도 충족되지 않으면, 가정은 아마도 불행해지겠죠.

제레드 다이아몬드: 처음 야생동물을 길들일 때도 똑같았습니다. 오직 여러 유리한 조건이 갖춰진 곳에서만 가축을 사육할 수 있었어요. 당연히 가축은 농업과 근대사회의 발전에 엄청나게 기여했고요.

슈테판 클라인: 하지만 이런 의문이 듭니다. 당시에 영향력을 발휘했을 가능성이 있는 모든 요인 중에서 결정적 요인을 1만 년도 넘게 지난 지금 알아낸다는 것이 과연 가능할까요?

제레드 다이아몬드: 중요한 문제입니다. 내가 『총, 균, 쇠』를 쓸 때 가장 큰 골칫거리가 바로 이 문제였어요. 나의 가설은, 중요한 것은 사람이 아니라 사람이 사는 환경이라는 것이었습니다. 아시다시피 고대 세계에서 농업은 비옥한 메소포타미아 지역에서 발생했지요. 이 사실에 근거해서, 그곳 사람들이 더 똑똑했고 유럽 거주자들은 멍청했다고 추론할 수도 있을 거예요. 하지만 정확히 분석해보면 알

수 있듯이, 근동 지방에서 가축 사육과 농업이 가능했던 것은 그곳의 생물학적 다양성이 유난히 높았기 때문입니다. 유럽 거주자들이 본래 그곳에 있던 재료를 가지고 가축 사육과 농업을 개발한다는 것은 어림도 없는 일이었어요. 그들은 근동에서 가축과 농작물이 들어올 때까지 기다려야 했지요. 또, 왜 아프리카 서남부에는 사람이 타는 가축이 없을까요? 왜냐하면 말과 달리 얼룩말은 길들여지지 않기 때문이에요. 유럽 거주자들도 동물을 길들여 타고 다니는 데는 실패했습니다.

슈테판 클라인: 교수님의 인류 역사 이해는 인종주의 청산의 의미가 있습니다. 혹시 교수님도 유럽인이 다른 모든 민족보다 더 영리하기 때문에 세계를 정복할 수 있었다고 믿었던 적이 있나요?

제레드 다이아몬드: 당연히 나도 그렇게 믿었습니다. 솔직히 우리 백인 모두가 내심 백인의 우월성을 믿지요. 가장 영리한 사람들도 예외가 아닙니다. 아주 많은 존경을 받는 하버드대학교 교수 한분과 대화한 적이 있어요. 그분이 오스트레일리아 여행을 다녀왔을 때였는데, 나에게 그곳 토착민의 외모가 얼마나 원시적이었는지, 또 본인이 보기에 그들이 얼마나 원시적이었는지 설명하더군요. 사실 우리 미국인은 이런 편견에서 벗어날 만도 한데, 현실은 그렇지 않네요. 1941년에 이미 우리는 진주만에서 패배를 당해야 했지요. 왜냐하면 일본군이 미군 함대를 그렇게 과감하게 공격할 수 있다고 생각한 사람이 아무도 없었기 때문이에요.

슈테판 클라인: 그 다음에 베트남에서도 쓴맛을 봤죠.

제레드 다이아몬드: 맞습니다. 게다가 지금도 우리는 이라크와 아프가니스탄에서 또 다시 수렁에 빠졌어요. 인종주의는 모든 오류를 통틀어 그 대가가 가장 큰 오류의 하나입니다.

슈테판 클라인: 교수님이 보기엔 어떤가요? 언젠가는 유럽 문화가 전 세계로 확산되리라는 것을 1만 3000년 전에 예상할 수 있었을까요?

제레드 다이아몬드: 정확히 말하면 유라시아 민족이 성공한 것입니다. 유럽인이 세계를 정복한 것은 맞아요. 하지만 그 정복을 가능하게 해준 발명품은 유럽인의 작품이 아니에요. 농작물, 금속 가공법, 숫자 체계, 알파벳-이 모든 것은 유럽인이 근동에서 수입한 문물입니다. 아무튼 당신의 질문에 답하자면, 유라시아 대륙이 동서로 길게 뻗어 있다는 점과 그곳에 유용한 동식물이 풍부하다는 점에서 향후 발전을 예견할 수 있었다고 나는 믿습니다.

슈테판 클라인: 교수님은 우연을 경시하는군요. 우연은 역사에서 중요한 역할을 합니다.

제레드 다이아몬드: 단기적으로만 그렇죠. 1944년 7월 20일 히틀러 암살 미수 사건을 생각해보세요. 만약에 그때 슈타우펜베르크가 폭탄을 설치하는 과정에서 우연히 방해를 받지 않았다면, 폭탄 1개가 아니라 2개가 터질 수 있었을 겁니다. 그랬다면 히틀러는 아마 죽었

겠죠. 2차 세계대전은 더 일찍 종결되었을 테고, 유럽 지도는 지금과 달라졌을 겁니다. 하지만 500년이 지나면 무슨 차이가 남을까요? 나는 큰 차이가 없으리라고 봐요. 아무튼 이건 확실히 말씀드릴 수 있는데, 적어도 어떤 우연 때문에 오스트레일리아 토착민이 신세계를 정복하게 되는 일은 나로서는 상상할 수 없습니다.

슈테판 클라인: 아주 오랜 기간 동안 유럽 문명은 세계에서 가장 발전한 문명이 전혀 아니었습니다. 최소한 16세기까지도 중국이 문화와 기술에서 유럽을 훨씬 앞질렀지요.

제레드 다이아몬드: 왜냐하면 중국도 아주 유리한 자연 조건을 갖추었기 때문입니다.

슈테판 클라인: 게다가 유럽과 달리 정치적으로 통일되어 있었죠.

제레드 다이아몬드: 그건 불리한 점이었습니다. 중국 중앙정부가 저지르는 실수 하나하나가 유럽 군주의 실수보다 훨씬 더 큰 해악을 불러왔으니까요. 예컨대 15세기에 북경 황실은 원양 항해를 막았고, 그래서 국력 손실을 초래했죠.

슈테판 클라인: 그 일은 아주 먼 미래까지 영향을 미친 우연의 실례가 아닐까요? 다른 황제였다면 다른 결정을 내렸을 수도 있습니다.

제레드 다이아몬드: 그래요. 하지만 시스템 전반이 너무 경직되어 있

었던 것도 사실입니다. 어쨌든 당신의 말은 일리가 있어요. 왜 중국이 아니라 유럽이 전 세계에서 승리했는가 하는 문제는 아마도 역사를 통틀어 가장 큰 미해결 문제일 것입니다.

슈테판 클라인: 교수님은 자신의 이론을 학술논문이 아니라 대중적인 책으로 제시합니다. 그 이유는 무엇인가요?

제레드 다이아몬드: 나는 나 자신에게 설명하듯이 글을 씁니다. 내가 한 분야를 연구하기 시작할 때는 나 자신도 비전문가예요. 내 책을 읽는 독자와 마찬가지죠. 다른 한편으로 나는 내가 다루는 주제가 너무 중요해서 학술논문 사이에 묻혀버려서는 안 된다고 생각합니다. 전문 학술지에 논문을 싣는 방법으로는 인종주의를 물리치는 효과를 전혀 기대할 수 없어요.

슈테판 클라인: 교수님이 역사학자의 관례를 존중하지 않으면, 역사학자도 교수님을 그다지 좋아하지 않을 텐데요.

제레드 다이아몬드: 내가 강연 요청을 매년 수백 건씩 받습니다. 그런데 역사학과에서 요청한 경우는 달랑 두 번뿐이에요. 한 번은 내 아들이 다니는 대학에서 요청했고, 또 한 번은 내가 근무하는 대학에서 요청했죠.

슈테판 클라인: 교수님의 베스트셀러에 대한 질투는 일단 제쳐두고 말씀드리자면, 역사학자가 보기에 교수님은 틀림없이 이단아였을 겁니다.

제레드 다이아몬드: 역사학자의 관례는 개별 사례를 고찰하는 거예요.

슈테판 클라인: 맞아요, 바로 이것이 자연과학과 인문사회과학의 차이입니다. 인문사회과학자는 주로 개별 사례를 연구하는 반면, 교수님 같은 자연과학자는 일반적인 패턴과 규칙을 추구하지요. 만약에 역사학자가 통계학을 통달한다면, 우리의 역사 이해가 달라지리라고 믿나요?

제레드 다이아몬드: 예, 믿고말고요. 다만, 당신의 표현이 너무 완곡하군요.

슈테판 클라인: 교수님은 역사학자의 어떤 점이 불만인가요?

제레드 다이아몬드: 많은 역사학자는 특수한 사건을 너무나 좋아하는 나머지 더 큰 맥락을 경시합니다. 그래서 역사가 이야기로 전락해요. 그냥 이야기일 뿐인 이야기로. 1861년부터 1865년까지 진행된 미국 남북전쟁을 예로 들어봅시다. 개별 전투를 다룬 두꺼운 책은 많아요. 심지어 게티스버그 전투의 첫째 날만 다룬 책도 있지요. 이런 개별 사항은 물론 중요합니다. 하지만 그 전쟁을 제대로 이해하고 싶다면, 그 전쟁을 다른 내전과 비교해야 해요. 1918년 핀란드 내전, 아일랜드 내전, 합스부르크 왕가와 프로이센 왕가가 맞서 치른 전쟁과 비교해야 한다고요. 그러면 미국 남북전쟁의 고유한 특징을 알 수 있습니다. 하지만 이런 연구는 거의 이루어지지 않아요.

슈테판 클라인: 그건 인문사회과학만의 문제가 아닙니다. 어느 분야에서나 연구 관행이 극단적인 전문가를 육성하죠. 개인적으로 저는 과학자 경력이 요구하는 그런 좁은 시야가 끔찍하게 싫었어요.

제레드 다이아몬드: 충분히 공감합니다. 물론 모든 사람 각각이 쓸개도 연구하고 새도 연구하고 고대사도 연구해야 한다는 얘기는 당연히 아니에요. 하지만 극단적인 전문화는 연구자가 관점을 개발하는 것을 방해해요. 관점이 있어야만, 그저 역사를 이야기하는 수준을 넘어서 타당한 결론에 도달할 수 있는데도 말이죠. 최근에 내 친구 진 로버트슨과 그의 동료들이 긍정적인 가능성을 잘 보여줬습니다. 나폴레옹의 개혁이 유럽에 이로웠는가 아니면 해로웠는가는 오래된 논쟁거리예요. 이런 질문에 답하려 할 때 역사학자들은 보통 한 사례를 연구하죠. 예컨대 독일 쾰른에서 어떤 일이 벌어졌는지 살펴봅니다. 하지만 한 사례로는 당연히 아무것도 증명하지 못해요. 쾰른 근처 본에서는 전혀 다른 일이 벌어졌을 수도 있으니까요. 반면에 로버트슨은 독일의 도시 29곳의 발전사를 비교했습니다. 그 도시 중 일부는 나폴레옹의 개혁이 실행된 곳이고, 다른 일부는 실행되지 않은 곳이었죠. 그리고 로버트슨은 나폴레옹의 개혁이 실행된 도시들이 장기적으로 더 잘 발전했다는 것을 성공적으로 보여주었습니다.

슈테판 클라인: 교수님은 역사 연구가 실질적으로 유용할 수 있다고 믿나요?

제레드 다이아몬드: 물론입니다. 예컨대 아주 오랫동안 아이슬란드

를 괴롭힌 빈곤의 원인은 상당 부분 토양의 파괴와 과다한 목축에 있습니다. 최근에 아이슬란드 정부는 중세 때 얼마나 많은 양이 사육되었는지에 관한 기록 전체를 분석했어요. 그 결과, 그 예민한 섬이 어떤 농업을 얼마나 많이 감당할 수 있는지에 관한 소중한 데이터를 얻었습니다.

슈테판 클라인: 하지만 오늘날 우리는 교수님이 서술한 과거 사회처럼 농업에 많이 의존하지 않은 지 오래입니다. 아이슬란드 사람들에게도 이제 토양 침식은 사소한 문제가 아닐까 싶어요.

제레드 다이아몬드: 농업 종사자의 수는 점점 감소하는 중이고, 전체 토지에서 농지와 목초지가 차지하는 비중도 줄어들고 있지요. 하지만 그렇게 축소되는 농업으로 점점 더 많은 사람들을 먹여 살려야 한다는 것은 엄연한 사실이에요. 그래서 생태계 파괴가 과거 어느 때보다 더 심각한 문제가 되었습니다. 당신은 토양이 비옥한 독일에 살아서 문제의 심각성을 느끼지 못할 수도 있어요. 하지만 현재 중국에서는 최고의 농지에서 나오는 수확량이 20년 전에 비해 3분의 1에 불과합니다. 왜냐하면 비료와 농약이 토양을 망쳐놓았기 때문이에요. 굉장히 위험한 상황입니다. 또 이슬람 극단주의가 근동 지방에서 번성하는 것도 우연이 아니에요. 그 지역은 수백 년에 걸친 벌목과 토양 침식으로 지금은 대체로 황무지가 되었습니다.

슈테판 클라인: 하지만 토양의 황폐화를 가지고 오사마 빈 라덴의 등장을 설명할 수는 없지 않을까요?

제레드 다이아몬드: 알카에다의 등장에는 많은 원인이 있습니다. 자연적인 생활환경의 몰락도 한 원인이고요. 삶의 처지가 척박해지면 사람들은 극단적인 집단을 지지하는 경향이 있습니다.

슈테판 클라인: 또 다른 저서 『문명의 붕괴』에서 교수님은 문명의 몰락을 다룹니다. 그런데 문명의 몰락에 대한 일반적인 설명이 과연 가능할까요? 불행한 가정은 각자 고유한 방식으로 불행하다는 안나 카레니나의 법칙을 생각하면, 그런 설명은 불가능할 것 같아요. 사회는 늘 새로운 실수를 저지르니까요.

제레드 다이아몬드: 그렇지만 특정한 패턴이 놀라운 방식으로 반복됩니다. 한때 숲이 무성했던 이스터 섬의 운명을 생각해보세요. 그곳의 거주자들은 약 600년 전에 집과 배를 만들고 또 거대한 석상을 만들기 위해 그 섬의 나무를 마지막 한 그루까지 베어냈죠. 그리고 몰락했어요. 이 사례는 한 문화가 오로지 그 구성원의 잘못 때문에 몰락할 수 있다는 사실을 완벽하게 보여줍니다.

슈테판 클라인: 이스터 섬의 상태를 보았을 때, 우울했겠군요.

제레드 다이아몬드: 비극을 보는 느낌이었다는 표현이 더 적절합니다. 직접 그 섬에 갔을 때야 비로소 거기가 얼마나 외딴 곳인지 확실히 알았어요. 태평양에서 그 섬은 우주에서 지구처럼 고립되어 있습니다. 과거에는 아무도 들어오거나 나갈 수 없는 섬이었어요. 지금 이스터 섬은 완전히 황무지예요. 여전히 거주자가 있기는 하지만, 그 섬의

전성기에 비해 훨씬 적은 사람들이 훨씬 열악한 조건에서 살고 있습니다.

슈테판 클라인: 우리는 전 지구적인 생태 재앙이 닥친 다음에 인류가 마치 과거에 공룡이 그랬던 것처럼 지구에서 사라지는 것을 상상하곤 합니다. 하지만 현실에서는 문명이 몰락하지 않을 수도 있습니다. 다만 생활환경은 처참해지겠죠.

제레드 다이아몬드: 바로 그겁니다. 전 세계가 오늘날의 소말리아나 아이티 같다고 상상해보세요. 그러면 최악의 시나리오가 떠오를 거예요. 안타깝게도 이 모든 예측은 개연성이 결코 낮지 않습니다. 우리가 앞으로도 지금처럼 행동한다면, 30년 안에 그런 최악의 상황이 벌어질 것입니다.

슈테판 클라인: 교수님은 인류를 향해 끔찍한 증언을 했습니다. 시대를 막론하고 자연 착취는 예외가 아니라 규칙이라고 말씀하였죠.

제레드 다이아몬드: 한마디 덧붙이자면, 우리의 파괴적인 행동은 과거 어느 때보다 지금 훨씬 더 위험합니다. 이스터 섬은 돌도끼에 의해 황무지가 되었는데, 지금 우리는 기계톱을 가지고 있어요. 또 그 시절, 그 섬에는 아마 2만 명 정도가 살았는데, 지금 세계 인구는 67억 명이에요. 하지만 오늘날 우리는 과거의 오류와 다른 사람들의 실수에서 교훈을 얻을 수 있습니다. 전혀 다른 가능성이 열려 있는 셈이죠.

슈테판 클라인: 교수님은 다음번 저서에서 석기문화를 유지하고 있는 사회와 현대 사회를 비교할 예정입니다. 우리는 원시 부족 문화에서 무엇을 배울 수 있을까요?

제레드 다이아몬드: 배울 것이 무수히 많습니다. 뉴기니에 사는 내 친구들은 내가 보기에 항상 자신감 있게 살아요. 일반적인 서양인보다 자신감이 훨씬 더 강하죠. 어떤 일을 혼자 맡아야 할 때 주저하는 경우가 거의 없습니다. 호기심도 우리보다 더 강해요. 외로움에 대한 공포는 더 적고 자신의 감정에 대해서 놀랄 만큼 솔직하게 말하지요.

슈테판 클라인: 우리의 문화가 발전하는 과정에서 그런 자연스러운 자신감이 사라졌다고 보나요?

제레드 다이아몬드: 나는 양육 방식에서 자신감의 차이가 비롯된다고 봅니다. 바로 이 문제에서 석기문화가 우리에게 교훈을 줄 수 있어요. 뉴기니의 아이들은 어느 정도 독립적으로 성장합니다. 물론 그런 양육 방식을 우리가 보면 때로는 경악할 거예요. 내가 본 어느 부족은 거의 모든 어른에게 화상 흉터가 있었어요. 참 특이하다 싶어 조사해봤더니, 모두 다 아주 어릴 때 생긴 흉터였어요. 나중에 알았는데, 이유가 있었어요. 아기는 자기 마음대로 기어 다녀야 한다는 것이 그 부족 부모들의 공통된 견해였던 거예요. 그래서 심지어 아기가 불속으로 기어가도 그냥 놔둔 거죠. 아기의 몸에 불이 붙으면, 그때 꺼내주고요. 아시다시피 개인의 자유는 대가를 동반하기 마련입니다. 또 부족사회가 갈등을 해소하는 방식, 위험을 평가하는 방식,

노인을 대하는 방식에서도 많은 것을 배울 수 있습니다.

슈테판 클라인: 만약에 교수님이 선택할 수 있다면, 교수님은 역사 속의 어느 시대, 어느 장소에서 살고 싶습니까?

제레드 다이아몬드: 온갖 단점에도 불구하고 지금을 선택하겠어요. 어쩌면 30년 전을 선택할 수도 있겠네요. 내가 컴퓨터의 세계와는 결국 친해지지 못했거든요. 장소는 독일도 괜찮습니다. 적어도 유럽 나라 중에서는 독일이 가장 좋아요. 내가 젊은 생리학자였을 때 뮌헨에서 살았는데, 정말 행복했어요. 하마터면 거기에 눌러앉을 뻔했다니까요.

13. 세계의 통일성

과학과 종교에 대하여
물리학자 "스티븐 와인버그"와 나눈 대화

Steven Weinberg

1933년 미국에서 태어났다. 미국 프린스턴대학교에서 이론물리학으로 박사
학위를 받았다. 현재 텍사스대학교 물리학 교수다. 1979년 노벨물리학상 외
에 오펜하이머상, 대니하이네만 수리물리학상 등을 받았다. 국내 소개된 책으
로 『최초의 3분』, 『최종 이론의 꿈』, 『과학전쟁에서 평화를 찾아』 등이 있다.

과도한 존경심은 내가 자주 느끼는 감정이 아니다. 그럼에도 스티븐 와인버그가 대화에 응하겠다는 뜻을 밝혔을 때, 나는 우주의 탄생과 구조에 대한 우리의 생각에 가장 큰 영향을 미쳤다고 할 만한 그 물리학자를 어떻게 대면할 것인지 스스로에게 물었다. 와인버그는 1933년 뉴욕 시에서 태어났다. 1967년에 하버드대학교 이론물리학과 교수가 되었으며 1979년에 노벨상을 받았다. 그는 과학자로서뿐 아니라 자연철학자와 저자로도 탁월한 업적을 이뤘다. 빅뱅 직후를 다룬 그의 베스트셀러 『최초의 3분』은 한 세대 전체를 물리학에 열광하게 했다. 나도 그 세대다. 지금도 그는 과학과 종교에 대한 유려한 에세이를 통해 끊임없이 논쟁을 일으킨다.

그러나 내가 오스틴 소재 텍사스대학교의 단출한 방에 들어서는 순간, 나의 소심함은 간데없이 사라져버렸다. 와인버그는 1982년부터 그 방에서 연구해왔다. 그는 수학 기호로 가득 찬 칠판 앞에 앉아 있었다. 그냥 앉은 채로 나에게 자리를 권한 그는 곧바로 말을 걸어왔다. 대화는 마치 우리가 오래 전부터 아는 사이라도 되는 것처럼 화기애애했다. 그는 몇 번이나 큰 소리로 웃었다. 그러는 동안에 그의 양손은 지팡이의 도금된 둥근 손잡이를 만지작거렸다.

슈테판 클라인: 와인버그 교수님, 교수님이 일생 최대의 발견을 빨간 색 스포츠카 안에서 했다는 얘기가 있는데, 그게 정말인가요?

스티븐 와인버그: 예, '쉐보레 카마로' 안에서였죠. 때는 1967년. 당시에 나는 원자핵을 뭉쳐놓는 강한핵력을 이해하려 애쓰고 있었습니다. 하지만 실마리를 못 찾고 헤매는 중이었어요. 계산을 하고 또 해봐도 질량이 0인 입자가 존재해야 한다는 결과가 자꾸 나왔죠. 그런데 그 결과는 모든 실험과 어긋났어요. 그때 갑자기 그 질량 없는 입자가 다름 아니라 광자라는 생각이 퍼뜩 떠올랐습니다.

슈테판 클라인: 쉽게 말해 광자란 오래 전부터 알려져 있던 빛 입자죠.

스티븐 와인버그: 예, 그래요. 내 생각은 옳았어요. 다만, 내가 원래 생각한 문제가 아니라 전혀 다른 문제에 적합한 생각이었죠. 나는 원자핵 내부에서 작용하는 강한핵력을 기술하는 이론을 추구했는데 빛과 특정한 방사성붕괴에 관한 이론을 발견한 것이었어요.

슈테판 클라인: 한 범죄를 수사하다가 전혀 다른 사건의 범인을 검거한 수사관과 비슷한 처지였군요.

스티븐 와인버그: 맞아요, 대충 그렇습니다. 그 모든 것을 보스턴 시내에서 차를 몰아 출근하다가 깨달았어요.

슈테판 클라인: 교통안전을 생각하면 그리 바람직한 일은 아니었네요.

스티븐 와인버그: 적어도 나는 운전 중에 전화는 하지 않았습니다. 하지만 솔직히 문제가 있긴 해요. 우리 이론물리학자들은 현재 진행 중인 연구를 끊임없이 생각하거든요. 아마 작곡가와 시인도 그럴 거예요. 그러다보니 내가 차를 어디에 주차했는지, 방금 들어선 가게에서 무엇을 사려고 했는지 잊어버릴 때가 많죠.

슈테판 클라인: 교수님이 운전대 앞에서 이룬 발견은 기초물리학에 새로운 방향을 제시했습니다. 우주의 탄생과 물질의 구조에 관해서 오늘날 보편적으로 받아들여지는 이론인, 이른바 표준모형은 그 방향에서 나온 성과입니다. 그 발견의 순간에 교수님은 이런 결과를 예상했습니까?

스티븐 와인버그: 거의 모든 경우에는 곧 막다른 골목이 나오기 마련입니다. 하지만 이 경우에 나는 내 아이디어에서 무언가 좋은 결과가 나올 수도 있다는 느낌을 받았어요. 옳을지도 모르는 이론을 구성했다는 것은 큰 기쁨이었죠. 하지만 내가 실제로 옳았다는 것은 6년 뒤에 실험을 통해 입증되었습니다. 그것이 두 번째로 맞은 큰 기쁨이었어요.

슈테판 클라인: 현대물리학에는 세기와 작용범위가 서로 다른 4가지 근본적인 힘이 등장합니다. 중력, 전자기력, 약한핵력, 강한핵력이 바로 그 힘이죠. 교수님을 비롯한 물리학자들은 이 자연적인 힘 가운데 2가지, 곧 전자기력과 약한핵력은 얼핏 보면 서로 별개인 것 같지만 하나의 단일한 힘으로 환원될 수 있음을 깨달았습니다. 이런 식으로 다양한 현상의 통일성을 파악하는 일은 기초물리학자들에게 성

배를 찾는 일과 다름없습니다. 왜 그렇게 통일성에 목을 맬까요?

스티븐 와인버그: 왜냐하면 우리는 자연을 더 단순하게 이해하고자 하기 때문입니다. 그리고 통일은 단순성에 이르는 길이죠. 뉴턴을 생각해보세요. 그는 행성과 떨어지는 돌이 똑같은 법칙을 따른다는 것을 깨달았어요. 요컨대 당시까지의 통념과 달리 하늘의 자연법칙과 땅의 자연법칙이 별개가 아니었던 거예요. 오직 중력이 모든 것을 지배합니다. 이를 발견한 것은 획기적인 진보였습니다.

슈테판 클라인: 하지만 통일을 위해서는 큰 대가를 치러야 합니다. 물론 통일을 하면 자연법칙의 개수는 줄어들겠죠. 하지만 그 대신에 그 소수의 근본적인 법칙은 이해하기가 점점 더 어려워집니다. 오직 특별한 재능과 훈련을 겸비한 극소수만이 그 법칙을 이해할 수 있죠.

스티븐 와인버그: 안타깝지만 옳은 말이에요. 하지만 17세기의 대중은 뉴턴물리학 앞에서도 쩔쩔맸습니다. 반면에 지금은 인문계 고등학교 졸업생이라면 누구나 뉴턴이 발견한 법칙을 이해하죠. 볼테르는 해설서를 써서 그 법칙을 대중에게 설명했습니다.

슈테판 클라인: 그 설명의 공로는 누구보다도 볼테르의 연인 에밀 뒤 샤틀레에게 돌아가야 마땅합니다. 그녀가 그 해설서의 대부분을 썼으니까요. 아무튼, 다른 얘기를 해보죠. 교수님은 이를테면 사교 모임에서 교수님의 연구를 이해하는 사람이 아무도 없으면 기분이 언짢은가요?

스티븐 와인버그: 예. 때로는 몹시 실망합니다. 언젠가 내가 워싱턴 연방의회에서 여기 텍사스에서 진행될 새로운 입자가속기 프로젝트에 대해서 연설한 적이 있어요. 그때 한 의원이 이렇게 묻더군요. "왜 굳이 가속기가 필요합니까? 그냥 대형 컴퓨터를 가지고 하세요." 아무도 모르는 현상에 대해서는 컴퓨터가 아무것도 계산할 수 없다는 걸 그 의원은 몰랐던 거죠. 우리는 새 가속기를 가지고 새로운 자연법칙을 발견하고 싶었던 것인데 말입니다. 하지만 더 심각한 것은, 자신이 이해하지 못하는 것을 하는 상대를 단지 그 이유만으로 우러러보는 사람이 아주 많다는 점이에요. 보세요, 많은 이들은 도무지 이해할 수 없는 시를 심오한 작품으로 믿어요. 우리 물리학자들은 물리학이 어렵다는 말을 무슨 자랑처럼 하면 안 돼요. 오히려 물리학을 어렵지 않게 만들기 위해 노력해야죠.

슈테판 클라인: 어떤 노력을 할 수 있을까요?

스티븐 와인버그: 젊은이들에게 물리학을 가르치는 방식이 내가 보기에는 천편일률적이에요. 여러 세대 전부터 지금까지 변함없이 젊은이들은 똑같은 교과 과정을 거쳐야 합니다. 우선 역학을 배우고, 그 다음에는 예컨대 열과 전기에 대해서 배우고, 그 다음에 원자물리학을 배우는 식이죠. 게다가 모든 내용이 수학의 언어로 표현되어 있어요. 물리학자가 되려는 사람이나 계산을 좋아하는 사람에게는 그런 수학적 표현이 아름답고 유익하겠죠. 하지만 대다수는 그런 사람이 아니잖습니까. 학생들에게 훨씬 더 와 닿는 방식은 역사를 이야기해주는 겁니다. 위대한 물리학자의 발견을 마치 자신의 발견인 양 따

라 체험할 수 있게 해주는 거죠. 나는 이 원리에 입각해서 20세기 물리학에 관한 책을 쓰기도 했습니다. 그 책을 통해 물리학 강의에 혁명을 일으키고 싶었어요. 내가 보기에 그 책은 제 구실을 했는데, 혁명은 일어나지 않았습니다.

슈테판 클라인: 텍사스에 입자가속기를 건설한다는 계획도 결실을 맺지 못했습니다. 교수님은 그 결실을 원했죠. 왜냐하면 근본적인 힘들은 에너지가 아주 높은 상황에서 비로소 통일되는데, 그런 상황이 빅뱅 직후나 입자가속기 내부에서 벌어지기 때문입니다.

스티븐 와인버그: 아쉽게도 나는 정치적인 문제에서는 크게 성공한 적이 한 번도 없어요.

슈테판 클라인: 대신에 표준모형은 주네브에 위치한 유럽원자핵공동연구소의 가속기에서 지금까지 이루어진 모든 검증을 멋지게 통과했습니다. 2008년에 그곳에서 '대형강입자충돌기(LHC)'라는 가속기가 가동되기 시작했습니다. 그 가속기는 교수님이 텍사스에 건설하고자 했던 가속기에 버금가는 에너지에 도달할 예정이었죠. 그런데 어이없게도 가동 직후에 지하 가속기 터널에서 큰 폭발이 일어났고, 대형강입자충돌기는 1년 넘게 수리를 받아야 했습니다. 그래서 교수님이 계획한 일정이 많이 미뤄졌는데, 교수님은 이 일로 실망했나요?

스티븐 와인버그: 심하게는 아니고 뭐 적당히 실망했어요. 우리는 그 가속기의 완성을 아주 오래 전부터 기다려왔습니다. 그런 마당에, 불

행한 사고로 일정이 늦춰지는 것은 큰 문제가 아니죠.

슈테판 클라인: 교수님은 어떤 발견을 기대하나요?

스티븐 와인버그: 무슨 발견이 이루어질지 안다면, 실험을 안 해도 되겠죠. 그걸 모르니까, 조바심 내며 기다리는 것이고요. 아무튼 우리 물리학자들의 대다수는 힉스보존이라는 새로운 기본입자가 발견되리라고 예상합니다.

슈테판 클라인: 힉스보존이라면, 모든 사물이 질량을 갖게 된 원인이라는 그 입자죠.

스티븐 와인버그: 하지만 우리가 달랑 힉스보존만 발견한다면, 정말 아주 실망스러울 겁니다. 개인적으로 나는 암흑물질의 정체에 관한 단서가 발견되기를 바라고 있어요.

슈테판 클라인: 암흑물질이라면, 우주를 이루는 성분이면서 우리가 아는 모든 물질보다 5배나 많다는 정체불명의 물질이죠.

스티븐 와인버그: 우리는 암흑물질의 정체를 아직 전혀 모릅니다. 또 다른 희망도 있어요. 만약에 우리가 알려진 기본입자의 세계에서 '초대칭'이라는 새로운 질서를 발견한다면, 이것 역시 대단한 성과입니다. 초대칭에 대한 이야기는 30여 년 전부터 나왔어요. 이제 초대칭이 실제로 확인된다면, 세상이 떠들썩해지겠죠.

슈테판 클라인: 교수님이 빨간색 쉐보레 카마로 안에서 이룬 발견 등을 주춧돌로 삼은 표준모형은 불완전한 이론입니다. 우선, 중력을 그 모형에 포함시키기 위한 시도는 지금까지 모두 실패로 돌아갔습니다. 또 그 모형은 이론적으로 도출할 수 없는 수치를 포함하고 있습니다. 그 수치는 측정을 통해 알아내서 모형에 집어넣어야 하죠. 그래서 물리학자들은 30여 년 전부터 표준모형 너머의 자연법칙을 발견하려 애써왔습니다. 물론 아직까지 아무도 뜻을 이루지 못했지만요.

스티븐 와인버그: 표준모형은 매우 성공적이라는 점만큼은 부인할 수 없습니다. 이걸 한번 보세요. (책상 서랍에서 빨간색 소책자를 꺼낸다.) 오늘날 우리가 기본입자에 대해서 아는 바가 여기에 다 들어 있습니다. 표와 숫자가 새까맣게 적혀 있죠. 이것이 우리의 이론이에요. 어떻습니까? 정말 너무나 추합니다! 이건 우리가 원하는 이론이 확실히 아니에요. 아름다움에 대한 감각은 물리학자의 필수 덕목입니다.

슈테판 클라인: 그럼 교수님이 보기에 아름다운 이론은 어떤 것입니까?

스티븐 와인버그: 이론 안에서 관계가 필연적으로 도출되면, 그 이론은 아름답습니다. 그런 이론에서는 모든 요소가 서로 연결되어 있어서 아주 작은 변형만 가해져도 이론 전체가 무너지죠. 실제로 그런 이론이 있습니다. 원자와 기본입자의 동역학을 기술하는 양자역학을 생각해보세요. 표준모형은 이런 완결성을 가지고 있지 않습니다.

슈테판 클라인: 그런데 자연의 법칙이 꼭 인간이 보기에 필연적이고

아름다워야 할 이유가 있을까요?

스티븐 와인버그: 글쎄요, 이 질문에 대한 답은 나도 알고 싶군요. 어쩌면 자연의 실상은 다른데, 우리가 나름의 욕심 섞인 생각에 매달리는 것일 수도 있겠죠. 하지만 다른 한편으로 우리가 아름다움을 추구한 덕분에 많이 발전한 것도 사실이에요. 역사 속에서 과학자들이 발견한 자연법칙 몇 가지는 정말 아름답습니다. 또 우리가 계속해서 법칙을 추구하지 않는다면, 법칙이 추가로 발견되는 일은 없을 거예요. 어쨌든 나는 이 불확실한 목표가 한 사람의 인생을 바쳐도 아깝지 않을 만큼 매혹적이라고 느낍니다.

슈테판 클라인: 교수님 자신은 보람도 없이 애만 쓰다가 인생을 마무리할 수도 있는데, 그래도 그 목표가 매혹적이라는 말씀인가요?

스티븐 와인버그: 나는 과학이 더 발전하기를 바랄 뿐입니다. 그리고 그 발전은 아주 더딜 수도 있어요. 예컨대 그리스 철학자 데모크리토스는 기원전 400년에 원자를 생각했습니다. 하지만 원자의 존재는 그로부터 2300년이 지난 기원후 1900년에야 확실히 입증되었죠. 데모크리토스가 부딪힌 난점은 원자의 크기였어요. 원자는 그가 맨눈으로 볼 수 있었던 모든 것보다 10만 배나 작거든요. 하지만 지금 우리가 입자물리학에서 정말 중요한 진보를 이루려면 훨씬 더 먼 길을 가야 합니다. 우리가 진정한 통일에 도달하려면, 현재 도달 가능한 에너지 수준보다 10만 배 높은 수준이 아니라 10경(10^{17})배 높은 수준에서 자연을 탐구해야 할 테니까요.

슈테판 클라인: 10경이라면 정말 어마어마한 수네요. 십진법으로 쓰려면 1다음에 0을 17개나 붙여야 하니까요. 하지만 크기 문제가 기초 물리학의 발전을 가로막는 유일한 장애물인 것 같지는 않습니다. 교수님 자신의 이론도 장애물일 수 있어요. 무슨 말이냐면, 표준모형이 워낙 성공적이다 보니, 다른 길을 모색하기가 힘들다는 뜻입니다. 그때 보스턴 시내의 도로에서 불현듯 깨달음에 이른 것을 혹시 후회한 적도 있나요?

스티븐 와인버그: 아뇨. 새 이론은 과거 이론을 발판으로 삼습니다. 표준모형은 우리가 다음 걸음을 내디딜 수 있기 위해서 반드시 내디뎌야 했던 한 걸음이었어요. 내가 물리학의 발견을 후회한다면, 핵분열의 발견을 후회해요. 그 이유는 전혀 다르고요.

슈테판 클라인: 교수님이 열망하는 것은 우주 전체를 기술하는 법칙입니다. 그것을 흔히 "세계 공식" 또는 "만물의 이론"이라고 부르죠.

스티븐 와인버그: 나는 이 표현을 싫어합니다. 왜냐하면 우리가 이 목표에 도달하면 모든 것을 이해하게 될 거라는 인상을 풍기기 때문이에요. 하지만 그렇게 되지는 않을 겁니다. 의식 같은 현상을 생각해보세요. 아니, 액체와 기체의 난류(turbulence)만 생각해봐도 충분해요. 이 현상의 바탕에 깔린 물리학과 화학의 법칙은 지금도 잘 알려져 있어요. 하지만 우리의 역량은 의식이나 날씨를 이해할 수 있는 수준에 턱없이 못 미칩니다. 이런 이유 때문에 나는 우리가 추구하는 목표를 "궁극의 이론(ultimate theory)"으로 부르는 편을 더 좋아해요.

슈테판 클라인: 그런 '궁극의 이론'의 가치에 대해서 심지어 많은 물리학자들도 회의를 표합니다. 당장 눈앞에 보이는 아주 흥미로운 몇 가지 현상에 대해서 아무것도 알려주지 못하는 이론은 가치가 없다는 거죠.

스티븐 와인버그: 그 지적은 2가지 이유에서 부당합니다. 첫째, 우리의 이론은 보편적으로 타당한 한에서 다른 모든 이론보다 더 근본적일 것입니다. 세계에 대한 다른 모든 서술의 타당성은 어떤 식으로든 제한되어 있지요. 예컨대 유체역학의 법칙은 기체나 액체가 있는 상황에서만 유의미해요. 반면에 우리의 '궁극의 이론'은 어떤 제한도 없이 우주 전체에서 타당할 것입니다.

둘째, 우리의 이론은 모든 설명의 끝이 될 것입니다. 우리는 세계에서 우연과 규칙성을 상대합니다. 우연은 더 설명할 수 없어요. "왜 하필 6500만 년 전에 혜성이 지구와 충돌해서 공룡이 멸종했는가"라는 질문은 무의미해요. 반면에 당신이 공룡을 비롯한 모든 생물이 따르는 유전 법칙을 알아내려 한다면, 상황은 다르죠. 그 법칙의 바탕에는 규칙성이 있거든요. 정확히 말해서 생화학의 규칙성이 있어요. 더나아가 당신은 생화학 법칙을 설명할 수 있습니다. 원자물리학 법칙을 통해서 설명하면 되거든요. 그 다음에는 입자물리학이 나오겠죠. 그러다가 결국에는 항상 '궁극의 이론'에 도달하게 됩니다. '궁극의 이론'은 무릇 "왜?"라고 질문이 끝나는 곳입니다.

슈테판 클라인: 혹시 '마트료시카(Matryoshka)'라는 러시아 인형을 아나요?

스티븐 와인버그: 목제 인형을 말씀하는 거죠? 큰 인형 속에 작은 인형이 들어 있고, 그 속에 더 작은 인형이 들어 있는 식으로 계속 포개져 있는 인형?

슈테판 클라인: 예, 맞습니다. 인형의 위쪽 끄트머리와 아래쪽 끄트머리를 잡아당기면 배 부분이 분리되면서 그 속에 들어 있던 더 작은 인형이 나타나죠. 그 인형도 마찬가지 방식으로 분리되고요. 그렇게 계속 분리하다 보면 결국 가장 작은, 분리되지 않는 인형이 나타나요. 저는 '궁극의 이론'을 향한 교수님의 꿈을 듣다 보니 그 마트료시카 인형이 떠오르네요. 하지만 결국 마지막 인형에 도달하게 된다고 누가 장담할 수 있을까요? 아무리 작은 인형 속에도 그보다 더 작은 인형이 들어 있는, 그런 상황도 충분히 가능하잖아요.

스티븐 와인버그: 예, 충분히 그럴 수 있습니다. 하지만 돌이켜보면 우리가 지금까지 애써 전진하는 동안, 우리의 설명은 점점 더 포괄적으로 되었어요. 이 사실이 나에게 용기를 줍니다. 우리의 뇌가 점점 더 포괄성이 커지는 그 법칙을 충분히 이해할 수 있을 만큼 우수한가 하는 것은 또 다른 문제예요. 예컨대 슈뢰딩거 방정식을 푸는 방법을 개에게 가르치는 것은 무슨 수를 쓰더라도 불가능할 텐데, 우리도 그런 한계에 부딪힐 가능성은 열려 있습니다.

슈테판 클라인: 문득 떠오른 질문인데, 우주 만물을 지배하는 단일한 법칙에 대한 열망은 어느 정도까지 우리 문화의 유산일까요? 유대교, 기독교, 이슬람교는 전능한 유일신을 믿습니다. 때때로 저는 '궁극의

이론'을 향한 열망이 새롭고 더 세속적인 형태의 일신교가 아닐까 하는 생각을 해봅니다.

스티븐 와인버그: 흥미로운 생각이군요. 아무튼 오늘날과 같은 형태의 과학은 유럽에서 발생했습니다. 하지만 나는 당신의 생각을 뒤집으면 더 좋을 것 같아요. 유일한 신을 바라는 마음과 우주 전체를 기술하는 단일한 이론을 바라는 마음은 공통의 원인에서 나온 것일 수도 있습니다. 일신교는 사람들이 느끼기에 다신교가 너무 복잡했기 때문에 발전했어요. 마찬가지로 폭풍은 제우스의 탓으로, 유행병은 아폴로의 탓으로, 흉작은 데메테르의 탓으로 돌리는 것이 만족스럽지 않기 때문에, 우리 물리학자들은 일목요연하지 않은 표준모형 대신에 세계에 대한 통일적인 설명을 원하지요.

슈테판 클라인: 모든 것을 떠받치는 유일한 기반을 향한 열망이 인간의 본성에 어울린다는 말씀인가요?

스티븐 와인버그: 그래요, 그 열망은 우리의 본질적인 특징입니다. 하지만 우리는 정반대의 욕구도 가지고 있어요. 오페라를 보러 갈 때 당신은 단순한 설명을 추구하지 않아요. 오히려 삶의 온갖 다양성과 복잡성이 무대 위에서 펼쳐지기를 바라죠.

슈테판 클라인: 요컨대 미적인 욕구가 사람마다 다르다는 뜻인가요?

스티븐 와인버그: 아뇨. 오히려 우리 각자가 자신 안에 모순적인 욕

구를 가지고 있다고 하는 편이 더 옳아요. 우리는 누구나 단순함과 풍부함을 둘 다 원합니다.

슈테판 클라인: 어디에선가 교수님은 고급 수학의 기호를 처음 보았을 때 마치 마법의 부적을 보는 듯했다고 썼습니다.

스티븐 와인버그: 나는 뉴욕 시 브롱크스에서 학교를 다녔어요. 어느 날 도서관에서 우연히 열역학 책을 펼쳤는데, 거기에서 $\oint_c$ 를 봤어요. 이 기호가 뭐냐면, 미적분학에서 폐곡선을 따라 적분하는 것을 나타내는 기호예요. 물론 나는 그때 당연히 몰랐죠. 그냥 그 미지의 기호가 아주 강한 힘을 지녔을 거라는 느낌만 들었어요. 어쩌면 괴테의 『파우스트』 첫 부분에서 파우스트가 펜타그램을 보고 받은 느낌이 당시 나의 느낌과 비슷할지 몰라요. 나중에 그 기호가 열을 수학적으로 엄밀하게 기술할 수 있게 해준다는 것을 배웠는데, 그러고나니 더욱 더 흥분되더라고요. 그런 기호를 이해하는 사람은 자연을 지배할 수 있을 거라고 생각했어요.

슈테판 클라인: 권력을 꿈꿨군요.

스티븐 와인버그: 내가 지식을 얻어서 무슨 일을 도모하려 했다는 뜻이라면, 그건 아닙니다. 나는 자연을 지적으로 지배하고 싶었어요. 비밀을 점점 더 깊이 파헤치고 싶었죠. 그래서 고급 수학을 독학하기 시작했습니다. 시간이 흐르면서 고급 수학의 기호를 점점 더 잘 이해하게 되니까 나 자신이 마법사의 도제처럼 느껴졌어요.

슈테판 클라인: 그 후 60년 동안 교수님은 견줄 만한 물리학자가 거의 없을 만큼 많은 업적을 이루었습니다. 그런 교수님도 때로 질투심을 느꼈을 법한데, 그런 일이 자주 있었나요?

스티븐 와인버그: 아주 많지는 않았어요. 물리학자가 다른 물리학자의 연구에 관심을 가진다면, 대부분의 경우 그것은 그들로부터 배우기 위해서입니다. 질투심이 들어설 여지는 거의 없어요. 이런 점에서 물리학계는 문단이나 미술계와 전혀 다릅니다. 어쩌면 예술에서는 누가 명성을 얻을 자격이 있는가에 대한 객관적 기준이 없다시피 하기 때문에 이런 차이가 생기는지 모르겠어요. 객관적 기준이 없으면, 누구나 자신이 부당한 대우를 받는다고 생각하기 쉽겠죠. 반면에 이론물리학에서는 특정한 업적의 가치에 대해서 이견이 존재할 가능성이 거의 없습니다. 내가 젊었을 때 중국 출신의 물리학자인 리와 양〔리정다오(李政道)와 양전닝(楊振寧) - 옮긴이〕이 입자물리학 분야에서 놀라운 현상 하나를 발견했어요. 그 현상은 "홀짝성 비보존(parity violation)"으로 명명되었고, 그들은 곧바로 노벨상을 받았습니다. 당시에 리는 서른 살도 채 안 된 나이였어요. 나는 화가 났지요. 왜냐하면 나도 그 발견을 똑같이 할 수 있었거든요. 하지만 질투심은 느끼지 않았습니다.

슈테판 클라인: "질투심을 느끼고 말고 할 것도 없었다. 내가 원망한 상대는 오로지 나 자신뿐이었다"라는 말씀이군요.

스티븐 와인버그: 바로 그겁니다. 한참 뒤에 내가 노벨상 수상자로

선정되었다는 소식을 들었을 때, 내 아내가 한 말이 있는데, 그 말이 내 마음에 깊이 새겨졌습니다. 이런 말이었어요. "이제 당신은 변변 치 않은 논문을 두세 편 발표해야 해요."

슈테판 클라인: 교수님이 너무 우쭐거릴까 봐 걱정해서 하신 말씀이 었을까요?

스티븐 와인버그: 예. 아내는 과도한 찬양의 효과로부터 나를 보호하 고자 했던 겁니다. 또 내가 해결 불가능한 질문에 에너지를 허비하는 것을 막으려는 뜻도 있었고요.

슈테판 클라인: 예컨대 아인슈타인은 말년에 세계 공식을 추구하는 일에 전념했지만, 아무 성과도 내지 못했죠.

스티븐 와인버그: 20세기를 풍미한 아주 유명한 다른 물리학자들은 텔레파시나 융의 심리학을 연구하기 시작했는데, 그건 그들에게 더 해로웠어요. 한 분야에 진정으로 기여하는 유일한 길은 그 분야를 초 심자의 눈으로 보는 것입니다. 그래서 나는 더 나중에 입자물리학에 등을 돌리고 다시 한 번 어느 정도 처음부터 시작했어요. 전문가 몇 명 말고는 관심을 기울이는 사람이 거의 없는 우주론에 대한 논문을 썼지요.

슈테판 클라인: 지금 교수님이 자연에 대해 곰곰이 생각하면 어떤 느 낌이 드나요?

스티븐 와인버그: 아름답다는 느낌, 경이롭다는 느낌, 수수께끼 같다는 느낌이 듭니다. 우리가 궁극의 이론을 추구하면서 아무리 멀리 나아가더라도, 우리는 왜 자연법칙이 지금 이대로인지 영원히 알아내지 못할 거예요. 비밀은 끝내 남을 겁니다.

슈테판 클라인: 일부 물리학자들을 비롯한 많은 사람들은 그 비밀을 신이라고 부릅니다.

스티븐 와인버그: 나는 그렇게 부르지 않아요.

슈테판 클라인: 그 이유는 뭘까요?

스티븐 와인버그: 우리의 역사를 존중하기 때문이에요. 수백 년 동안 서양에서 '신'이라는 단어는 상당히 명확한 뜻을 가지고 있었습니다. 신이란 특정한 인격적 존재, 창조자, 선악의 문제를 다루는 존재였어요. 그리고 나는 그런 신을 믿지 않습니다. 그런데 아인슈타인이 아름답고 조화로운 우주적인 정신을 '신'이라고 부른다면, 그는 이 개념에 전혀 새로운 의미를 부여한 것이에요. 내가 보기에는, 의미가 확립된 단어에 폭력을 가하는 셈이죠. 아무튼 내가 자연에 대해서 숙고할 때 일어나는 감정은 내가 인격적인 신 앞에서 느꼈던 감정과 전혀 다릅니다. 자연법칙은 비인격적이에요. 자연법칙은 우리의 사정에 아랑곳하지 않습니다. 다른 사람들을 대할 때나 심지어 내가 키우는 샴고양이를 대할 때는 따스한 감정이 일어나지만, 내가 자연법칙을 대할 때 어떻게 그런 감정이 일어날 수 있겠습니까?

슈테판 클라인: 교수님의 저서 『최초의 3분』은 표준모형을 설명하는 내용인데요, 이런 유명한 문장으로 마무리됩니다. "우리가 우주를 이해하면 할수록, 우리에게 우주는 점점 더 무의미해진다." 이 문장에 어떤 뜻이 담겼을까요?

스티븐 와인버그: 우리의 삶에 객관적 의미를 부여해주는 무언가를 우리는 전혀 발견하지 못한다는 뜻입니다. 왜냐하면 자연법칙 속에는, 우주에서 우리의 자리를 특별하게 해주는 무언가가 아무리 봐도 없거든요. 이건 내가 내 삶을 무의미하게 여긴다는 뜻이 아닙니다. 우리는 서로 사랑하고 세계를 이해하려고 노력할 수 있어요. 하지만 우리는 이런 의미를 우리의 삶에 스스로 부여해야 합니다. 혹시 아실지 모르지만, 당신이 인용한 문장 다음에 한 문장이 더 나와요. "우주를 이해하려는 노력은 인간의 삶을 광대극에서 조금은 벗어나게 하고, 인간의 삶에 한 가닥 비극의 품위를 불어넣는다."

슈테판 클라인: 어째서 비극이죠?

스티븐 와인버그: 과거에 사람들이 믿었던 것을 기준으로 삼으면 비극이죠. 한때 사람들은 자신을 우주적 드라마의 주인공으로 여겼어요. 우리가 창조되었고 죄를 지었고 구원받는다고 믿었어요. 참으로 거창한 이야기였죠. 반면에 지금 우리는 우리 자신이 오히려 어떤 대본도 없이 무대 위에서 어슬렁거리는 배우에 더 가깝다는 것을 깨닫는 중이에요. 우리가 할 수 있는 건 여기 저기에서 즉흥으로 드라마도 조금 지어내보고 코미디도 조금 지어내보는 것뿐임을 깨닫는 중

이죠. 나는 이것이 상실이라고 느낍니다.

슈테판 클라인: 거꾸로 이것을 자유의 증가로 보고 기뻐할 수도 있지 않을까요?

스티븐 와인버그: 만일 당신이 그렇게 할 수 있다면, 나로서는 진심으로 축하할 따름입니다. 나도 그럴 수 있으면 좋겠는데, 그럴 수가 없어요. 나는 지나간 신앙의 시대에 대한 향수를 어느 정도 느낍니다. 종교가 나를 키웠다고 느끼죠. 사실 종교에 대한 나의 반감은 다름 아니라 나 자신이 무언가를, 그것이 거짓임을 알면서도, 열망한다는 사실에서 비롯됩니다.

슈테판 클라인: 늘 그런 열망을 느꼈나요?

스티븐 와인버그: 우리 부모님은 특별히 독실한 유대교인은 아니었습니다. 나는 대충 열두 살 때까지는 신이나 뭐 그 비슷한 것이 있어야 한다고 믿었어요. 비록 어떤 종교에도 귀의하지 않았지만요. 그러다가 문득 그 믿음이 어리석다고 느꼈어요. 그 후로는 생각이 바뀌지 않았고요.

슈테판 클라인: 교수님은 이런 과격한 발언도 하였습니다. "우리 과학자들은 종교의 힘을 약화시키기 위해 가능한 모든 일을 해야 한다. 어쩌면 결국에는 이것이 우리가 문명을 위해 세운 가장 큰 공로로 남을 것이다." 왜 이렇게 격앙된 발언을 했을까요?

스티븐 와인버그: 역사 때문이에요. 나는 아주 생산적이었던 고대 그리스 과학이 몰락한 주요 원인이 기독교의 득세에 있다고 봅니다. 비잔틴제국의 황제 유스티니아누스 1세는 플라톤의 아카데미아를 폐쇄했어요. 왜냐하면 호기심을 신앙 부인의 가장 확실한 증거로 보았기 때문이에요. 다른 맥락에서도 종교는 내가 보기에 이득보다 해악을 더 많이 가져옵니다. 오늘날까지 이어지는 온갖 종교전쟁을 생각해 보세요. 지금 많은 서양인들은 호전적인 이슬람 세력을 두려워합니다. 16세기와 17세기에는 기독교 세력이 잔인한 짓을 서슴지 않았죠. 하지만 나도 나이를 먹으면서 종교에 대해 더 온건하게 발언하게 되었습니다. 왜냐하면 내 발언이 효과가 있다는 느낌을 한 번도 못 받았기 때문이에요.

슈테판 클라인: 종교도 더 온건해질 수 있습니다. 오늘날의 기독교는 어느 정도 관용을 실천하지 않습니까.

스티븐 와인버그: 맞아요. 18세기에 변화가 일어났어요.

슈테판 클라인: 계몽주의와 과학의 영향 때문이었죠.

스티븐 와인버그: 바로 그렇기 때문에 나는 종교적 신념을 약화시키는 것이 우리 과학자들의 가장 중요한 임무라고 생각하는 겁니다.

슈테판 클라인: 교수님이 거주하는 텍사스 주는 종교적 개방성이 그리 높은 곳이 아닙니다. 종교에 대한 견해 때문에 교수님이 외로움을

느낄 때도 가끔 있나요?

스티븐 와인버그: 전혀 없습니다. 놀랄 만큼 많은 사람들이 내 견해에 공감해요. 내 글을 정말 즐겁게 읽었다는 사람을 끊임없이 만납니다. 그리고 다른 사람들도 대개는 겉모습보다 훨씬 덜 종교적이에요. 그들은 다른 사람을 개종시키려고 애쓰지 않아요. 왜냐하면 본인이 자신의 신앙에 대해서 확신이 없기 때문이에요.

슈테판 클라인: 어쩌면 신앙은 굳건한데 단지 예절 바르게 행동하는 것일지도 모릅니다.

스티븐 와인버그: 그것만은 아니에요. 한번은 내가 최고위 교육 당국자들 앞에서, 텍사스 주의 학교에서 다윈의 진화론을 어떻게 다뤄야 할 것인가에 대하여 내 의견을 제시해야 했던 적이 있어요. 나는 종교적인 논란은 무시하고 간단히 타당한 과학만 가르치라고 조언했지요. 결국 논쟁에서 우리가 이겼습니다. 이유는 간단해요. 정부가 시대에 뒤떨어졌다는 평판을 듣고 싶지 않았던 거예요. 그들이 진정한 신앙인이었다면 다른 결정을 내렸을 겁니다.

슈테판 클라인: 과학과 종교가 각각 따로 한정된 영역을 차지한다면, 양쪽이 평화롭게 공존할 수 있어요. 과학은 측정과 증명이 가능한 것을 다루고, 종교는 경험적으로 검증할 수 없는 생각과 가치를 다루면 되죠.

스티븐 와인버그: 지당한 얘깁니다. 하지만 그 해법은 종교의 입장에서 보면 엄청난 후퇴예요. 왜냐하면 한때 종교는 훨씬 더 많은 것을 원했으니까요. 찰스 다윈이 진화론을 발표할 때까지만 해도 '자연신학'이라는 것이 있었어요. 자연신학자들은 신의 창조물, 곧 생물에 기초하여 신의 존재를 증명하려고 했죠. 다윈은 그런 자연신학에 최종적으로 종지부를 찍었습니다. 그 후 신은, 일단 신을 설명할 수 있다고 전제하고 말씀드리면, 오로지 형이상학적으로만 설명할 수 있는 존재가 되었어요. 하지만 이 후퇴를 받아들이는 것은 어느 종교에게나 위험합니다. 왜냐하면 당장 이런 질문이 떠오르거든요. "검증할 수 없는 것을 왜 믿어야 하지?" 바티칸에서는 모든 시복에 앞서 시복을 받을 후보자에게 일어난 기적을 검증하는 회의를 여는데, 철저히 비밀리에 열어요. 그건 그럴 만한 이유가 충분히 있기 때문입니다.

슈테판 클라인: 그럼에도 불구하고 사람들은 신을 믿습니다. 저는 종교적 성향도 인간의 본성에 속한다고 추측합니다.

스티븐 와인버그: 본성에 속하면 정당한가요? 우리는 설탕과 지방으로 배를 가득 채우려는 성향도 가지고 있지만 그 성향에 맞서 싸웁니다.

슈테판 클라인: 하지만 본성에 맞서려면 힘이 듭니다. 교수님은 무신론자로 살기가 힘들지 않나요?

스티븐 와인버그: 우리는 위대한 예술작품에서 위안을 얻을 수 있습니다.

슈테판 클라인: 하지만 사람들을 가장 강하게 감동시키는 많은 예술품의 힘은 다름 아니라 예술가의 종교적 신앙에서 나옵니다. 종교적 신앙이 없었다면, 바흐의 푸가 작품들, 지오토 디 본도네와 피에로 델라 프란체스카의 프레스코 작품들, 단테의 『신곡』은 결코 탄생하지 못했을 겁니다.

스티븐 와인버그: 전적으로 동의해요. 아까도 말씀드렸지만, 신앙을 잃는 것은 진정한 상실입니다. 나를 가장 탁월하게 감동시키는 건축물은 고딕 성당이에요. 때때로 나는 종교를 노망난 이모에 비유하게 돼요. 거짓말을 하고, 온갖 말썽을 일으키고, 어쩌면 살날이 얼마 안 남았을지 모르는 늙은 이모. 하지만 그런 이모도 한때는 아주 아름다웠어요. 그리고 이모가 없어지면, 우리는 이모를 그리워하겠죠. 하지만 신앙이 없어도 우리는 성당 건축과 그레고리오 성가를 즐길 수 있습니다. 또 수많은 위대한 문학작품은 종교적 배경과 무관해요. 비근한 예로 셰익스피어의 작품을 생각해보세요. 게다가 마지막으로 우리에게는 유머가 있습니다. 문득 우디 앨런의 영화가 떠오르는데, 그 영화에서 주인공은 심각한 실존적 불안에 빠져요. 그런데 어찌어찌하다가 영화관에 가서 마르크스 형제들(미국의 코미디언 가족-옮긴이)이 나오는 영화를 보죠.

슈테판 클라인: 〈한나와 그 자매들*Hannah and Her Sisters*〉 말씀이군요.

스티븐 와인버그: 영사막에서 펼쳐지는 유머가 그 주인공과 그의 삶을 화해시킵니다. 우리는 우리 자신을 웃음거리로 삼을 수 있어요. 날카롭고 냉소적인 유머가 아니라 따뜻한 유머로 말이에요. 왜, 어린 아이의 첫 걸음마를 볼 때 나오는 웃음 있잖아요. 우리는 아이의 처절한 노력을 웃음거리로 삼아요. 하지만 정말 애틋하게 공감하면서 웃죠. 심지어 언젠가 그런 웃음조차 사라진다 하더라도, 우리가 욕심 섞인 생각 없이도 살 수 있다는 것에서 스스로 느끼는 씁쓸한 만족감은 여전히 남을 겁니다.

감사의 말

형가리 작곡가 죄르지 리게티는 팬들이 그의 작업실을 방문하려 한다는 소식을 듣고 다음과 같은 말로 거부 의사를 밝혔다고 한다. "거위 간 파이를 맛있게 먹으려면 거위를 몰라야 합니다." 리게티는 20세기의 가장 중요한 작곡가 중 한 명일 뿐더러 여러 모로 천재적인 인물이었지만, 적어도 이 말은 옳지 않다. 나는 이 책에 등장하는 대화 상대들을 처음 만나기 여러 해 전부터 그들의 활동을 자주 살폈고, 그들 각자의 가장 중요한 논문들을 빠짐없이 알고 있었다. 하지만 그들을 만남으로써 풍부한 소득을 얻었다. 글을 읽어서는, 제아무리 철저히 읽는다 하더라도, 결코 이런 소득을 얻을 수 없을 것이다. 사람을 만나면 그의 사상을 더 잘 이해하게 된다는 점만 얘기해도 근거로 충분하지 싶다. 기쁘게도 우리의 대화에서 나와 상대 모두에게 새로운 생각들이 솟아났을 뿐 아니라, 나는 개인적으로 기억에 남는 많은 순간을 경험했다. 그 모든 기억을 대표하여, 비토리오 갈레세와 함께 그의 고향 파르마의 식당 주방을 탐사한 일, 제레드 다이아몬드의 사저에서 버락 오바마의 역사적인 대통령 취임식을 텔레비전으로 본 일을 언급해둔다. 나와 대화를 나눈 모든 상대에게 이 자리를 빌려 다시 한 번 진심으로 감사의 뜻을 전한다. 그들은 이례적으로 길고 집약적인 이 대화에 열린 마음으로 기꺼이 응해 주었다.

나와 함께 일하는 ≪차이트 마가진≫의 편집자들이 없었다면 이 프로젝트는 불가능했을 것이다. 크리스토프 아멘트, 플로리안 일리스, 슈테판 레베르트, 마티아스 슈톨츠에게 아주 특별한 고마움을 느낀다. 나의 대리인 마티아스 란트베어는 처음에는 인터뷰 연재를 ≪차이트 마가진≫에 싣기 위해, 나중에는 책을 출판하기 위해 최선을 다했다. 피셔 출판사(S. Fischer Verlag)의 직원들은 역시나 이번에도 최고였다. 전과 다름없이 나를 훌륭하게 뒷받침해준 니나 브쇼르와 페터 실렘에게 감사한다. 나의 사랑하는 아내 알렉산드라 리고스에게, 내가 이 작업을 하는 동안에도 변함없이 뒷바라지해 준 것에 대해 감사한다. 또한 아내가 좋은 생각과 더 좋은 생각을 구별하는 감식력을 발휘해 준 것에 대해서도, 마지막으로 언급하지만 어느 누구의 어떤 기여에 못지않게 감사한다.

우리는 모두 별이 남긴 먼지입니다
WIR ALLE SIND STERNENSTAUB

1판 1쇄 찍은날 2014년 6월 16일
1판 7쇄 펴낸날 2021년 1월 12일

지은이 슈테판 클라인
옮긴이 전대호
펴낸이 정종호
펴낸곳 (주)청어람미디어

책임편집 정미진
편집 박세희
디자인 디자인붐
마케팅 황효선
제작·관리 정수진
인쇄·제본 (주)에스제이피앤비

등록 1998년 12월 8일 제22-1469호
주소 03908 서울시 마포구 월드컵북로 375, 402호(상암동)
전화 02)3143-4006~8
팩스 02)3143-4003
이메일 chungaram@naver.com

ISBN 978-89-97162-62-8 03400